普通高等教育“十二五”规划教材

热处理工艺学

刘宗昌　冯佃臣　编著

北　京
冶　金　工　业　出　版　社
2022

内 容 提 要

本书根据21世纪以来，固态相变原理研究的新进展、新理论，对热处理工艺学相关内容进行了阐述，以适应21世纪技术创新性要求。内容包括金属的加热与冷却、退火与正火、淬火及回火、表面淬火、化学热处理、热处理变形及控制、热处理开裂及防止方法、热处理质量检验及控制。

本书可作为本科生金属材料专业教材，也可供从事热处理、焊接、铸造、锻压、轧钢、金属腐蚀等工作的专业人员参考。

图书在版编目(CIP)数据

热处理工艺学/刘宗昌，冯佃臣编著．—北京：冶金工业出版社，2015.8（2022.7 重印）

普通高等教育“十二五”规划教材

ISBN 978-7-5024-6973-3

Ⅰ.①热…　Ⅱ.①刘…　②冯…　Ⅲ.①热处理—工艺学—高等学校—教材　Ⅳ.①TG156

中国版本图书馆 CIP 数据核字(2015) 第183842号

热处理工艺学

出版发行	冶金工业出版社	**电　话**	(010)64027926
地　址	北京市东城区嵩祝院北巷39号	**邮　编**	100009
网　址	www.mip1953.com	**电子信箱**	service@mip1953.com

责任编辑　郭冬艳　王雪涛　张　卫　美术编辑　吕欣童

版式设计　孙跃红　责任校对　李　娜　责任印制　李玉山

北京建宏印刷有限公司印刷

2015年8月第1版，2022年7月第3次印刷

787mm×1092mm　1/16；11.75印张；285千字；176页

定价 30.00 元

投稿电话　(010)64027932　投稿信箱　tougao@cnmip.com.cn

营销中心电话　(010)64044283

冶金工业出版社天猫旗舰店　yjgycbs.tmall.com

前　言

金属材料的应用十分广泛，尤其是钢铁材料，是国民经济中的基础材料，在工业、农业、交通运输、建筑以及国防等各方面都起着重要作用。随着现代化工农业以及科学技术的发展，人们对金属材料的性能要求越来越高。为满足这一需求，可以采取两种方法：研制新材料和对金属材料进行热处理。后者是最广泛、最常用的方法。热处理工艺学是研究这种综合工艺的原理及规律的一门学科。

热处理工艺在我国已有悠久的历史，早在商代就已经有了经过再结晶退火的金箔饰物，在洛阳出土的战国时代的铁锛，系由白口铁脱碳退火制成。在战国时代燕都遗址出土的大量兵器，向人们展示了在当时钢件已经采用了淬火、正火、渗碳等处理。近代出土的秦兵俑佩带的长剑、箭镞等都有力地证明当时已经出现铜合金的复合材料，而且还掌握了精湛的表面保护处理方法，从而保持千年不锈。

我国是世界上应用热处理技术最早的国家之一。热处理工艺最早的史料记载见于《汉书·王褒传》中，明代科学家宋应星在《天工开物》一书中记载有热处理工艺。战国时代的淬火技术就处于世界领先水平，但只知其然，不知其所以然，只有工匠手艺，不知其内在规律性，以致发展缓慢，甚至失传。可见没有理论支撑的手艺或经验是不完整的，难以创新和持续发展。

1863 年，英国金相学家和地质学家展示了钢铁在显微镜下的六种不同的金相组织，证明了钢在加热和冷却时，内部会发生组织改变，高温时钢中的相在急冷时转变为一种较硬的相。法国人奥斯蒙德确立的铁的同素异构理论，以及英国人奥斯汀最早制定的铁碳相图，为现代热处理工艺初步奠定了理论基础。与此同时，人们还研究了在金属热处理的加热过程中对金属的保护方法，以避免加热过程中金属的氧化和脱碳等。

1850 ~ 1880 年，应用气体（如氢气、煤气、一氧化碳等）进行保护加热获得专利。1889 ~ 1890 年英国人莱克获得多种金属光亮热处理的专利。

1864 年，索拜（Sorby）首先在碳素钢中观察到片状珠光体和马氏体组织。开始接触金属内部的组织状态，也即是材料科学研究的开端。1868 年切尔诺夫发现钢在加热和冷却过程中存在相变临界点，从此金属热加工技术才从工匠手艺走向科学。20 世纪金属热处理原理获得了长足的发展，21 世纪以来，人们对固态相变原理进行了大量新研究，提出了许多新理论，势必促进热处理技术的发展。如 1901 ~1925 年，在工业生产中应用转筒炉进行气体渗碳；20 世纪 30 年代出现露点电位差计，使炉内气氛的碳势达到可控，以后又研究出用二氧化碳红外仪、氧探头等进一步控制炉内气氛碳势的方法；60 年代，热处理技术运用了等离子场的作用，发展了离子渗氮、渗碳工艺；激光、电子束技术的应用，又使金属获得了新的表面热处理和化学热处理方法。

搞好热处理需以固态相变原理、热处理工艺理论等作为指导，正确地理解和分析零部件在生产流程中的变化规律，切实解决热处理技术问题。要把丰富的生产经验上升为理论，灵活应用实际经验。现场工程师应在实践中认真学习相关的基础理论，并注意将相关理论转化为技术，实现热处理工艺的创新。

金属热处理是将金属工件放在一定的介质中加热到适宜的温度，并在此温度中保持一定时间后，又以不同速度冷却下来，从而改善工件组织性能的一种工艺方法。与其他加工工艺相比，热处理一般不改变工件的形状和整体的化学成分，而是通过改变工件内部的组织结构，或改变工件表面的化学成分，赋予或改善工件新的使用性能。

为使工件具有所需要的力学性能、物理性能和化学性能，除合理选用材料和各种成型工艺外，热处理工艺往往是必不可少的。钢铁是机械工业中应用最广的材料，钢铁中的显微组织最为复杂，并且通过热处理可以控制和调整，所以钢铁的热处理是金属热处理的主要内容。另外，铝、铜、镁、钛等及其合金也都可以通过热处理改变其力学、物理和化学性能，以获得不同的使用性能。本书根据21 世纪以来，固态相变原理研究的新进展、新理论，对热处理工艺学相关内容进行了阐述，以适应21 世纪技术创新性要求。

本书包括金属材料的加热、退火与正火、淬火与回火、表面淬火、化学热处理、热处理变形、热处理开裂及防止、热处理检验等章节。以往有的教材中，最后一章设“热处理工艺设计”，本书在编写过程中，已在各章中阐明了各种工艺的设计原理和相关参数的选择原则，故不再另设一章，以免重复。本书在附录中列举了500个国内外钢种的临界点数据，是目前书籍中较为丰富的。

本书内容由刘宗昌策划，第1、4、5章由冯佃臣编写，第2、3、6~8章由刘宗昌撰写，刘宗昌负责统稿、总编纂。

本书可作为本科生金属材料专业教材，也可供从事热处理、焊接、铸造、锻压、轧钢、金属腐蚀等工作的专业人员参考。

内蒙古科技大学　刘宗昌
2015年4月

目　录

1 金属的加热与冷却

金属热处理工艺就是将被处理的工件在一定的加热介质中加热到某一温度，保温一定的时间，然后以适当的冷却速度冷却，获得需要的组织结构来满足工件的使用性能要求。可见，加热和冷却是热处理过程中的两个重要环节，是赋予工件所需性能的手段。

1.1 加热速度的确定

大部分金属材料冶炼、浇注、热加工之后要进行热处理，热处理的第一道工序就是加热。加热对工件热处理质量有直接影响。工件的加热状态取决于加热速度、加热温度、加热时间及加热方式等，因此，在热处理时对加热参数有一定的要求。

钢的加热速度通常是指在加热时，单位时间内其表面温度升高的度数，单位为℃/h或℃/min。有时也用加热单位厚度钢件所需的时间（min/cm）或单位时间内加热钢件的厚度（cm/min）来表示。

生产中，为了提高生产率，总是希望工件加热速度尽可能地快，提高炉子生产率，减少氧化、脱碳，降低单位燃料消耗量，所以快速加热是提高炉子各项指标的重要措施。但在生产实践中，加热速度受到技术上可能达到的加热速度及具体工件所允许的加热速度两个因素的限制。

1.1.1 加热设备的类型及功率的影响

热处理中使用的加热设备不同，加热速度也不同。浴炉加热速度大于箱式炉中的加热速度（大约快一倍），而火焰炉的加热速度又大于电炉（大约快1/3），对于同一类型设备来说，其功率愈大，即单位时间可以供给的热量愈多，其加热速度也愈大。此外，感应加热及穿透电流加热要比一般热处理炉的加热速度快得多。

1.1.2 工件的影响

在加热过程中如果加热速度控制不当，造成工件的内外温差过大，工件的内部产生较大的热应力，从而使工件出现变形甚至产生裂纹。对厚大工件来说，不仅受炉子给热能力的限制，而且还受到钢件本身所允许的加热速度的限制，这种限制可归纳为在加热初期断面上温差的限制，在加热末期透烧程度的限制和因炉温过高造成加热缺陷的限制[1]。

1.1.2.1 加热初期断面上温差的限制

在加热初期，钢件表面与中心产生温度差。表面的温度高，热膨胀较大；中心的温度低，热膨胀较小。而表面与中心是一个不可分割的金属整体，所以膨胀较小的中心部分将限制钢件表面的膨胀，使钢件表面受到压应力；同时，膨胀较大的表面部分将强迫中心部分一起膨胀，使中心受到拉应力。这种应力称为热应力。从断面上的应力分布可以看出，在表面与中心处的热应力都是最大的，在表面与中心之间的某个位置上的金属则既不受到压应力也不受到拉应力。

加热速度愈大，内外温差愈大，产生的热应力也愈大。当热应力在钢的弹性极限以内时，对钢的质量没有影响，因为随着温度差的减小和消除，应力会自然消失。当热应力超过钢的弹性极限时，钢件将发生塑性变形，当温度差消除后所产生的热应力不能完全消失，即为残余应力。如果热应力再大，超过了钢的强度极限时，就会破裂。这时热应力对钢件中心的危害性更大，因为中心受的是拉应力，一般钢的抗拉强度远低于其抗压强度，所以中心的热应力容易造成内裂。

如果钢的塑性好，即使在加热过程中形成很大的内外温差，也只能引起塑性变形，以任意速度加热，都不会因热应力而引起钢件开裂。如果钢的导热性好（导热系数大），则在加热过程中形成的内外温差就小（因 $\Delta t = qS/2\lambda$），加热时所引起的塑性变形或开裂的可能性较小。低碳钢的导热系数大，高碳钢和合金钢的导热系数小，因而高碳钢和合金钢在加热时容易形成较大的内外温差，而且这些钢在低温时塑性差，所以在刚入炉加热时，容易发生因热应力而引起的开裂。

如果被加热工件的断面尺寸较小，则加热时形成的内外温差也较小；断面尺寸大的工件，因加热时形成较大的内外温差，容易因热应力而导致钢件变形或开裂。

根据上述分析，可知：

（1）在加热初期，限制加热速度的实质是减少热应力。加热速度愈快，表面与中心的温度差愈大，热应力愈大，这种应力可能造成钢件的变形和开裂。

（2）对于塑性好的金属，热应力只能引起塑性变形，危害不大。因此，对于低碳钢温度在500～600℃以上时，可以不考虑热应力的影响。

（3）允许的加热速度还与金属的物理性质（特别是导热性）、几何形状和尺寸有关，因此，对尺寸较大的高碳钢和合金钢工件加热要特别小心，而对薄材则可以任意速度加热。

1.1.2.2 加热末期断面上透烧程度的限制

加热末期，钢件断面仍然可能存在温差。加热速度愈大，则形成的内外温度差愈大，往往限制钢件加热末期的加热速度。但是，实际和理论都说明，降低整个加热过程的加热速度是不可取的。因此，往往在快速加热后，为了减小温差可以降低加热速度或保温，以求得内外温度均匀。

上述的两个温度差（加热初期为避免裂纹和开裂所允许的内外温差和加热末期因烧透程度要求的内外温差）都对加热速度有所限制。一般低碳钢大都可以进行快速加热而不会给产品质量带来影响。但加热高碳钢和合金钢时，其加热速度就要受到一些限制，高碳钢和合金钢在500～600℃以下时易开裂，故限制加热速度。

1.1.3 加热方式的影响

加热方式有随炉加热、预热加热、到温入炉加热和高温入炉加热等几种加热方式。

随炉加热，即工件装入室温的炉膛内后，随着炉子升温而不断加热。

预热加热，即工件先在已升温至较低温度的炉子中加热，到温后转移至预定工件加热温度的炉中加热到工件所要求的温度。

到温入炉加热，又称热炉装料加热，即先把炉子升到工件要求的加热温度，然后再把工件装炉加热。

高温入炉加热，即工件装入比工件要求的加热温度高的炉内进行加热，直至工件达到要求的温度。

四种加热方式，主要体现在加热速度不同，它们的加热速度按由慢到快的加热方式为：随炉加热，预热加热，到温入炉加热和高温入炉加热。

1.2 实际生产中加热速度的控制

实际生产中，加热速度大一些，可以节约热能，提高生产率，还可减小氧化、脱碳程度。考虑钢件加热速度时一般应注意以下几点[2]：

（1）塑性高的钢材加热速度可大一些，反之，脆性大的钢材加热速度应相对减小。因此，对尺寸较小的碳钢及低合金钢工件，都可以采用较大的加热速度。

（2）高碳钢、高铬钢、高速钢等高合金钢的导热性差，如T10钢的导热能力相当于20钢导热能力的2/3，W18Cr4V高速钢的导热能力是20钢的1/3，而高锰钢的导热能力仅不过20钢的1/6。导热能力差，则必然加大表面与心部的温差，其热应力也就相应增大。此外，此类钢不仅导热性差，而且塑性也较低。截面大的高合金钢件，若加热速度过高，热应力易超过钢的弹性极限而发生扭曲变形，甚至超过钢的抗拉强度而出现裂纹。所以合金钢特别是高合金钢的加热速度不宜过快，在生产中常采用预热的方式进行加热。

（3）工件的断面愈大，则工件内部存在偏析、夹杂、组织不均匀等缺陷以及残留应力的可能性也愈大，所以大工件热处理多数采用阶梯式加热或缓慢加热，限制加热速度。

（4）断面厚薄相差悬殊及形状复杂的工件易于产生应力集中，难以做到均匀加热，所以也要控制加热速度。

（5）若加热前工件存在较大的残余应力，当加热产生的热应力与内应力方向一致时，容易导致工件变形开裂，因此，加热速度应小一些。例如，铸锻件在其锻后及铸造后的热处理过程中，由于工件内部不可避免地存在铸造及锻造应力，必须控制其加热速度。如铸铁件退火时就是采用低温入炉，缓慢随炉升温的方式进行加热的。

（6）固体渗碳、退火等工艺，由于工艺本身及设备特点的限制，通常不采用快速加热。

（7）如果钢中存在成分偏析严重、夹杂物较多，可造成组织不均匀，导致钢中各部位导热性不一致，尤其是大块夹杂物与尖角状夹杂物，其尖端正是热应力所在之处，极易引起开裂，所以对这类钢件应缓慢加热。

（8）低于500℃加热时，钢的塑性较差，热应力及残留应力易导致工件开裂。而在温度较高的情况下，由于钢的塑性较好，可以通过塑性变形改变内应力的大小及分布而不致开裂。所以控制低温区的加热速度是重要的，一般以50～100℃/h速度加热。预热也是一项有效的措施。

1.3 加热温度的选择

工件加热温度基本上决定了其加热时所得到的组织，而工件冷却后的组织和性能，也在很大程度上取决于加热时所得到的组织。因此，在实际生产中加热温度是非常重要的。对于不同的热处理工艺方法、不同材质的工件及不同的加热方式、加热温度可能有很大的区别。因此，必须结合实际的工艺具体确定加热温度。

确定加热温度的最根本的依据是热处理的目的和钢的成分。碳钢和低合金钢加热温度的选择主要是借助于平衡相图，对于正火和淬火及一些退火工艺来说，其加热温度必须确保工件加热时获得奥氏体组织，否则就难以保证在冷却后得到要求的组织和性能。这是一个根本原则，所以必须以其临界点 A_{c1}、A_{c3} 或 A_{ccm} 作为确定其加热温度的依据。

根据生产实践经验，对于碳钢、某些低合金钢来说，基本上可按下列原则来选择加热温度[2]。

退火温度：亚共析钢的完全退火——$A_{c3}+(30\sim50)$℃；
　　　　　共析钢和过共析钢的不完全退火——$A_{c1}+(20\sim30)$℃。
正火温度：亚共析钢——$A_{c3}+(30\sim50)$℃；
　　　　　共析钢——A_{c1}以上；
　　　　　过共析钢——A_{ccm}以上。
淬火温度：共析钢及过共析钢——$A_{c1}+(30\sim70)$℃；
　　　　　亚共析钢——$A_{c3}+(30\sim70)$℃。

不同成分的钢临界点不同，所以热处理时所采用的加热温度也不同。多数合金钢的加热温度，也是依其临界点而定的。但是由于合金碳化物较难熔解，合金元素扩散也慢，按照奥氏体化要求，往往采用较高的加热温度。如9CrSi钢的 A_{c1} 为770℃，但其常用的淬火温度为850～870℃，再如W18Cr4V高速钢的 A_{c1} 为820℃，而其淬火加热温度为1270～1290℃，高于其 A_{c1} 达400℃之多。

此外，即使同一成分的钢进行同一种热处理，由于其工件的大小、形状、原始组织以及热处理要求的不同，其加热温度的选择也将有所不同。

1.4 加热时间的确定

工件的加热时间（$\tau_{加}$）应当是工件升温时间（$\tau_{升}$）、透热时间（$\tau_{透}$）与保温时间（$\tau_{保}$）的总和。其中，升温时间是指工件入炉后表面达到炉内温度的时间，透热时间是指工件内部与表面都达到炉内温度的时间，保温时间是指为了达到热处理工艺要求而恒温保持的时间。这样的区分是由于实际加热过程中这三部分时间的含义及其规律各不相同。升温时间主要取决于加热炉或加热装置的热功率，加热制度和加热介质，以及装炉量。透热时间主要取决于被加热工件的形状和体积或截面尺寸，以及工件材料本身的导热性能，同时还与炉温的高低有关。保温时间主要取决于热处理工艺制度的要求，如是否需要得到成分均匀的固溶体，是否需要在保温过程中完成某些相变、碳化物的熔解或析出，是否需要成分相对均匀化等。如正火、淬火热处理工艺中的加热工序，由于奥氏体化的速度较快，普通的碳钢加热时珠光体向奥氏体转变只需要一分钟左右，合金钢的转变可能需要几分钟，但是合金碳化物熔解较为滞后。一般来说，工件透热后相变过程基本上能够较快完成，因此不需要很长的保温时间。对于扩散退火、去氢退火和淬火后的回火等热处理工艺，需要较长的时间完成转变，保温时间对完成热处理工艺目的作用较大，因此，确保足够的保温时间是重要的。

应当指出，在实际热处理的生产中，经常以控温仪表指示达到设定温度来开始计算实际加热时间，这是由于实际测定工件表面是否达到炉温温度有一定的不便，因而，常采用经验加热系数方法来估算总加热时间。为了能够更加准确地控制工件热处理加热过程，应当通过合理地放置炉内的测温元件，采用合理的装炉量和装炉位置来减小仪表指示温度与工件表面实际温度之间的差距。

热处理的加热时间可以具体计算，现简单讨论加热时间的计算。

根据传热学的原理，可将热处理的工件按截面尺寸分为两类：一类是薄件，工件的厚度与加热时间呈线性比例关系；另一类是厚件，当截面尺寸大到一定尺寸时，工件厚度与加热时间不成线性比例关系，此时的工件为厚件。

对薄件加热来说，在单位时间 $\mathrm{d}\tau$ 内传给工件表面的热量 $\mathrm{d}Q$ 可用下式表达：

$$\mathrm{d}Q = kS(t_{介} - t_{表})\mathrm{d}\tau$$

式中　k——介质到工件的传热系数，W/(m^2·℃)；

S——工件表面积，m^2；

$t_{介}$——介质温度，℃；

$t_{表}$——工件表面温度，℃。

若在薄件中，令工件温度以表面温度表示，即 $t_{表} = t_{工}$，热量 $\mathrm{d}Q$ 引起工件温度升高了 $\mathrm{d}t$，则

$$\mathrm{d}t = \mathrm{d}Q/CV\gamma = (t_{介} - t_{工})kS/(CV\gamma)\mathrm{d}\tau = K(t_{介} - t_{工})\mathrm{d}\tau$$

式中　K——$K = kS/CV\gamma$；

C——钢的比热容；

γ——钢的密度；

V——工件体积。

$$\mathrm{d}t/(t_{介} - t_{工}) = K\mathrm{d}\tau$$

$$\ln(t_{介} - t_{工}) = -K\tau + \ln C$$

当 $\tau = 0$ 时，工件温度等于工件的起始温度，则 $\ln C = \ln(t_{介} - t_{始})$。将它代入上式，得到：

$$\tau = (C\gamma/k)(V/S)\ln[(t_{介} - t_{始})/(t_{介} - t_{工})] \tag{1-1}$$

从式（1-1）可以看出，薄件加热所需要的时间不仅与工件的形状尺寸因素（V/S）有关，而且还与材料本身的性质、加热介质的种类及特性以及入炉时炉温等因素有关。

几何因素（V/S）与工件形状的关系见表1-1。

表1-1　几何因素（V/S）与工件形状的关系

物件形状	$W = V/S$
球体	$D/6$
圆柱体（全部加热）	$DL/4L + 2D$
圆柱体（一端加热）	$DL_1/4L_1 + D$

续表 1-1

物 件 形 状	$W=V/S$
空心圆柱体，全部加热	$(D-d)L/[4L_1+2(D-d)]$
长方形板材，全部加热	$B_2L/2(BL+Ba+aL)$
方 形	$B/6$
正方形、三角形或等边六边形棱柱体	$D_1L/(4L+2D_1)$

注：W—几何因素；D—外径；D_1—周径（多角形内切圆周直径）；B—正方体棱柱高及半厚；d—内径；L—长度；L_1—加热区长度；a—板厚。

此外，加热时间也可以按有效厚度 H（mm）计算，有效厚度是指工件在加热条件下，在最快加热方向上的截面厚度，如圆柱体 $H=D$，圆盘 $H=h$（厚度），筒形工件 $H=(D-d)/2$。其加热时间的经验公式如下：

$$\tau_{加}=\alpha\times K\times H \tag{1-2}$$

式中 $\tau_{加}$——加热时间，min 或 s；

α——加热系数，min/mm 或 s/mm；

H——工件有效厚度，mm；

K——工件装炉条件修正系数，通常取1.0～1.5。

1.5 加热的物理过程

工件在热处理加热时，其热量的来源可以从邻近的发热体以一定的方式进行热交换而获得，如一般加热炉加热；也可以工件自身作为发热体，把另一种形式的能量转变为热能而使工件加热，如直接通电加热、感应加热、离子轰击加热等。工件加热时是在一定的环境介质中进行，因而除了与周围环境进行热交换外，还将发生其他物理化学过程。

金属工件在加热炉内加热时，由炉内热源传给工件表面，工件表面得到热量然后向工件内部传播。由炉内热源把热量传给工件表面的过程，可以通过辐射、对流及传导等方式来进行；工件表面获得热量以后向内部的传递过程，则靠热传导方式进行[2]。

1.5.1 工件表面与加热介质的传热过程

1.5.1.1 对流传热

对流传热时，热量的传递依靠发热体与工件之间流体的流动进行。流体质点在发热体表面靠热传导获得热量，然后流体流动到工件表面把其热量又借热传导传给工件表面（当然，相互对流的粒子相遇时也要发生热交换）。因此，对流传热和流体介质的流动密切相关。

实验证明，对流传热时单位时间内加热介质传递给工件表面的热量有如下的关系：

$$Q_c=\alpha_c F(t_{介}-t_{工}) \tag{1-3}$$

式中 Q_c——单位时间内通过热交换面对流传热给工件的热量，J/h；

$t_{介}$——介质温度，℃；

$t_{工}$——工件表面温度，℃；

α_c——对流传热系数，J/(m^2·h·℃)；

F——热交换面积（工件与流体接触面积），m^2。

在对流传热过程中传热系数起着重要的作用，影响传热系数 α_c 的因素很复杂，主要包括以下因素：

（1）传热流体运动的情况。作为传递热量的流体，其运动状态可分为静止和强迫流动两种状态。静止状态的液体或气体在加热过程中由于近热源与远离热源（工件附近）处的温度不同，介质的密度也不同，因而发生自然对流，其热量的传递靠自然对流进行，因此其传热系数 α_c 较小。例如在气体炉中加热，其传热系数 $\alpha_c = (6.12 \sim 10.8) \times 10^4 \mathrm{J/(m^2 \cdot h \cdot ℃)}$；长度和直径相等的圆柱在盐浴中加热时 $\alpha_c = 296 \times 10^4 \mathrm{J/(m^2 \cdot h \cdot ℃)}$。

强迫流动是指用外加动力强制流体运动，如气体炉用风扇强制气体循环等。由于此时流体运动速度快，因此传热系数较大。强迫流动时，如果流体沿着工件表面一层层有规则地流动，这种流动称为层流，它使流体质点与工件表面热交换后不能马上离开，影响传热。当流体不规则地流过工件表面时，使流体质点能在热交换后较快地离开工件表面，因而有利于传热。流体的这种不规则运动，称为紊流。紊流的传热系数大于层流的传热系数。

（2）传热流体的物理性质。传热流体的导热系数 λ、比热容 C 及密度 ρ 越大，传热系数 α_c 越大；传热流体的黏度系数越大，越不易流动，传热系数则越小。

（3）工件表面形状及其在炉内放置位置。工件表面形状及其在炉内放置位置（或方式）不同，传热系数也不同。工件形状和放置位置对流体流动越有利，则传热系数越大。

1.5.1.2 辐射传热

任何物体只要其温度大于绝对零度，就能从表面放出辐射能。辐射能的载体是电磁波。在波长为 $(0.4 \sim 40) \times 10^{-6}$m 范围内的辐射能被物体吸收后变为热能，波长在此范围内的电磁波称为热射线。热射线的传播过程称为热辐射。物体在单位时间内由单位表面积辐射的能量为：

$$E = c\left(\frac{T}{100}\right)^4 \tag{1-4}$$

式中 E——物体在单位时间内由单位表面积辐射的能量，$\mathrm{J/(m^2 \cdot h)}$；

T——物体的绝对温度，K；

c——辐射系数，$\mathrm{J/(m^2 \cdot h \cdot K^4)}$。

c 值为 $20.52\mathrm{kJ/(m^2 \cdot h \cdot K^4)}$ 的物体称为绝对黑体，常用 c_0 表示。在相同温度下，一切物体的辐射能以黑体为最大，即 $c < c_0$。

$$\frac{c}{c_0} = \varepsilon \tag{1-5}$$

ε 称为黑度系数，简称黑度，它说明一个物体的辐射能力接近黑体的程度。黑度的数值取决于物体的物理性质、表面情况。黑度系数与温度的关系可以近似地认为是直线关系。

工件放在炉内加热时，一方面要接受从发热体、炉壁等辐射来的能量（热量），但一般金属材料均为非绝对黑体，因此对辐射来的能量不可能全部吸收，而有一部分热量要反射出去；另一方面，如前所述，其工件本身也要辐射出去一部分热量。因而用来加热工件的热量应由发热体、炉壁等辐射来的热量，减去反射的热量及自身辐射的热量。在辐射传热时工件表面所吸收的热量可以下式表示：

$$Q_r = A_n c_0 \left[\left(\frac{T_1}{100} \right)^4 - \left(\frac{T_2}{100} \right)^4 \right] F \tag{1-6}$$

式中 A_n——相当吸收率，与工件的表面黑度、发热体的表面黑度、工件相对于发热体的位置及炉内介质等有关；

T_1——发热体（或炉壁）的绝对温度，K；

T_2——工件表面的绝对温度，K；

F——工件吸收热量 Q_r 的表面积，m^2。

当发热体与工件之间存在有挡板等遮热物时，将使辐射换热量减少。例如，两平行板间发生辐射传热时，若中间放置另一块平板，计算表明，其辐射传热量将减少一半，这种作用称为遮热作用。

当发热体与工件之间存在气体介质时，则这些气体介质将吸收辐射能。有些气体介质吸收辐射能的数量极少，可以近似地认为气体介质不吸收辐射能，例如单原子气体 H_2、O_2、N_2等；但是另外一些气体，如 CO_2、H_2O 等都能吸收较多的能量。气体吸收射线的波长具有选择性，即对某些波长范围内的射线不吸收，而对另一些波长范围内的射线有吸收作用。当射线经过气体时，其能量在进程中逐渐被吸收，剩余的能量则透过气体。气体层的厚度越大，压力越大，吸收能力也越大。所有气体介质对射线的反射率都等于零。气体介质本身也辐射能量，其辐射能力与绝对温度的四次方成比例。

1.5.1.3 传导传热

传导传热过程，其热量的传递不依靠传热物质的定向宏观移动，而仅靠传热物质质点之间的相互碰撞。传热物质质点在原位做热振动时，由于它们之间的互相碰撞，促使具有较高能量的质点把部分能量（热量）传递给能量较低的质点。温度是表征物体内能高低的一种状态参数，因此，热传导过程是温度较高（即热力学能较高）的物质向温度较低（热力学能较低）的物质传递热量的过程。热传导过程的强弱以单位时间内通过单位等温截面的热量即热流量密度 q 表示：

$$q = -\lambda \frac{dT}{dx} \tag{1-7}$$

式中 q——热流量密度，$J/(m^2 \cdot h)$；

λ——热导率，$J/(m \cdot h \cdot ℃)$；

$\frac{dT}{dx}$——温度梯度；

负号“-”——热流量方向和温度梯度方向相反。

1.5.1.4 综合传热

在实际工件加热过程中，上述 3 种传热方式往往同时存在，所不同的仅仅是有的场合以这种传热方式为主，另一种场合以另一种传热方式为主。同时考虑上述 3 种传热方式的称为综合传热。综合传热效果可以认为是 3 种传热方式的单独传热结果之和，即：

$$Q = Q_c + Q_r + Q_{cd} \tag{1-8}$$

式中 Q_c，Q_r，Q_{cd}——分别表示对流传热、辐射传热、传导传热的热量。

由于这 3 种传热过程很难截然分开，所以在工件加热时往往综合考虑，并用下式表示：

$$Q = a(t_{介} - t_{工}) \tag{1-9}$$

式中 a——综合传热系数，J/(m^2·h·℃)。且：

$$a = a_c + a_r + a_{rd} \tag{1-10}$$

显然

$$a_r = \frac{A_n c_0 \left[\left(\frac{T_{介}}{100} \right)^4 - \left(\frac{T_{工}}{100} \right)^4 \right]}{T_{介} - T_{工}} \tag{1-11}$$

1.5.2 工件内部的热传导过程

工件表面获得热量以后，表面温度升高，工件表面与内部的温度存在着温度梯度，因此发生热传导过程。如前所述，其传热强度可以用热流量密度表示，即：

$$q = -\lambda \frac{dT}{dx} \tag{1-12}$$

此处热导率 λ 应为被加热工件材料的热导率。

热导率 λ 是材料的热物理参数，它说明材料具有单位温度梯度时所允许通过的热流量密度。

热导率的数值与钢的化学成分、组织状态及加热温度有关[2]。图 1-1 所示为钢中合金元素种类与含量对热导率的影响，可见钢中合金元素（包括碳含量）不同程度地降低钢的热导率。热导率随着钢中各组织组成物，按奥氏体、淬火马氏体、回火马氏体、珠光体的顺序增大。热导率与温度的关系近似地呈线性关系，即：

$$\lambda = \lambda_0(1 + bt) \tag{1-13}$$

式中 λ——温度为 t℃时的热导率，W/(m·K)；

λ_0——温度为0℃时的热导率，W/(m·K)；

b——热传导的温度系数，与钢的化学成分及组织状态有关，1/℃。

图 1-2 所示为不同钢种的热导率与温度的关系。由图可见，在低温时合金元素强烈地降低钢的热导率，随着温度的提高，其影响减弱。高于900℃时，合金元素的影响已看不出来，因为此时已处于奥氏体状态。奥氏体的热导率最小。纯铁和碳钢的热导率随着温度的升高而降低，且随着温度的升高而降低的趋势较大。

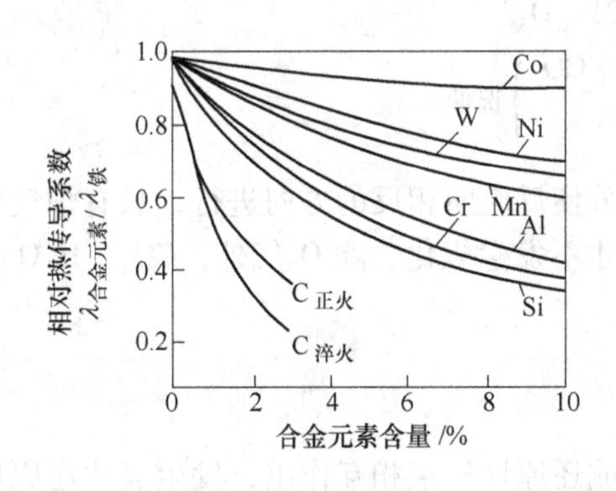

图 1-1 合金元素对二元铁合金热导率的影响

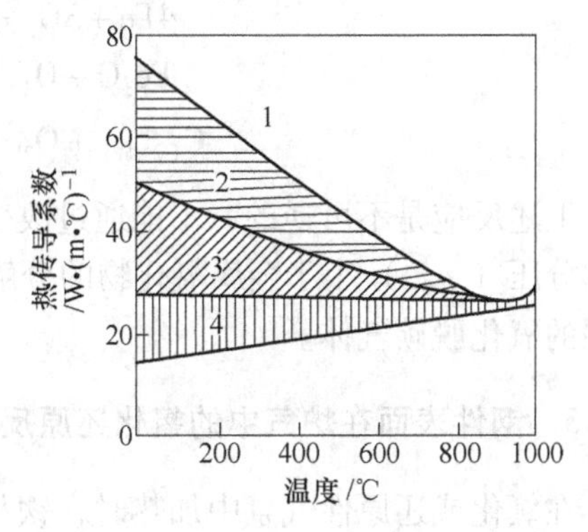

图 1-2 不同钢种的热导率与温度的关系

1—纯铁；2—碳钢；3—合金钢；4—高合金钢

1.6 金属在加热时的氧化

金属热处理可在不同介质中加热，例如在空气介质中加热、在保护气氛中加热、真空加热、盐浴炉加热、流态化炉中加热等。在加热过程中金属表面会与周围介质发生作用，可能发生化学反应，例如氧化、脱碳等，还可能发生物理作用，如脱气、合金元素的蒸发等。这些物理、化学作用可直接影响工件的表面状态，从而影响工件的使用性能。

氧化是金属材料中的金属元素在加热过程中与氧化性气氛（氧、二氧化碳、水蒸气等）发生作用，形成金属氧化物层（氧化皮）的一种现象。在600℃以上温度加热普通钢铁材料时，氧化膜不断增厚，氧化物晶格中积累的弹性应力场使膜与基体的原有适应关系破坏，并使氧化膜与工件发生开裂、剥离。金属的氧化过程往往伴随着脱碳。当氧化速度很大时脱碳作用不明显。

1.6.1 钢件与炉气间的化学作用

钢件表面在加热时与炉气间的相互作用可以分成以下三类[3]：

第一类：是不可逆的氧化反应，主要是空气中的氧及炉气中的氧与钢件表面发生的化学反应。

第二类：是钢材表面与炉气间发生的可逆氧化还原反应，发生这类反应的炉气有：H_2+H_2O，$CO+CO_2$，$H_2+H_2O+CO+CO_2$混合气体等。

第三类：是钢材表面与炉气间发生的脱碳或增碳反应，发生这种反应的炉气有：$CO+CO_2$，CH_4+H_2，H_2+H_2O+CO，$CO+CO_2+H_2+CH_4+H_2O$混合气体等。

1.6.2 钢件与氧的相互作用

钢铁材料在空气中加热主要与氧发生氧化和脱碳反应：

$$\left.\begin{aligned}3Fe+2O_2 &\xrightarrow{>570℃} Fe_3O_4\\ 2Fe+O_2 &\xrightarrow{>570℃} 2FeO\\ 4Fe+3O_2 &\xrightarrow{>570℃} 2Fe_2O_3\end{aligned}\right\}\text{氧化}$$

$$\left.\begin{aligned}Fe_3C+O_2 &\longrightarrow 3Fe+CO_2\\ C_{(\gamma-Fe)}+O_2 &\longrightarrow CO_2\end{aligned}\right\}\text{脱碳}$$

上述反应是不可逆的，不能通过改变炉气成分使反应向相反的方向进行，只有炉气中氧的分压（p_{O_2}）小于金属氧化物的分解压力时才不发生氧化。除O_2气外，CO_2、H_2O都是强的氧化脱碳气体。

1.6.3 钢件表面在炉气中的氧化还原反应

在氧化或还原性气氛中加热时，铁与氧化性或还原性气氛相互作用，发生氧化还原反应。炉气中的CO、H_2是还原性气氛，CO_2、H_2O是氧化性气氛，N_2是中性气氛。钢件表面在这些氧化还原气氛中的反应与在纯氧中的不同，均为可逆氧化还原反应，气氛的氧化还原作用可以控制。

在含有 H_2 及 H_2O（气态）的气氛中加热时，它们与钢件表面发生下列反应：

$$Fe + H_2O \underset{还原}{\overset{氧化}{\rightleftharpoons}} FeO + H_2 \qquad (>570℃) \tag{1-14}$$

$$3Fe + 4H_2O \underset{还原}{\overset{氧化}{\rightleftharpoons}} Fe_3O_4 + 4H_2 \qquad (>570℃) \tag{1-15}$$

$$3Fe + 4H_2O \underset{还原}{\overset{氧化}{\rightleftharpoons}} Fe_3O_4 + 4H_2 \qquad (<570℃) \tag{1-16}$$

1.6.4 钢的氧化层组织结构

1.6.4.1 氧化层结构

氧在铁中的溶解度很低，在常温下 α-Fe 溶氧量小于 0.05%，在 950℃时溶氧量约为 0.2%，可形成含氧的固溶体 θ（含氧的奥氏体和含氧的铁素体）。它比纯铁具有正的化学电位[2]。

氧化膜的结构见图 1-3。对氧化膜分析表明，与基体金属相连的一层氧化物为 FeO。氧化膜由内到外，由 FeO、$FeO + Fe_3O_4$、Fe_3O_4、$\gamma - Fe_2O_3$ 组成。初始形成的亚稳晶膜厚度极小，从单分子吸附层到几个定向氧化物晶胞，约小于 10nm。随着氧化膜增厚，氧化物晶格中累积的弹性应力使膜与基体的定向适应关系被破坏，首先从膜的外层容易发生弹性应力释放，同时氧化膜内晶体发生再结晶。第一层氧化物是由厚度约十几个到几百个晶胞所组成，在该层的外边形成的氧化膜是可见的主要区域，如果氧化物的比体积比基体金属大时，在氧化膜中存在着残余压应力。

在高温下氧化时发生的气相反应及应力的积累，经常使氧化皮下产生突起的小泡而使应力部分释放，这种情况特别在氧化膜强度大而与金属表面附着力又很弱时容易出现，并经常使氧化膜发生破裂以致剥落。

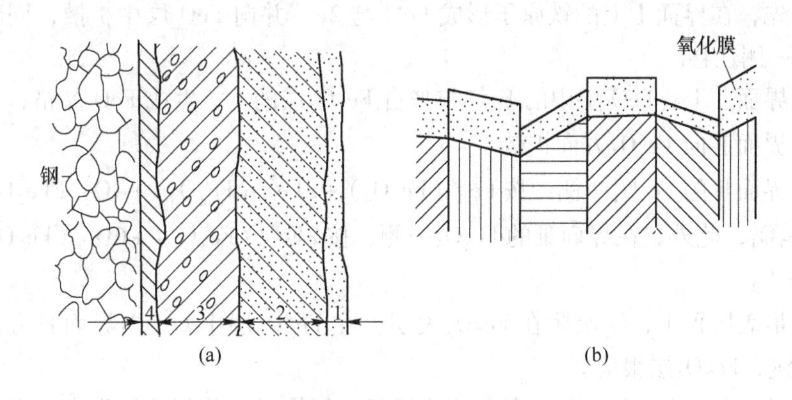

图 1-3 氧化膜的结构

（a）铁的氧化膜结构；（b）多晶体表面开始形成的亚稳晶膜

1—Fe_2O_3；2—Fe_3O_4；3—$FeO + Fe_3O_4$；4—FeO

1.6.4.2 氧化膜的形成机理

氧化膜的形成过程比较复杂，因为开始形成氧化膜时就将介质和金属基体分隔开来，进一步氧化必须通过这个氧化物层。显然氧化过程是由金属、金属氧化物和氧三者之间的相互作用以及氧的扩散所控制。大多数情况下，离子或电子迁移速率控制着氧化速率，但有时界面反应也是控制氧化速率的决定因素。图 1-4 表示了氧以负离子状态被吸附在氧化层表面上，而金属以正离子状态溶解在氧化膜中，所以氧化过程的驱动力是浓度梯度$\left(\frac{\partial c}{\partial x}\right)$和氧化层中的电场。其中电场是由于在边界上的电子与离子运动速度不一样，从而形成双电荷层而产生的。

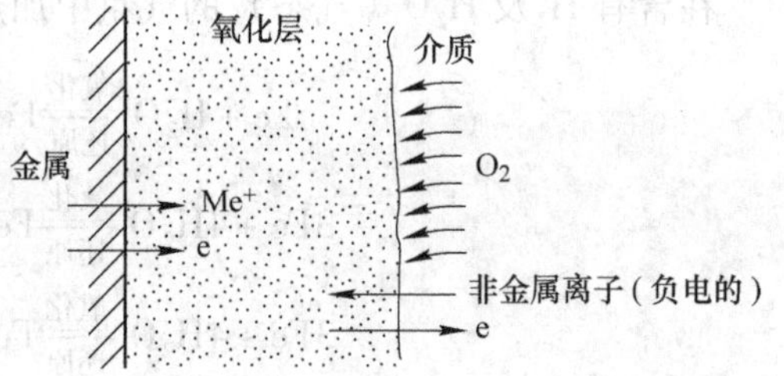

图 1-4 金属表面与氧化介质间的作用

铁的氧化机理可以从离子-电子在界面上的迁移过程来说明，如图 1-5[2] 所示。

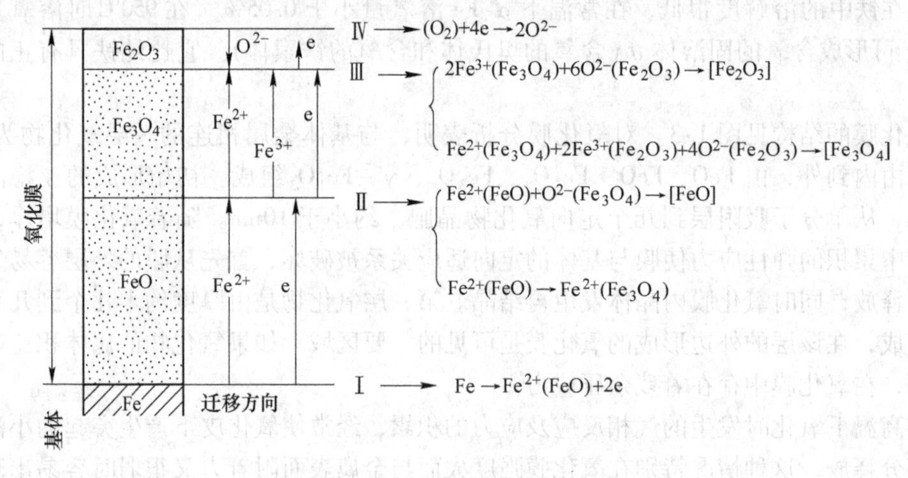

图 1-5 铁的表面氧化机理示意图

（1）首先，在界面Ⅰ上的铁原子形成 Fe^{2+} 与 2e，并向 FeO 层中扩散，同时使界面Ⅰ向基体铁的一侧迁移。

（2）在界面Ⅱ上，FeO 层中的 Fe^{2+} 与来自 Fe_3O_4层的 O^{2-} 生成 FeO 晶格，与此同时一部分 Fe^{2+} 从界面Ⅱ向 Fe_3O_4方向扩散。

（3）在界面Ⅲ的 Fe_3O_4一侧，按 $Fe^{2+}(Fe_3O_4)+2Fe^{3+}(Fe_2O_3)+4O^{2-}(Fe_2O_3) \to Fe_3O_4$ 反应形成 Fe_3O_4，此外，在界面Ⅲ的 Fe_2O_3一侧，按 $2Fe^{3+}(Fe_3O_4)+6O^{2-}(Fe_2O_3) \to Fe_2O_3$ 反应形成 Fe_2O_3。

（4）在最表层Ⅳ上，O_2吸附在 Fe_2O_3表层，在 Fe_2O_3层中 O^{2-} 向界面Ⅲ方向移动；由于形成速度慢，Fe_2O_3层很薄。

在高温下氧化，由于氧化层中的压应力及 CO_2气体反应使氧化层发生龟裂及剥落，O_2沿缝隙迅速侵入金属内层使氧化速度急剧上升。

1.6.5 减少氧化的方法

可以采取以下方法减少氧化：

（1）采取高温短时的方法，提高炉温，并使炉子高温区前移并变短，缩短钢在高温中的加热时间。

（2）保证煤气燃烧的情况下，使过剩空气量达最小值，尽量减少燃料中的水分与硫含量。

（3）保证炉子微正压操作，防止冷风吸入炉中，以减少氧化。

（4）控制炉内气氛为弱还原性气氛。

1.7 钢在加热时的脱碳

1.7.1 加热时的脱碳和增碳平衡

钢铁材料在氧化或还原性气氛中加热，表层的碳也可以被氧化烧损或发生气相反应而脱溶，即形成脱碳。脱碳-增碳是可逆的反应过程，在一定条件下可达到平衡，使炉气呈中性。在高温下脱碳反应经常与表面氧化反应同时发生。

在脱碳-增碳的混合气氛中，通过调节炉气的比例，可以使钢材表面进行光亮加热，也可以对工件表面进行渗碳或复碳处理。属于脱碳性的气体有：CO_2、H_2、H_2O、O_2等；属于渗碳性的气体有：CH_4、CO 等。

1.7.2 脱碳层的组织结构

钢材在脱碳气氛中加热时，根据其脱碳程度可以分为全脱碳层与半脱碳层两类。

当钢材表面碳被基本烧损，表层呈现全部铁素体（F）晶粒时，为全脱碳层。图 1-6 所示为共析碳钢全脱碳层的金相组织，表层白亮色部分为脱碳铁素体（F），心部为珠光体组织（P），中间部位为白亮色铁素体＋黑色区域的珠光体（F＋P）。半脱碳层是指钢材表面上的碳并未完全烧损，但已使表层碳含量低于钢材的平均碳含量，如图 1-7 所示[4]。

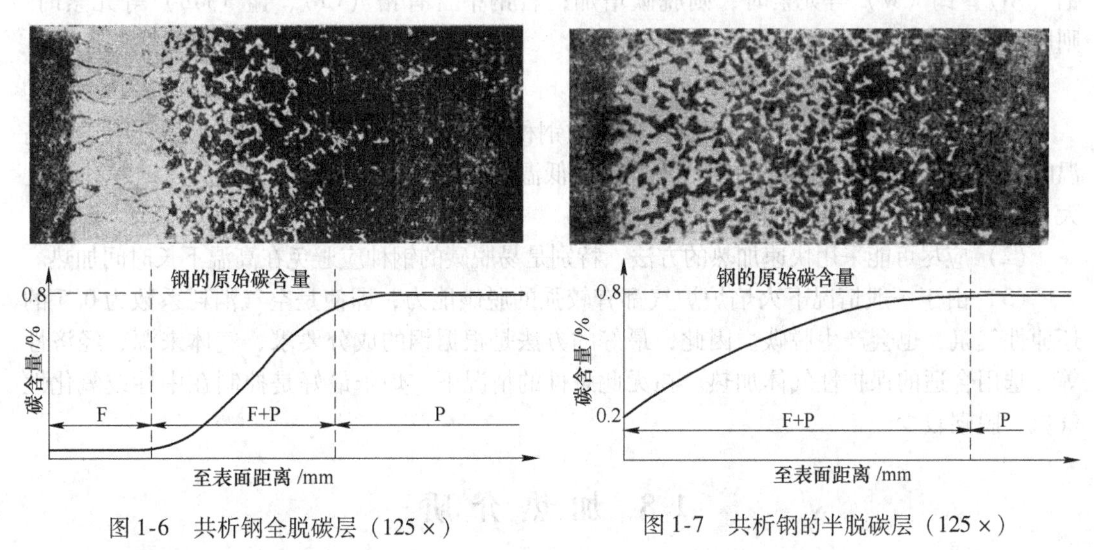

图 1-6 共析钢全脱碳层（125×）　　图 1-7 共析钢的半脱碳层（125×）

对于机器零件用钢、工模具钢来说，表面脱碳是一种有害缺陷，它不仅使工件力学性能（硬度、强度、耐磨性、疲劳强度等）下降，在使用中发生早期失效，而且由于脱碳层中存在着很大的残余拉应力，往往是加工过程中造成废品的主要因素，如表面淬火裂纹、磨削裂纹。

在强的氧化性气氛中加热时，表面脱碳与表面氧化将同时发生。在钢件的表面自内向外依次为：基体组织→半脱碳层（过渡层）→脱碳层→氧化皮。实际上，在过渡层外的脱碳层并不是真实的脱碳层，该脱碳层又被进一步氧化而成为氧化皮的一个组成部分。由于从表面向内部碳原子进行定向下坡扩散，全脱碳层的铁素体发生了定向再结晶形成柱状晶粒，如图 1-6 所示。

1.7.3 影响脱碳的因素及防止脱碳的方法

和氧化一样，影响脱碳的主要因素是温度、时间、炉内气氛，此外钢的化学成分对脱碳也有一定的影响。

1.7.3.1 影响脱碳的因素

（1）加热温度的影响。一些钢种随加热温度的升高，可见脱碳层厚度显著增加；另有一些钢种随着加热温度的升高，脱碳层厚度增加，待加热温度到一定值后，随着温度的升高，可见脱碳层厚度不仅不增加，反而减小。

（2）加热时间的影响。加热时间愈长，可见脱碳层厚度愈大。所以，缩短加热时间，特别是缩短钢件表面已达到较高温度后在炉内的停留时间，可以达到快速加热，是减少脱碳的有效措施。

（3）炉内气氛的影响。炉内气氛对脱碳的影响是根本性的，炉内气氛中 H_2O、CO_2、O_2和 H_2均能引起脱碳，而 CO 和 CH_4能使钢增碳。生产实践证明，为了减小可见脱碳层厚度，在强氧化性气氛中加热是有利的，这是因为铁的氧化将超过碳的氧化，因而可减小可见脱碳层厚度。

（4）钢的化学成分对脱碳的影响。钢中碳含量越高，加热时越容易脱碳，若钢中含有铝（Al）、钨（W）等元素时，则脱碳增加；若钢中含有铬（Cr）、锰（Mn）等元素时，则脱碳减少。

1.7.3.2 防止脱碳的方法

（1）对于脱碳速度始终大于氧化速度的钢种，应尽量采取较低的加热温度；对于在高温时氧化速度大于脱碳速度的钢种，既可以低温加热又可以高温加热，因为这时氧化速度大，脱碳层反而变薄。

（2）应尽可能采用快速加热的方法，特别是易脱碳的钢种应避免在高温下长时间加热。

（3）由于一般情况下火焰炉炉气都有较强的脱碳能力，即使是空气消耗系数为 0.5 的还原性气氛，也会产生脱碳。因此，最好的方法是根据钢的成分要求、气体来源、经济性等，选用合适的保护性气体加热。在无此条件的情况下，炉子最好是控制在中性或氧化性气氛，脱碳较少。

1.8 加热介质

1.8.1 可控气氛中无氧化加热

可控气氛中实现无氧化加热，控制炉气成分使之不氧化脱碳，又不发生增碳反应。

在一定温度下，钢材表面奥氏体中碳浓度与炉气之间达到不脱碳、不增碳的化学平衡状态时，该钢材表面的碳含量称为该种气氛的碳势。常压下当温度一定且炉气成分一定时，碳势也将是固定的。因此，碳势代表了在中性气氛中一定温度下的炉气成分。控制碳势就是控制炉气气氛中 $\varphi(CO)/\varphi(CO_2)$、$\varphi(CH_4)/\varphi(H_2)$ 的比例。

采用吸热式炉气加热时，CO 与 H_2的含量较高但数量基本恒定，对炉气中 CH_4一般要防止过量以免在工件表面沉积炭黑，其含量应控制得较低，因此，炉气碳势在 $CO/CO_2+CH_4/H_2$的混合气氛中主要通过 CO_2的含量来调节，CO_2的含量与碳势成反比。

根据炉气的水煤气反应，在 CO_2 与 H_2O 含量之间存在着如下的对应关系：

$$\varphi(CO_2)=\frac{\varphi(CO)}{K_4\varphi(H_2)}\times\varphi(H_2O)$$

因此，只要测量到炉气中 CO_2或 H_2O 中任何一个含量都可以间接控制炉气气氛的碳势。目前我国生产上采用的有 CO_2红外分析仪和露点测定仪。20 世纪 60 年代以来，氧位测定仪（氧探头）开始应用于生产，它利用不同金属生成该金属氧化物的自由能不同的原理，直接通过氧探头测定其氧势，具有反应速度快（$<0.1s$），测量范围宽（$10^{-25}\sim0.2at$（$1at=0.098MPa$））、寿命高等优点，是先进的碳势控制仪器。

应当注意的是，各种手册及资料介绍用不同原料气作为可控气氛时，碳势与露点及炉气成分、反应温度之间的平衡曲线与实际生产中测定的平衡曲线是有区别的。首先在生产中炉气是处于不断进入与排出的状态，并有空气的进入及炉气的外泄等因素，炉气的化学平衡很难严格保持；另外，加热材料的变化、炉温的波动、炉温的均匀性也都影响平衡的露点值，因此，在实际工作中必须针对具体炉型及生产条件进行实测和调节。

热处理用可控气氛种类很多，我国目前使用较多的有：吸热式气氛、放热式气氛、有机液滴注式气氛、氨分解气、制备氮气氛、氢、净化煤气及木炭发生气八类。但应用最广泛的是以碳氢化合物接近完全燃烧或部分燃烧方式生成的放热式、吸热式气氛。

1.8.2 敞焰少无氧化加热

在利用煤气作燃料时，如果使工件在气体燃料不完全燃烧的情况下加热，则可以实现少无氧化加热，这种方法称为敞焰少无氧化加热。为了补偿由于不完全燃烧所造成的发热量不足及损耗，应当尽量将不完全燃烧产物燃烧后的热量回收到炉膛中，为此，需要采用换热器预热空气或煤气，采用带有附加电热元件的新型炉型结构或将炉膛分成无氧化加热区与燃尽区两部分来提高燃料的利用系数，或在流动粒子炉的沸腾床中不完全燃烧（提高传热系数）以及采用装有环流圈的环流烧嘴，该烧嘴可以在发挥较高热效率的同时使燃烧产物中保持一定的还原性。另外，将敞焰无氧化预热（600～800℃）与感应加热相结合，也可保持最小的氧化而使生产率提高，这种无氧化加热在大型铸锻件的预先热处理中很有发展前途。

1.8.3 真空加热

在真空中加热时，可以使氧的分压降到很低，因此，使工件表面不仅完全防止了表面氧化腐蚀，而且还可以使表面净化、脱脂、除气。从热处理生产要求看，保持 $10^{-3}mmHg$（$1mmHg=133.3Pa$）的真空度就可以达到上述要求。除了在真空炉中进行真空加热以外，还可以将工件放在密封的不锈钢箱内抽气，实现真空加热，又称包装加热。

1.8.4 防氧化涂层

防氧化涂层就是在金属表面敷以防氧化涂料，这种方法具有简便易行、不受工件尺寸限制等优点，因此，在国内外都在进行研究。目前我国已开始有防氧化涂料的商品供应，但由于成本较高，主要应用于钛合金、不锈钢、超高强度钢、热锻模等工件的局部表面防护。

1.8.5 熔融浴炉中无氧化加热

在液体熔融浴炉中无氧化加热，主要是正确控制浴槽的成分，并在生产中坚持严格的脱氧制度，使浴炉保持中性或还原性。常用的液体加热介质有盐浴、金属浴、玻璃浴等。近年来在固体粉末流态床中实行无氧化加热也有很大的发展。

1.9 钢的过热和过烧

1.9.1 过热

1.9.1.1 过热的概念及危害

加热转变刚刚结束时所得的奥氏体晶粒一般均较细小，转变终了继续升高温度，奥氏体晶粒将继续长大。如果加热温度过高，而且在高温下停留时间过长，晶粒过分粗大化，晶粒之间的结合能力减弱，这种现象称为钢的过热[1]。

过热将使随后缓冷所得的铁素体晶粒、珠光体团以及随后快冷所得的马氏体组织变粗，这将使钢的强度与韧性变坏。过热的钢在淬火热处理时极易产生裂纹，特别是在零件的棱角、端头尤为显著。

1.9.1.2 产生过热的原因及消除方法

产生过热的直接原因一般为加热温度偏高和保温时间过长，因此，可以用再次热处理来校正过热。校正过热的办法是重新加热到临界点以上，使钢的组织再次转变为细小的奥氏体晶粒。

为了避免产生过热的缺陷，必须按钢种的成分及热处理的目的，控制加热温度和加热时间，尤其是高温下的加热时间不能过长，并且应适当减少炉内的过剩空气量。归纳有以下方法：

（1）由于控温不当导致加热温度过高，在已经引起过热的情况下，应采用较缓慢的冷却以获得平衡态组织，再次加热到正常温度即可获得细晶粒奥氏体。

（2）如果过热后仍然进行了淬火，得到粗大的不平衡组织，则应采取以下方法进行校正以消除组织遗传。1）采用中速加热可以获得细晶粒奥氏体；2）采用快速或慢速加热到高于上临界点 150～200℃的温度使粗晶粒通过再结晶而细化；3）先进行一次退火以获得平衡组织，然后再进行最终热处理。

1.9.2 过烧

1.9.2.1 过烧及其危害

如果由于加热温度过高，时间又长，钢的奥氏体晶粒不仅已经长大，而且在奥氏体晶界上发生了某些使晶界弱化的变化，例如晶粒之间的边界上出现熔化、有氧渗入，并在晶粒间氧化，这样就失去了晶粒间的结合力，失去其本身的强度和可塑性。在热处理后会在表面形成粗大的裂纹，这种现象称为钢的过烧。

过烧可以导致断口遗传，即在过烧的情况下，虽经再次适当加热淬火消除了粗大的晶粒而得到了细晶粒的奥氏体组织，但在冲断时仍得到了与原粗大奥氏体晶粒相对应的粗晶断口。在奥氏体晶粒已经细化的条件下，断裂仍沿原奥氏体晶界发生，这表明第一次过热时在原奥氏体晶界发生了某些使晶界弱化的变化，且这种弱化在再次加热时不能得到消除。在晶界上可能发生的变化不外乎是沿晶界析出了某种相或是形成了某些夹杂元素的偏聚。目前已经得到公认的原因是，沿原奥氏体晶界析出了 MnS 等第二相使晶界弱化，即在第一次过热时由于温度足够高，钢中的 MnS 等夹杂物已经熔入奥氏体中，并由于内吸附而偏聚在原奥氏体晶界。在加热后如以不太快的速度冷却，则随温度的下降，MnS 在原奥氏体中的熔解度下降，沿原奥氏体晶界析出，使晶界弱化，形成萘状断口。已经析出的 MnS 等夹杂物再次加热到正常温度淬火以及回火时均不能重新熔解，所以断裂仍沿原奥氏体晶界发生，出现断口遗传。

由于过烧导致晶粒间彼此的结合力大为降低，塑性变坏，使得钢在进行压力加工过程中就会开裂。过烧一般发生在钢的轧、锻等热加工过程中，但在某些莱氏体高合金钢（如 W18Cr4V、Cr12 等）的淬火热处理中也常有发生，因为它们的淬火加热温度接近其莱氏体共晶点。在焊接件热影响区中也有可能出现过烧[1]。

1.9.2.2 过烧的原因及消除办法

当钢加热到比过热更高的温度时，不仅钢的晶粒长大，晶粒周围的薄膜也开始熔化，氧进入了晶粒之间的空隙，使金属氧化，甚至熔化。过烧不仅取决于加热温度，也和炉内气氛有关。炉气的氧化能力越强，越容易发生过烧现象，因为氧化性气体扩散到金属中去，更易使晶粒间晶界氧化或局部熔化。在还原性气氛中，也可能发生过烧，但开始过烧的温度比氧化性气氛时要高 60 ~ 70℃。钢中碳含量越高，产生过烧危害的温度越低。

过烧不仅使奥氏体晶粒剧烈粗化，而且使晶界也被严重氧化甚至局部熔化，此时，不能用热处理的办法消除，只好报废、回炉重炼。生产中有局部过烧，这时可切掉过烧部分，其余部分可重新加热轧制、锻造。如果过烧仅仅是引起晶界弱化，消除的办法有：（1）重新加热到引起过烧的温度，以极慢的速度（3℃/min）冷却；（2）重新加热到引起过烧的温度，冷到室温，再加热到较前一次低 100 ~ 150℃的温度，再冷至室温。如此重复加热、冷却直到在正常加热温度以下为止；（3）重新锻造；（4）进行多次正火。

思 考 题

1-1 加热时，热传递的方式有哪些？

1-2 工件的加热方式有哪些，加热速度如何控制？

1-3 如何避免工件加热时的氧化？

1-4　什么是脱碳，如何避免脱碳？

1-5　何谓过热与过烧，如何避免或消除？

参 考 文 献

[1] 戚翠芬，张树海．加热炉基础知识与操作［M］．北京：冶金工业出版社，2005：1～5.

[2] 刘宗昌，赵莉萍，等．热处理工程师必备基础理论［M］．北京：机械工业出版社，2013：200～230.

[3] 夏立芳．金属热处理工艺学（修订版）［M］．哈尔滨：哈尔滨工业大学出版社，2008：4～7.

[4] 安运铮．热处理工艺学［M］．北京：机械工业出版社，1983：11.

2　退火与正火

金属材料的退火一般是在炉中加热、保温，而后缓冷；而正火一般是在空气中冷却的工艺操作，主要应用于各类铸件、锻件、焊接件的组织、性能的调整，以便为以后的机械加工、热处理做好组织、性能的准备，也有为了消除冶金或热加工产生的缺陷，因此也称为预备热处理。如退火消除液析碳化物；细化锻后粗大不均匀组织等。对于某些钢件，通过正火达到使用性能要求，作为其最终热处理工艺。

碳素钢退火、正火工艺的加热温度范围如图 2-1 所示，而中、高合金钢的相图较为复杂，其退火、正火的温度范围原则上也是依据钢的临界点来确定的。

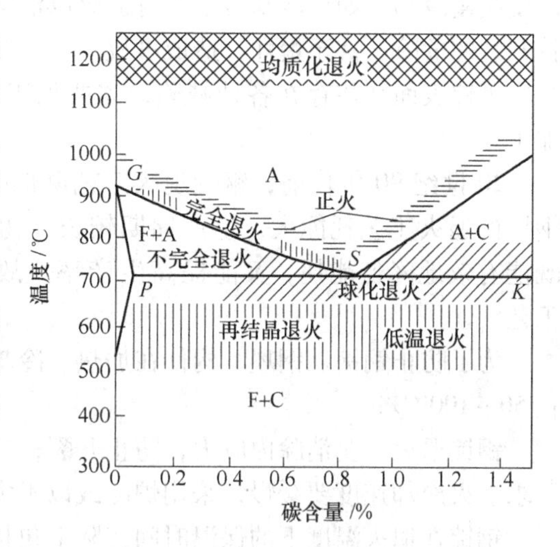

图 2-1　退火、正火温度与 Fe-C 相图的关系示意图

2.1　退火的种类、目的和定义

退火工艺种类较多，按照退火温度不同分为完全退火、不完全退火、循环退火、等温退火、低温退火等；以扩散均匀成分为目的，分为扩散退火或均质化退火、去氢退火；以改善组织为目的分为球化退火、再结晶退火；为防止钢件开裂变形而进行的去应力退火；为改善切削性能而进行的软化退火等。可见各种退火工艺各有其目的，加热和冷却方式也有所区别，但均能软化。

退火的定义：将钢件加热到临界点 A_{c1} 以上或以下某一温度，保温预定时间，随后缓冷得到较为平衡的组织状态，这种热处理工艺称为退火。如亚共析钢退火得到铁素体 + 珠光体组织，共析钢退火得到珠光体组织。

珠光体是过冷奥氏体分解为共析铁素体和共析渗碳体（或碳化物）的整合组织。

2.2　钢的去应力退火

去应力退火又称低温退火，这种退火主要用来消除钢锭、铸件、锻件、焊接件、热轧件、冷拉件等的残余应力。如果这些应力不予消除，将会引起钢件在一定时间以后，或在随后的切削加工过程中产生变形或裂纹。

对于钢锭，消除内应力可防止钢锭开裂。对于构件，可减少使用过程中的时效变形，或提高使用性能。本节主要阐述钢锭的去应力退火。

钢水浇注在钢锭模中，经结晶、凝固冷却，由于各个部位的冷却速度不同，钢锭内外的温差会形成热应力；冷却过程中的相变会引起体积的变化，冷却的不等时性会产生组织应力；热应力和组织应力叠加而构成钢锭中的内应力，这种应力一般随着钢中合金元素含量和钢锭质量的增加而增大。对于某些高合金钢，如高铬钢、高速钢等钢的钢锭，浇注后即使缓慢冷却，如果冷却后不及时退火以消除内应力，那么，在存放过程中，仍然存在自行开裂的危险，甚至爆炸，造成事故。

钢锭表面往往存在各种缺陷，需要加工清理，因此降低钢锭表面硬度，以利于磨削加工。

20 世纪 90 年代前，钢锭退火工艺陈旧，加热温度过高，加热时间太长。不少特殊钢厂的退火工艺耗能大，生产周期较长，物流速度慢，生产率低，因此缩短保温时间，既能有效地降低能耗，又能提高生产率。故在 20 世纪 90 年代研究开发了钢锭退火新工艺[1]。

为了防止钢锭、钢坯、构件在加热、冷却过程中产生新的内应力，加热速度应当控制在 50～100℃/h。

钢锭退火一要消除内应力，防止开裂；二要降低硬度，以便进行钢锭表面清理，因此要求退火冷却速度要缓慢，采用炉冷或以不大于 50℃/h 的速度冷却。

钢锭在退火温度下的保温时间实际上包括热透时间和保温时间两部分，即 $\tau_{总}=\tau_{热透}+\tau_{保温}$。不同的工艺规范、不同大小的钢锭、不同的钢种，其热透时间是不一样的。这个时间参数实际测量较为困难，工作量太大。而采用计算机传热程序可算得各种钢件的透烧时间。纯粹的保温时间应保证相变动力学和去除应力的需要。

钢锭脱模后，在车间里冷却，由于钢锭尺寸较大，随着温度的降低，内外温差越大，热应力越大；当钢锭冷却到临界点以下时，将发生一系列的相变过程，如共析分解、贝氏体相变、马氏体相变等，这些相变造成体积膨胀，钢锭内外温度不同，则相变不会同时进行，因而产生相变应力。热应力和相变应力合并为内应力。随着钢锭温度的降低，内应力越来越大。有些钢锭在车间里放置，会突然开裂或爆炸，就是这些内应力引起的。

随着退火温度的升高，原子活动能力增加，位错的运动而使位错密度不断降低；孪晶不断减少直至消失；进行回复、再结晶等过程，这些变化均使得内应力不断降低。在 550℃以上加热一定时间，内应力均可基本上消除。

钢锭退火加热温度的选择主要是为了消除内应力，低温、中温、高温各区加热都有消除内应力的作用。由于需降低钢锭表面硬度，以便于磨削清理也是退火目的之一，因此，退火温度选择在较高温度下进行。同时，较高温度也有利于迅速消除内应力，提高生产率。但是加热温度没有必要过高。综合各因素，退火加热温度选择在临界点附近即可，如在 A_{c1} 稍上或稍下等温即可消除内应力，同时也能够降低硬度。

内应力的消除是个应力松弛过程，它本质上是个高温蠕变过程。应力松弛过程的快慢主要依赖于温度，随加热温度升高，应力消除率也随之升高。如普通铸铁、高合金铸铁等在 700℃即能全部消除铸态内应力。在 600～700℃间的保温时间，保温 1h 和 48h 的效果几乎是相同的（图 2-2），因此过长的保温时间是没有必要的。从图中可见，钢件在 650～700℃加热退火时，只需约 1h，即可将内应力全部去除。更多的资料数据表明，任何钢件的内应力，经过550℃加热，即可消除90%以上。

例如，20Cr2Ni4钢的钢锭退火新工艺如图2-3所示，新工艺的加热温度比原工艺普遍降低100～250℃。图中的点线、虚线为计算机程序计算的钢锭表面和心部的温度变化曲线[1]。

钢锭尺寸较大，热透时间较长，可依据经验公式计算，但由于经验公式把加热时间看成与钢件有效厚度呈线性关系，而实际上是非线性关系，因此计算结果不准确。利用计算机进行传热计算，计算热透时间是较为准确的，而且可以计算钢件的温度场与时间的变化规律，可以获得丰富的数据。

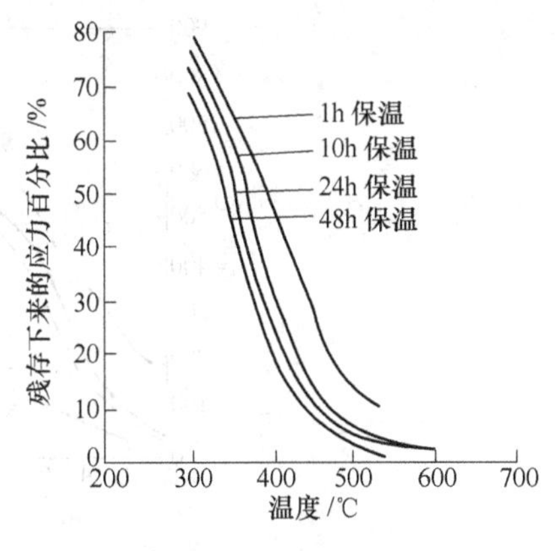

图2-2　温度和保温时间对应力去除的影响

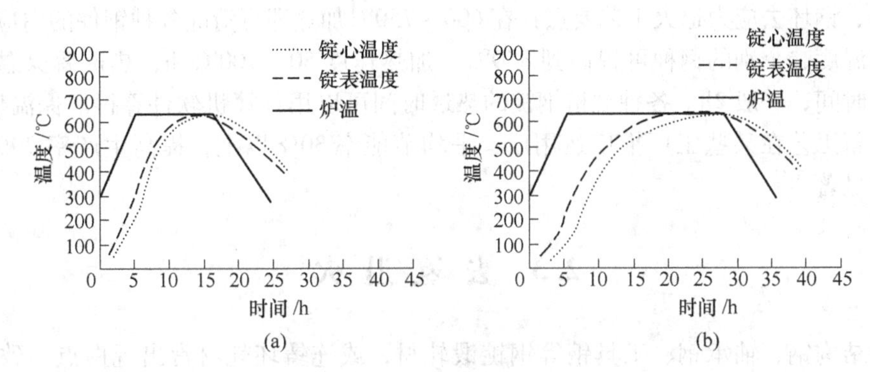

图2-3　20Cr2Ni4钢锭的退火工艺

（a）570mm八角锭；（b）900mm八角锭

实际测定热透时间是非常繁琐的，工作量较大，难以大量应用，但是典型钢件的加热曲线的测定具有使用价值。图2-4、图2-5所示为实测结果[2]，可供制定工艺时参考。

从这些曲线上可以得知具体钢种在各种加热条件下的热透时间。图2-4所示为直径1250mm的26CrNi3MoV钢大锻件，随炉升温，约经历40h心部才能热透。那么，这一数据可以作为该种钢锭的透烧时间。再加上保温时间，即为钢锭去应力退火的加热总时间。

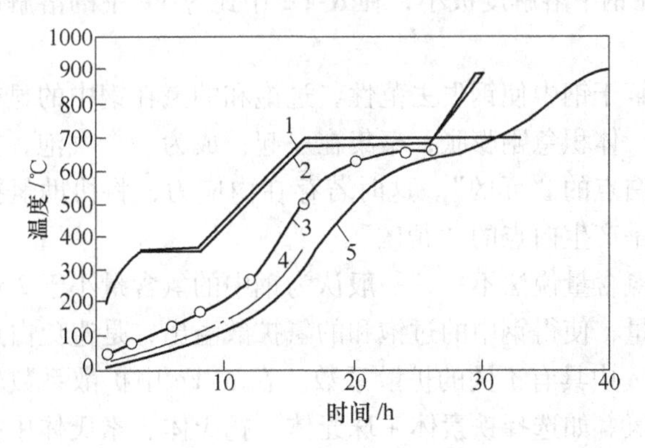

图2-4　直径为1250mm的26CrNi3MoV钢锻件的加热曲线

1—工艺；2—炉温；3—工件表面温度；4—工件$R/2$处温度；5—工件中心温度

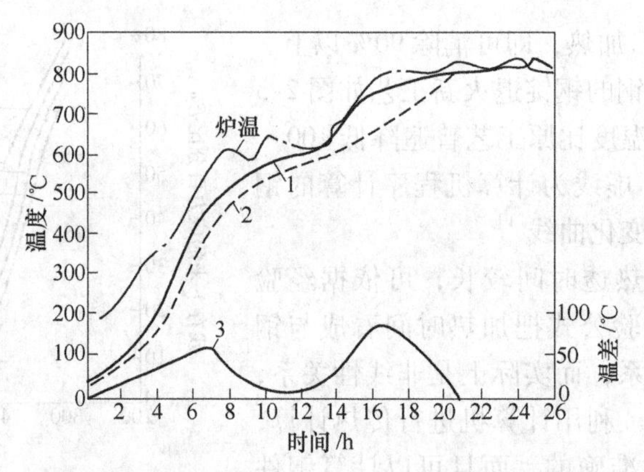

图2-5　直径为700mm的34CrMo钢锻件加热曲线

1—距表面25mm；2—中心；3—表面与中心温差

钢锭、钢坯去应力退火工艺要点：在600～750℃加热即可清除各种钢件的内应力。不需要更高温度，个别的钢种可提高到850℃。加热速度50～100℃/h；热透后保温时间不需要很长时间，一般2h。各种规格钢锭的热透时间可以用计算机软件算得。保温后炉冷。钢锭退火新工艺在某些工厂推广运用后，平均节能率30%以上，提高生产率20%以上，经济效益显著[3,4]。

2.3　去氢退火

合金结构钢、轴承钢、工具钢等钢锭锻轧材，或连铸坯轧材常出现白点，致钢材报废。冶金生产全过程的许多环节不当均有可能诱发白点。产生白点的诱因有两个：（1）钢中氢含量高；（2）内应力大。搞好去氢退火，把握这两点，是防止白点的关键。

2.3.1　白点的形成与氢的扩散

电炉炼钢的钢水中氢含量一般为（4～6）$\times 10^{-6}$，钢水真空脱气处理后可以达到（[H]）$\leqslant 2.5\times 10^{-4}$%。为了科学制定去氢退火工艺，首先要弄清氢在钢中的存在状态。根据Fe-H相图，氢在钢中溶解度极小，在α-Fe中比γ-Fe中的溶解度更小，这促进氢的扩散溢出。

一般认为，氢溶解于钢中使钢失去范性，过饱和的氢在钢中的显微孔隙中造成分子氢的压强，形成氢气时，体积急剧膨胀，聚集在一起，成为一个气泡，撑开孔隙，即形成白点。因此，氢是产生白点的“元凶”。这时若存在内应力，将协助氢撑开孔隙，形成脆性裂缝。因此，内应力是产生白点的“帮凶”。

钢中形成白点的氢含量说法不一，一般认为钢中的氢含量小于2×10^{-6}时不产生白点。因此降低钢中的氢含量，使得钢中的过饱和的氢扩散溢出，是避免白点的最根本的措施。

氢在α-Fe和γ-Fe中具有不同的扩散系数。在α-Fe中扩散系数较大，因此选择具有铁素体的组织进行脱氢。如选择铁素体+珠光体、托氏体、索氏体中扩散，氢的扩散速度较快。当锻轧后冷却得到贝氏体再升温脱氢时，由于贝氏体以铁素体为基体，并且存在大量界面、位错等缺陷，因而有利于加速氢的扩散。

氢在α-Fe中的扩散系数D_{α}比在γ-Fe中扩散系数D_{γ}大得多。图2-6表示了氢在α-Fe中的扩散系数与温度的关系。

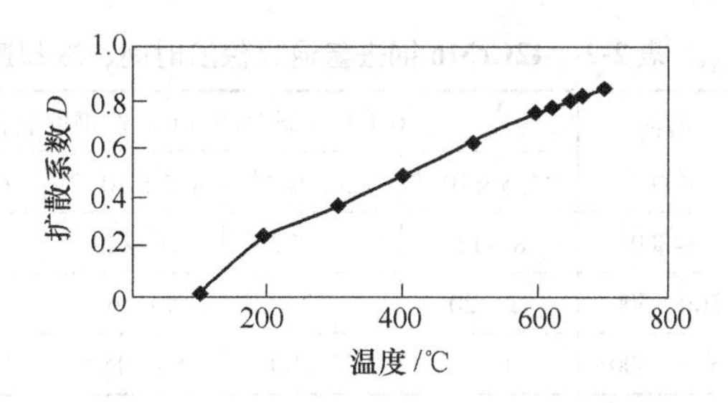

图2-6 氢在α-Fe中的扩散系数与温度的关系

2.3.2 去氢退火工艺

钢坯的去氢退火一般在台车炉中进行，大多采用天然气、煤气加热。加热速度一般为50~100℃/h。由于装炉量较大，一般数十吨，甚至上百吨，因此难以实现快速加热。而且热透也很耗时，尤其是大锻件，热透时间较长。热透时间可以应用计算机计算，也可以实测确定，或按照经验数据确定。

由于不同温度下铁素体中氢的溶解度不同，扩散系数也不等，最好采用分阶段脱氢。为了加速扩散，可以提高等温温度，加热到A_1稍下等温，增大扩散系数D。700℃时的氢饱和溶解度约为2.29×10^{-6}。保温一定时间后，心部达到此值时，即达到饱和溶解度，H原子将难以扩散，这时则需要降温，冷却到下一段较低的温度，使［H］重新达到过饱和状态，脱氢才能继续进行。

缓冷到600℃左右等温，［H］在铁素体中的溶解度降低到约2×10^{-6}，又达到过饱和状态，且形成浓度梯度，继续扩散脱氢。保温一段时间后，钢坯心部当达到饱和溶解度时，保温完毕。为了简化操作，大多采用在650℃保温脱氢。

当钢中氢含量达到2×10^{-6}左右时可以在炉中连续缓冷了，缓冷过程将持续脱氢，冷却速度控制在15~40℃/h范围内，冷却到150~200℃后出炉空冷。

缓冷是降低内应力的重要措施。通过缓冷将氢含量降低到1.8×10^{-6}以下，且消除组织应力和热应力，就不产生白点了。

这样通过等温和不断缓慢冷却降温，则不断降低氢在铁素体中的溶解度，又不断保持浓度梯度，则能不断扩散脱氢。因此，等温和缓冷相结合，以达到去氢、防止白点的目的。

在制定去氢退火工艺前，应当了解钢锭的冶金过程，测定钢水中的氢含量。去氢退火保温时间应当依据钢中的氢含量和锻轧材尺寸而定。应用计算机软件可以计算氢在钢中的浓度场，计算出不同氢含量，不同锻轧材尺寸时的去氢退火等温时间。锻轧材尺寸不同，缓冷速度和出炉温度也不同[5~7]。

42CrMo钢大锻件去氢退火工艺如图2-7所示。表2-1列举了42CrMo钢大锻件采用去氢退火时保温时间等与钢锭氢含量、工件尺寸的关系[7,8]。

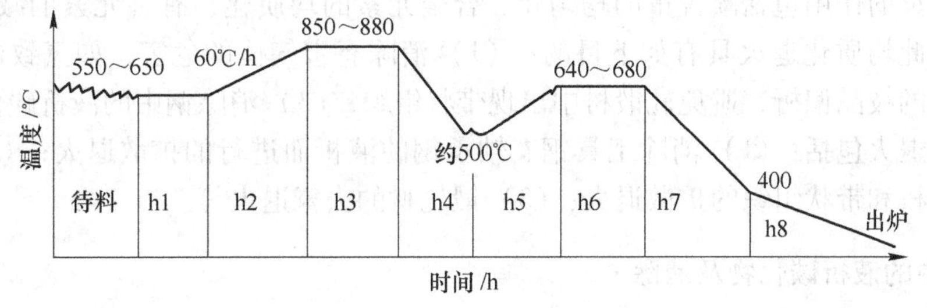

图2-7 42CrMo钢大锻件去氢退火工艺曲线

表 2-1 42CrMo 钢去氢退火保温时间、冷却速度、出炉温度与钢锭氢含量、工件尺寸的关系

截面/mm	650℃保温时间（h）按钢锭氢含量分等级					冷速/℃·h^{-1}		出炉温度/℃
	≤2.5×10^{-6}	3.5×10^{-6}	4.5×10^{-6}	6×10^{-6}	7×10^{-6}			
≤300	8~12	15~22	20~40	40~60	45~70	50	—	400
300~500	12~20	22	40~60	60~110	70~140	40	20	300
500~800	20~32	22~80	60~180	110~295	140~360	30	15	200

去氢退火工艺要点：

（1）以氢含量为第一依据，内应力为第二依据，设计在铁素体状态下的去氢工艺。关键是搞好退火保温或缓冷。

（2）去氢要贯彻全程概念，充分利用能源，在 A_1~150℃温度范围内进行。

（3）退火保温时间以钢液中的原始氢含量［H］为第一依据，锻轧材尺寸为第二依据，分等级设计。当钢锭中的氢含量在 2.5×10^{-6} 以下时，可以大大缩短退火保温时间。某些锻轧材直径小于 200mm 时，也可以轧后在缓冷坑中冷却。

（4）等温后要缓慢冷却，一是为了继续脱氢，二是为避免内应力促生白点。冷却速度根据锻轧材的有效直径在 10~40℃/h 范围内选择。

2.4 钢锭、钢坯的均质化退火

为了改善或消除钢中的成分不均匀性而实行的退火，称为扩散退火或称均质化退火。

钢锭、钢坯和钢材的化学成分往往是不均匀的，对组织转变和转变产物的性能均产生许多影响。21 世纪，对钢的质量提出高纯洁性、高均匀性的要求。均质化退火是根据各种合金元素在高温下的扩散行为尽可能地减轻钢锭、钢坯内部的显微偏析的工艺方法，如减轻或消除枝晶偏析，从而使钢锭、钢坯锻轧后获得比较均匀的组织，为以后获得优良的性能提供必要条件。

冶金厂一般不单独进行钢锭、钢坯的扩散退火。对于偏析不太严重、质量较好的钢锭，扩散退火的改善作用也很小。对钢锭进行扩散退火不如对锻轧后的钢坯进行扩散退火效果更好。

冶金厂中，大多数是在开坯前，将钢锭在加热炉中适当延长均温、保温时间，然后再锻造或轧制，这样，既能获得扩散退火的效果，又能缩短生产周期、减少烧损、降低能耗。

扩散退火的作用包括碳含量的均匀化、合金元素的均质化、有害元素的减少或清除，如去氢。因此均质化退火具有如下目的：（1）消除有害气体的危害，如氢致白点；（2）消除铸锭中的枝晶偏析，避免轧锻材中出现带状组织；（3）消除钢中的液析碳化物。

均质化退火包括：（1）消除工具钢、轴承钢的液析而进行的扩散退火；（2）消除合金钢枝晶偏析和带状组织的扩散退火；（3）锻轧材的去氢退火等。

2.4.1 钢中的液析碳化物及消除

钢锭凝固时由于选择性结晶而使钢锭中部剩余的钢水中碳含量增高，合金元素含量增加，钢水中的碳和合金元素富集到了亚稳定莱氏体共晶成分，因而钢水中析出碳化物，称为液析碳化物。液析碳化物呈鱼骨状，如图 2-8 所示。分析表明，轴承钢中的液析碳化物主要是渗碳体（Fe，Cr)$_3$C 组成，此外还有少量的特殊碳化物 (Fe，Cr)$_7$C$_3$，因此液析碳化物是由（Fe，Cr)$_7$C$_3$ +(Fe，Cr)$_3$C 组成的。用热分析方法测定这种共晶碳化物开始熔化的温度为 1130℃。

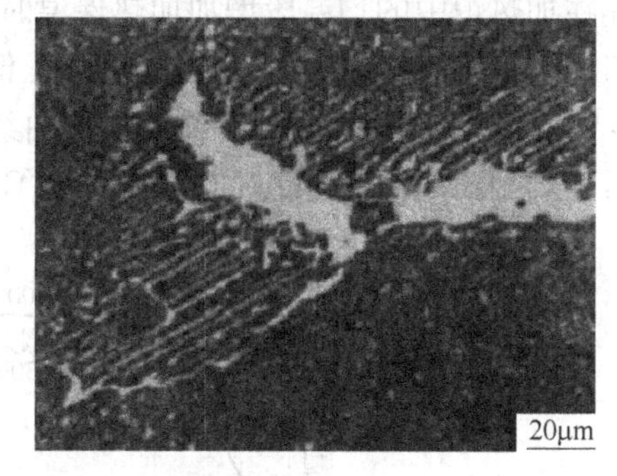

图 2-8 GCr15 钢锭中心的液析碳化物，OM

莱氏体共晶碳化物在锻造或轧制时可以被压碎并且沿着锻轧方向呈现条带状分布。图 2-9 为 H13 钢（美国钢号，相当于我国的 4Cr5MoV1Si）轧制钢坯的液析碳化物形貌。图中的白色亮块为液析碳化物（Cr_7C_3），这是大块的鱼骨状液析碳化物被轧制碎化的结果。图 2-9b 为带状组织，黑色带中的白色亮块也是液析碳化物。

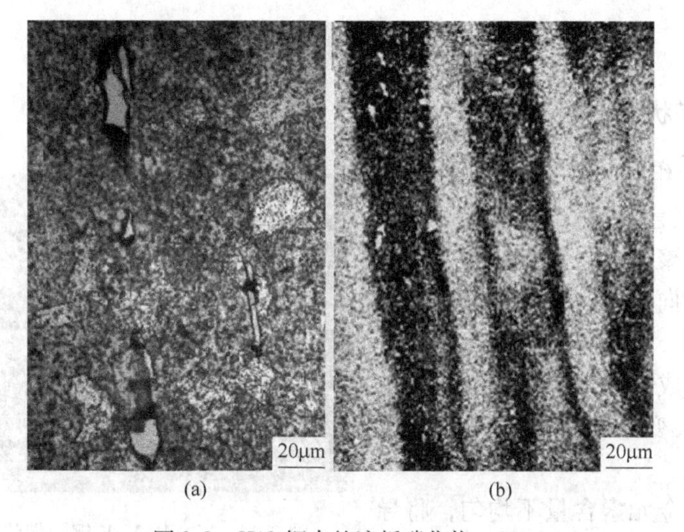

图 2-9 H13 钢中的液析碳化物，OM

消除液析碳化物的措施：

（1）采用快速凝固，扁锭，连续铸锭；

（2）采用大锻压比，破碎碳化物，多次加热扩散，改善液析；

（3）扩散退火消除液析碳化物；

（4）控制轴承钢中铬和碳的含量在中下限，加入少量钒也可以减少液析碳化物。

钢锭和钢坯中存在液析碳化物时主要是通过扩散退火来消除。轴承钢中的液析开始熔化的温度为 1130℃，所以需在 1200℃进行扩散退火。

H13 钢中的液析碳化物一般加热到较高温度进行扩散退火。在生产中，钢锭或钢坯需要在 1250 ~ 1300℃加热 20 ~ 30h 才能消除液析碳化物。保温时间要充分，不仅要消除液析碳化物，而且应当使合金元素和碳通过扩散而相对均匀化。当合金元素分布不均匀时，碳也分布不均匀，因为 Cr、Mo、V 等是碳化物形成元素，与碳原子有较强的亲和力，合金元素阻碍碳原子的扩散。

实际生产中一般不单独进行扩散退火，而是将钢锭在均热炉中多停留一段时间，连铸坯在加热炉中的均温段增加加热保温时间，即可消除液析，并且减轻枝晶偏析，减少带状组织。加热温度一般在1250℃以上，保温时间可以根据炉温、钢坯尺寸等因素确定。图2-10为H13钢的锻轧加热扩散工艺曲线。将钢锭或钢坯加热到1280～1300℃，保温，然后冷却到800℃，再重新加热到1200℃均温后锻轧，可消除液析碳化物，减少枝晶偏析。

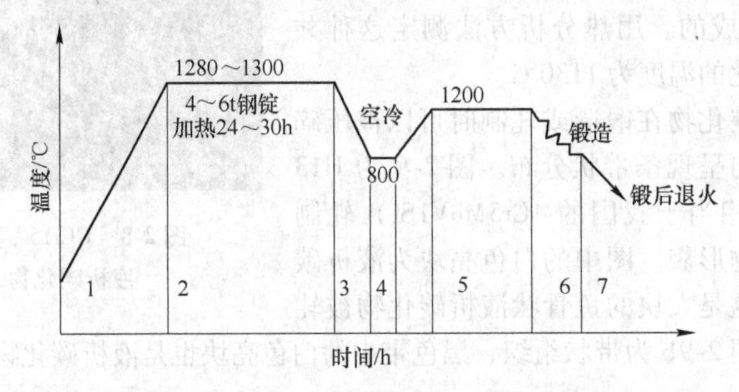

图2-10　消除液析、枝晶偏析的锻轧加热工艺

2.4.2　钢中的带状碳化物及消除

钢中的带状组织是一种冶金质量缺陷，如图2-11所示为27SiMnMoV钢的带状组织的激光共聚焦显微镜照片。带状组织造成了钢的各向异性，降低了钢的力学性能、切削性能、塑性成型性能和淬透性，淬火后易形成混晶组织和非马氏体组织，使零件淬火变形倾向增大，强韧性降低。

图2-11　27SiMnMoV钢的带状组织，LSCM

奥氏体中合金元素含量不均匀，将导致其晶粒长大倾向不一，碳化物形成元素的富化区易残留未熔碳化物并且降低碳原子扩散速度而抑制晶粒长大，贫化区晶粒则容易长大，故易出现混晶组织。淬火时合金元素贫化区的淬透性低，易形成非马氏体组织。渗碳淬火时混晶中的粗大晶粒形成粗大针状马氏体。因此，带状组织在常规热处理之后，都具有较低的力学性能。此外，因成分偏析引起膨胀系数和相变前后比体积差异增大，使零件淬火变形增大。

采用常规热处理如球化退火、正火、淬火等不能消除带状组织中合金元素偏析，虽然快冷可抑制碳的不均匀分布，不出现或减轻带状组织，但重新加热缓冷时又会形成带状组织。

带状组织是枝晶偏析造成的，因此，只有进行扩散退火，才能彻底消除。消除结构钢带状组织最根本的方法是采用1250～1300℃扩散退火。扩散退火的温度上限，一般不高于平衡图上的固相线，尽量采用加热温度的上限，以便加速扩散，提高均质化效果。研究表明，在锻轧加热过程中，钢锭在加热炉中，将炉温升高到1250～1300℃，保温20～30h，即可基本上消除带状组织。42CrMo 钢 1250℃扩散退火前后的铁素体 + 珠光体组织如图 2-12 所示。

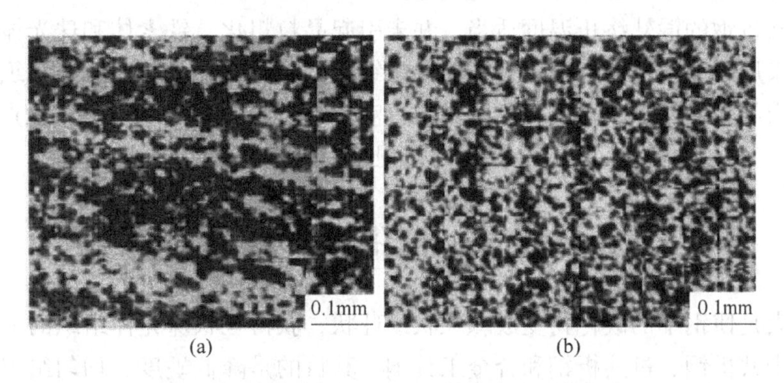

(a) (b)

图 2-12 42CrMo 钢的带状组织（a）和扩散退火后的组织（b），OM

在实际生产中，对于经过锻轧的钢坯，如果枝晶偏析没有完全消除，那么偏析区通过变形延伸，扩散距离已经大大缩短，再进行高温加热时，适当增加保温时间，偏析更容易消除，均质化处理的效果更好。

2.5 完全退火和不完全退火

将亚共析钢加热到 A_{c3} 以上 20 ~ 30℃进行完全奥氏体化，保温足够的时间，随炉缓慢冷却，获得接近平衡的组织，这种热处理工艺称为完全退火。亚共析钢完全退火后得到铁素体 + 珠光体的整合组织，共析钢退火得到片状珠光体组织。图 2-13a、b 所示为共析钢 T8 的珠光体组织和亚共析钢 35CrMo 的铁素体 + 珠光体组织。

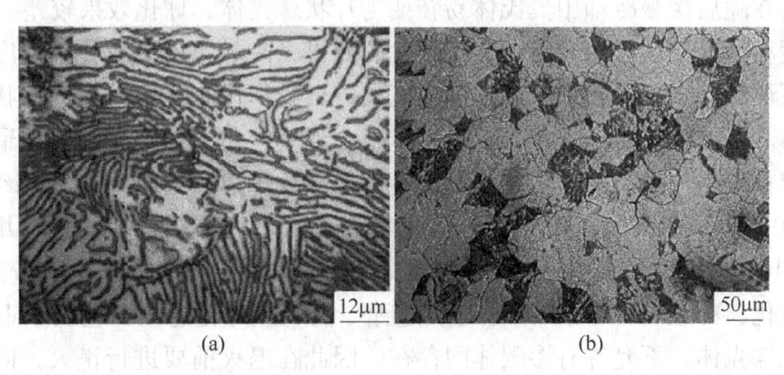

(a) (b)

图 2-13 共析钢的珠光体组织（a）和亚共析钢的铁素体 + 珠光体组织（b），OM

经浇注并在钢锭模中冷却后的钢锭和铸钢件，或锻轧终止温度过高的锻轧件，往往晶粒粗大，易得魏氏组织，并存在残余内应力。可通过完全退火来细化晶粒，均匀组织，消除内应力，降低硬度，便于切削加工，并且为某些机械加工后的零件作好淬火组织准备。

过共析碳素钢或过共析合金钢不宜用完全退火，因为过共析钢若加热至 A_{ccm} 以上的单相奥氏体区，完全奥氏体化，缓冷后会析出网状二次渗碳体或合金碳化物，使钢的强度、范性和韧性降低。

亚共析钢在 A_{c1} ~ A_{c3} 之间或过共析钢在 A_{c1} ~ A_{ccm} 之间的两相区加热，保温足够时间，进行缓慢冷却的热处理工艺，称为不完全退火。

如果亚共析钢的锻轧终止温度适当，并未引起晶粒粗化，铁素体和珠光体的分布又无异常现象，采用不完全退火，可以进行部分重结晶，起到细化晶粒，改善组织，降低硬度和消除内应力的作用。亚共析钢的不完全退火温度一般为 740 ~ 780℃，其优点是加热温度低，易操作，节能、降耗、提高生产率，因此比完全退火应用更加普遍。

2.6 球化退火

球化退火是使钢中的碳化物变成颗粒状或球状，获得粒状珠光体组织的一种热处理工艺，主要用于共析钢、过共析钢和合金工具钢。其目的是降低硬度、均匀组织、改善切削加工性，并为淬火做组织准备。球状珠光体组织比片状珠光体组织具有较低的硬度，因此球化退火是软化退火的一种工艺。

过共析钢若为层片状珠光体和网状二次渗碳体时，不仅硬度高，难以进行切削加工，而且增加钢的脆性，容易产生淬火变形及开裂。为此，经过锻轧等热加工后应当进行球化退火，使网状二次渗碳体和珠光体中的片状渗碳体球化，得到粒状珠光体。欲得到粒状珠光体，其关键在于奥氏体中要保留大量未熔碳化物质点，造成奥氏体碳浓度不均匀分布。为此，球化退火加热温度一般在 A_{c1} 以上 20 ~ 30℃，热透后保温较短时间，一般为 2 ~ 4h。冷却方式通常采用缓慢的炉冷，或在 A_{r1} 以下 20℃ 左右进行较长时间等温，即进行等温退火。这样可使未熔碳化物颗粒和局部高碳区形成碳化物核心并聚集球化，得到粒状珠光体组织。

如果加热温度过高（高于 A_{ccm}）或保温时间过长，大部分碳化物均已熔解，并形成均匀的奥氏体，在随后缓慢冷却中奥氏体易转变为片状珠光体，球化效果较差。

冷却速度和等温温度影响碳化物获得球化的效果，冷却速度快或等温温度低，珠光体在较低温度下形成，碳化物颗粒太细，弥散度大，聚集作用小，容易形成片状碳化物，从而使硬度偏高。若冷却速度过慢或等温温度过高，形成碳化物颗粒较粗大，聚集作用也很强烈，易形成粗细不等的粒状碳化物，使硬度偏低。故一般球化退火采用炉冷（控制冷却速度为 10 ~ 30℃/h）或采用 A_{r1} 以下较高温度等温。图 2-14 是碳素工具钢的几种球化退火工艺。图 2-14a 的工艺特点是将钢在 A_{c1} 以上 20 ~ 30℃ 保温后以极缓慢速度冷却，以保证碳化物充分球化，冷至 600℃ 时出炉空冷。这种一次加热球化退火工艺要求退火前的原始组织为细片状珠光体，不允许有渗碳体网存在，因此在退火前要进行正火，以消除网状渗

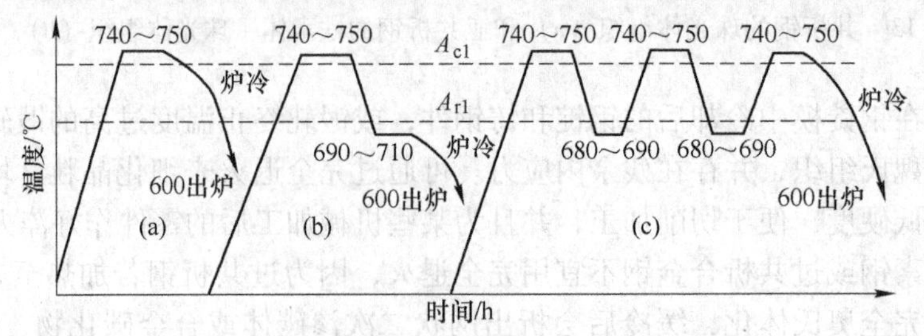

图 2-14　工具钢的几种球化退火工艺示意图

碳体。目前生产上应用较多的是等温球化退火工艺，如图 2-14b 所示。为了提高球化质量，可采用往复球化退火工艺，如图 2-14c 所示，即将钢加热至略高于 A_{c1} 点的温度，尔后又冷至略低于 A_{r1} 温度保温，并反复加热和冷却多次，最后空冷至室温，以增加球化效果。往复球化退火工艺不能应用于大锻件或大的装炉量。

H13 钢的球化退火非常重要，要求无带状组织，无液析碳化物，且碳化物颗粒分布均匀，颗粒直径控制在 500 ~ 2000nm，退火硬度 ≤180HB。但是达到这样良好的球化效果较为困难，工艺周期较长。将 H13 锻坯重新加热到 870℃，保温后炉冷，控制冷却速度为 5 ~ 10℃/h，冷却到 750℃ 足够长时间，然后冷却到小于 500℃ 出炉空冷。退火后测定硬度为 170 ~ 190HB。图 2-15 所示为退火后的组织形貌，可见在铁素体基体上分布着碳化物，图 2-15a 测定了碳化物颗粒尺寸，最大的颗粒直径约 2000nm；同样有许多细小颗粒，约为数十纳米大小。

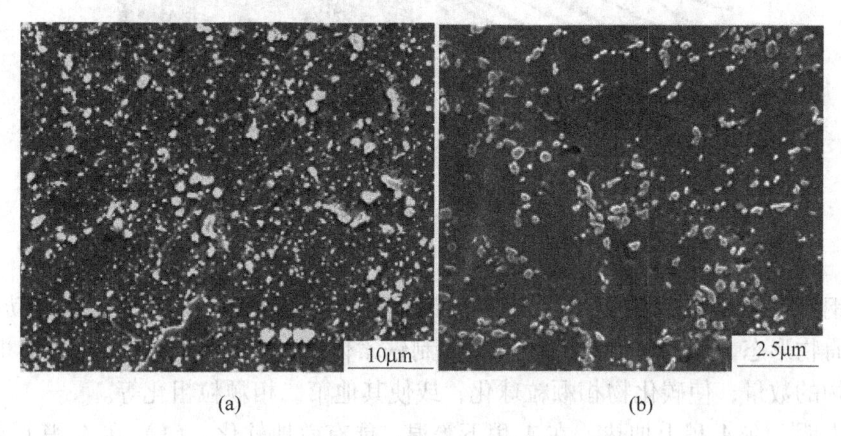

图 2-15 H13 钢的退火球化组织，SEM

2.7 软化退火

为使钢降低硬度，以便切削加工而进行的退火称为软化退火。为了钢材的下料加工，或切削机械零件，要求钢材或钢坯的硬度小于 255HB，但钢经锻轧后一般硬度偏高，难以下料或切削加工，需要进行软化退火。

退火工艺一般均可使钢达到一定程度的软化，但对某些贝氏体钢、马氏体钢加热到临界点以上后，即使进行炉冷，也难以软化。如 20Cr2Ni4W 等高 Cr-Ni 钢，从奥氏体化温度炉冷下来，往往得到贝氏体-马氏体组织，不能达到软化的要求。因此这类钢的软化退火不能加热到临界点以上，即不能完全奥氏体化。而是锻轧后缓冷，在 A_1 稍下加热保温，使贝氏体或马氏体进行高温回火，或称低温退火，使其转变为索氏体或球化体，可使硬度降低。

X45CrNiMo4 钢的退火软化是一个例外，该钢退火软化十分困难。该钢奥氏体化后炉冷得到的是马氏体 + 贝氏体组织，硬度高。这种钢在 A_{c1} 以下低温退火（高温回火）虽然也能降低硬度，但是难以达到软化的要求。因为其马氏体 + 贝氏体组织极为细小，含 Ni 较高，难以再结晶，晶界面积大，保持高强度、高硬度。某厂锻后在 680℃ 退火，等温

70h，硬度仍保持270HB以上。为此，制定了新的软化退火工艺，首先高温奥氏体化，获得7～8奥氏体晶粒，然后以30℃/h速度缓慢冷却到640℃等温分解为粗片状珠光体组织，从而将硬度降低到220HB左右，满足了用户对钢材软化的要求。图2-16为X45CrNiMo4钢的退火粗片状珠光体组织。

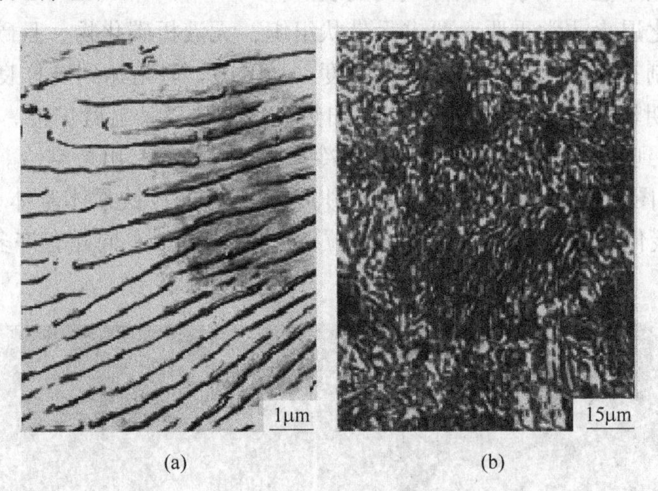

图2-16 X45CrNiMo4钢粗片状珠光体组织

（a）TEM；（b）OM

工具钢退火组织是铁素体基体上分布着碳化物的有机结合体。减少位错运动的障碍物或改变障碍物形态，可实现退火软化。如控制铁素体中的固溶原子数量，减小相界面积，减少碳化物的数量，使碳化物相颗粒球化，或使其他第二相颗粒粗化等。

研究表明，在A_1稍上加热，在A_1稍下等温，能有效地软化。（1）在A_1稍上奥氏体化，由于刚刚超过A_{c1}，碳化物熔解较少，熔入奥氏体中的碳及某些合金元素含量少，这样的奥氏体稳定性差，较易快速分解；同时，固溶体中碳化物形成元素少，固溶强化作用较小。（2）在A_1稍下等温分解，过冷度小，形核率低，析出的碳化物颗粒数较少，而且，由于温度较高，原子扩散速度快，颗粒容易聚集粗化，对降低硬度有利。

软化退火工艺要点：

（1）在A_1～A_{cm}温度之间加热，使未熔碳化物颗粒聚集，而且控制较低的奥氏体碳含量和合金度；

（2）以5～20℃/h速度缓冷，在A_1稍下温度等温，使共析分解在较高温度进行完毕，使碳化物颗粒充分聚集长大。

2.8 钢的正火

2.8.1 正火的定义

正火是将钢加热到A_{c3}或A_{ccm}以上约40～50℃，某些合金钢需加热到更高温度，保温足够的时间，然后在空气中冷却，得到亚平衡组织的热处理工艺，如得到铁素体+珠光体组织或伪珠光体组织。图2-17所示为亚共析钢正火得到的铁素体+细片状珠光体组织，

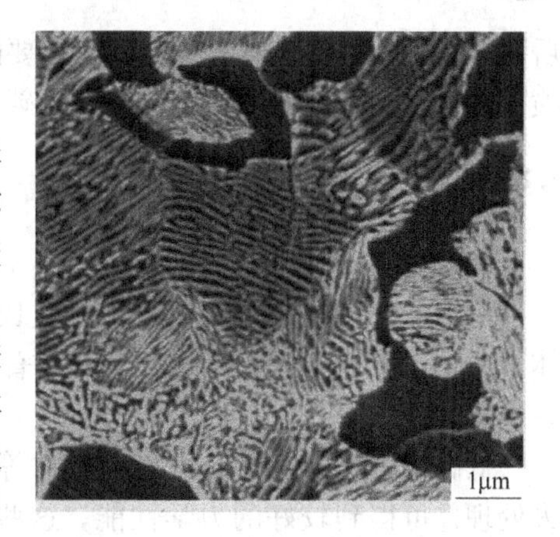

图 2-17 25Cr 钢的铁素体 + 托氏体组织，SEM

其中珠光体片层很细，片间距平均约为 90nm，属于托氏体。

应当指出，在现场，为使较粗厚的钢件得到珠光体组织而采用喷雾（或短时间喷水）冷却，也称为正火，因为在这种冷却过程中，过冷奥氏体转变为珠光体组织。

正火的实质是将钢完全奥氏体化，然后令其进行伪共析转变，获得较多细片状珠光体或伪珠光体组织。与完全退火相比，加热温度高一些，冷却速度快一些，转变为珠光体的温度较低。因此，相同钢材正火后获得的珠光体组织较细，强度、硬度也较高。

根据钢的过冷奥氏体的稳定性和截面大小的差别，许多合金钢钢件空冷后可获得不同的组织，如粗细不同的珠光体、贝氏体、马氏体等组织或者这些转变产物的整合组织。若钢件空冷后获得贝氏体或者马氏体组织时，则不能称其为正火，而实质上是淬火，即此时空气成为淬火介质，俗称“空淬”。贝氏体钢、马氏体钢即为空冷得到贝氏体或马氏体的钢种，如 W18Cr4V、P92、4Cr13 即为马氏体钢，35Cr2Ni3Mo、X100 管线钢为贝氏体钢。

2.8.2 正火的目的和工艺特点

根据钢种和工件的截面尺寸，采用正火可达到不同的目的：

（1）对于大锻件，截面较大的钢材、铸件，用正火来细化晶粒，均匀组织，或消除魏氏组织，为下一步淬火处理作好组织准备，它相当于退火的效果。

（2）低碳钢退火后硬度太低，切削加工中易粘刀，粗糙度较大。为改善切削加工性，采用正火，可提高硬度。

（3）对于某些中碳钢或中碳低合金钢工件以正火代替调质处理，作为最终热处理。某些碳含量在 0.25%~0.45% 的中碳钢常采用正火代替退火，且正火的成本低，生产率较高。对于一些受力不大、性能要求不高的碳素钢，某些合金钢零件采用正火处理代替调质作为零件的最终热处理。

（4）为消除过共析钢的网状碳化物，采用正火。加热时使碳化物全部熔入奥氏体中，为了抑制自由碳化物的析出，采用较大冷却速度，如吹风、喷雾、间隙水冷等方式，以确保得到伪珠光体组织。

（5）某些锻轧件、铸件组织粗大或过热，可采用两次正火。第一次正火加热到较高温度（A_{c3} +（150 ~ 200℃）），第二次正火高于 A_{c3}，目的是细化组织。

正火较之退火有些特点，正火的加热温度一般远高于 A_{c3} 或 A_{ccm}，对于含有强碳化物形成元素钒、钛等的合金钢，常采用更高的加热温度，如 20CrMnTi 钢的正火温度是 A_{c3} 以上 100 ~ 150℃。其原则是在不引起晶粒粗化条件下，尽可能采用高的加热温度，以加速合金碳化物熔入奥氏体中，并促使成分相对均匀化。

在钢厂，正火处理是将钢材从炉中取出，散放在台架上，任其在空气中自然冷却。或者根据锻轧件、钢材截面尺寸大小和不同钢种，用吹风、喷雾或改变散放间距来调节出炉后钢材的实际冷却速度，以获得所需要的珠光体组织和要求的硬度。如对于冷轧辊大锻件喷雾或喷水到一定温度，以控制网状碳化物的析出，也称为正火处理。

2.8.3 正火的种类

2.8.3.1 普通正火

将钢加热到奥氏体相区，进行奥氏体化，均温后在空气中冷却，得到铁素体 + 珠光体，或伪共析组织的工艺操作称为普通退火，如图 2-18所示。

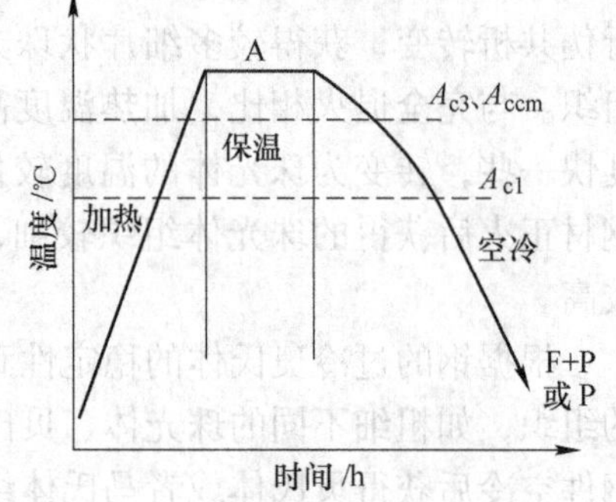

图 2-18 普通退火工艺示意图

低碳钢板材、管材、钢带、型材等大多数采用正火处理，可得到较好的力学性能。这些钢材正火得到细小的铁素体 + 片状珠光体组织，硬度较退火略高，利于切削加工。

中碳钢工件正火后组织细化，还可以消除魏氏组织，可代替调质处理或为感应加热表面淬火的预处理。某些低合金结构钢，如 40Cr 钢，可用正火代替退火为切削加工的准备工序，可降低成本。

高碳钢工具钢、轴承钢等，用正火消除网状碳化物。

铸钢件采用正火，可细化铸造组织，改善切削加工性能。

2.8.3.2 亚温正火

亚共析钢经过热加工后，终锻温度较高，冷却后得铁素体 + 珠光体组织，但珠光体片层较厚，片间距较大，故硬度偏低，不利于冷加工。为了改善切削加工性能，可通过亚温正火来解决。

将热加工后的亚共析钢工件加热到 A_{c1} ~ A_{c3} 温度之间，保温后空冷，即为亚温正火。

亚温正火也可以改善具有粒状贝氏体组织的亚共析钢的强韧性。如 15SiMnVTi 钢的粒状贝氏体组织粗大，M/A 岛分布不均匀，经过 770℃ 加热亚温正火，韧性得到提高。观察表明，粒贝 M/A 岛中的孪晶马氏体变成了位错型马氏体[9]。

2.8.3.3 喷雾、吹风、水冷正火

对于低碳钢或大厚件，采用空冷普通正火工艺难以满足性能要求，也常常采用喷雾、吹风或水冷等方式正火。如碳含量极低的较厚工件，以水冷代替空冷进行正火，以减少铁素体量，增加伪珠光体含量，从而提高强度。H13 钢锻后冷却易产生网状碳化物，为了提高球化质量，锻后采用水冷，抑制网状碳化物的析出，然后再进行球化退火，效果较好。

锻件较厚或工件堆装较大，静止的空气冷却，往往得到大块铁素体和网状渗碳体组织，影响强度和韧性，为此采用鼓风机吹风冷却可达到正火的目的。

喷雾冷却速度介于水冷和吹风冷却速度之间，对于锻后较大尺寸钢坯可采用喷雾冷却，得到细片状珠光体组织，可达到正火的目的。

2.8.3.4 等温正火

对于某些低碳钢或超低碳合金钢，为了获得较细的铁素体晶粒 + 片状珠光体组织，或为了获得细小的铁素体晶粒 + 贝氏体组织，锻轧后，采用较快的冷却速度，过冷到该钢 C-

曲线的“鼻温”处进行等温保持，使其转变为所要求的组织并且得到要求的力学性能，这种工艺称为等温正火。如图2-19所示，图中表示这种工艺可在锻轧后的控制冷却，也可以将工件重新加热奥氏体化后进行等温正火。工业上对于超低碳合金钢钢板，采用轧后控制冷却的方法，在550℃附近温度卷取，然后缓慢冷却，以得到贝氏体+铁素体的整合组织，获得高强度钢板。

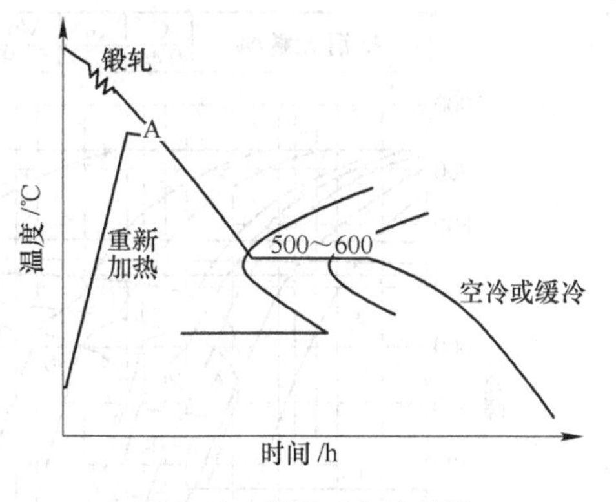

图2-19 等温正火示意图

2.8.3.5 球墨铸铁的正火

球墨铸铁正火的目的是为了增加基体组织中的珠光体含量，从而提高硬度、强度和耐磨性。球墨铸铁的正火分为完全奥氏体化正火和不完全奥氏体化正火，如图2-20所示。图2-20a为不完全奥氏体化正火；图2-20b为完全奥氏体化正火。正火后为消除内应力需要进行550～600℃回火。

完全奥氏体化正火是将铸件加热到880～920℃，对于薄件采用空冷，对于厚件采用吹风或喷雾冷却。完全正火后得到珠光体+少量牛眼状铁素体+球状石墨构成的整合组织。

不完全奥氏体化正火是加热到840～860℃，保温时间一般为1～3h，或由试验测定。正火后得到珠光体+铁素体+石墨的整合组织。

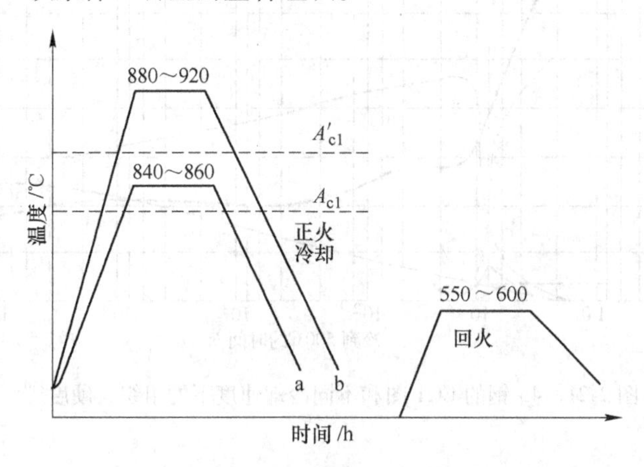

图2-20 球墨铸铁正火工艺示意图

2.9 退火、正火与CCT图的关系

退火、正火后的组织及硬度与钢的成分、冷却速度有关，锻轧件经不同退火、正火工艺得到的组织和硬度可从该钢的CCT图上分析判断。图2-21为45钢的CCT图。冷却曲线a、b相当于退火；而曲线c相当于正火。可见，冷却速度越慢，得到的铁素体（F）量越多，珠光体（P）量越少，而硬度越低。按照曲线c速度冷却后，得到硬度265HV（相当于261HB），属于正火的结果，切削加工就困难一些，但从曲线a到曲线b范围内的冷却速度均可得到200HB，属于软化退火。

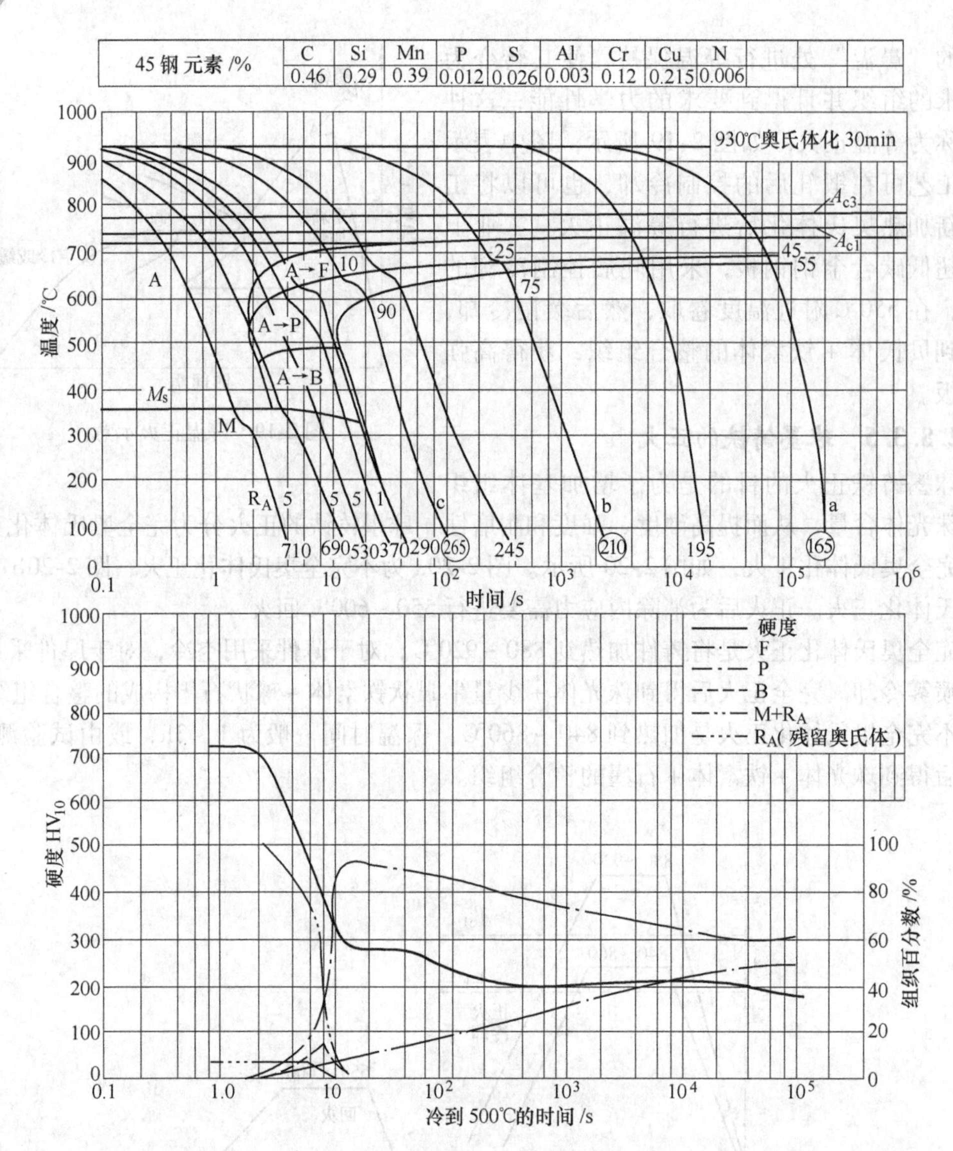

图 2-21　45 钢的 CCT 图和不同冷却速度下的组织、硬度[10]

2.10　退火、正火的缺陷

2.10.1　过热

若退火或正火后钢的组织粗大，或出现魏氏组织，将降低钢的强度和韧性。产生的原因是由于加热温度过高，且保温时间过长，使奥氏体晶粒粗化，冷却后得到粗大的过热组织。

魏氏组织实际上是一种伪共析转变的组织，不属于贝氏体相变的范畴。亚共析钢的魏氏组织是先共析铁素体在奥氏体晶界形核呈方向性片状长大，即沿着母相奥氏体的$\{111\}_\gamma$晶面（惯习面）析出，属于过热组织。过热的奥氏体在高温区的下部区域（过冷度较大），在晶界形核向晶内生长为条片状铁素体（或条片状渗碳体），余下的奥氏体转变为极细珠光体（托氏体），这种整合组织称为魏氏组织。

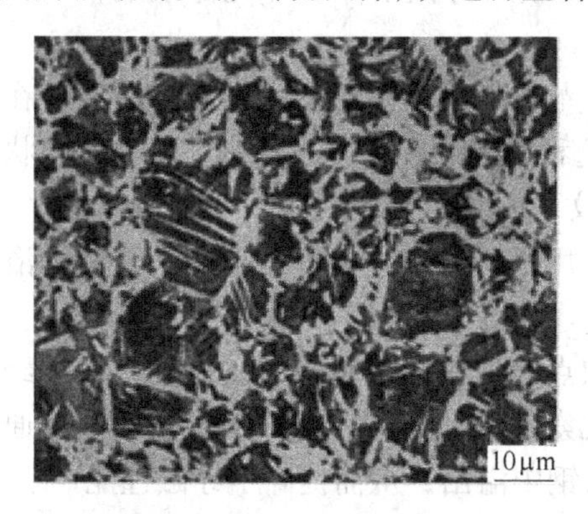

图2-22 45钢的魏氏组织，OM

亚共析钢的魏氏组织铁素体（WF）是钢在较高温度下形成的一种片状产物。通常，WF在等轴铁素体形成温度之下、贝氏体形成温度区以上，当奥氏体晶粒较大，以较快速度冷却时形成的。图2-22所示为45钢经1100℃加热，奥氏体晶粒长大，后空冷得到的魏氏组织。可见，首先沿着原奥氏体晶界析出网状铁素体，然后析出片状铁素体向奥氏体晶内沿某一界面平行地长大，其余黑色区域为托氏体组织。在过共析钢中，也存在魏氏组织，先共析渗碳体以针状和条片状析出，实际生产中比较少见。

过热组织可通过调整加热温度，进行完全退火，使晶粒细化来消除。

2.10.2 硬度偏高和球化不完全

退火加热温度偏低，保温时间不够，或冷却速度较快，致使转变产物组织过细，球化不完全，碳化物过于弥散，因而硬度偏高。当装炉量过大，炉温不均匀时，也会造成硬度偏高。图2-23所示为碳素工具钢T8，退火球化不完全的组织。可见，除了部分球化外，还存在片状珠光体，该组织硬度偏高。这种组织会增加淬火开裂倾向。

精准地调整退火温度和保温时间，再次进行退火可改善。

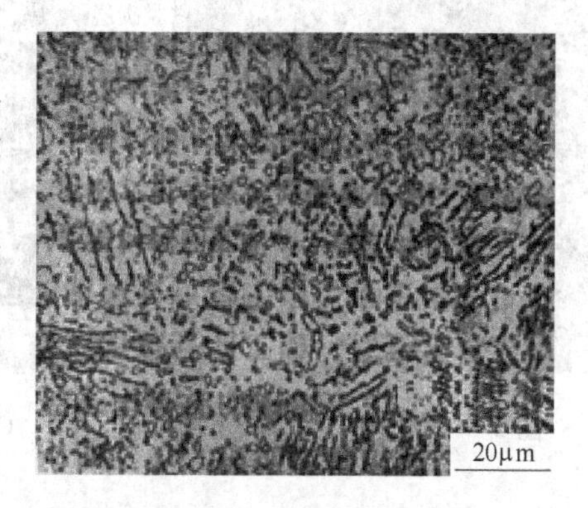

图2-23 T8钢球化不完全，OM

2.10.3 氧化、脱碳及脱碳退火

钢在加热时，表层的碳与介质（或气氛）中的氧、氢、二氧化碳等发生反应，降低了表层碳浓度称为脱碳。脱碳钢淬火后表面硬度、疲劳强度及耐磨性降低，而且表面形成残余拉应力易造成表面网状裂纹。加热时，钢表层的铁及合金元素与介质（或气氛）中的氧、二氧化碳、水蒸气等发生反应生成氧化物膜的现象称为氧化。在570℃以上，工件氧化后尺寸精度和表面光亮度恶化，形成的氧化膜使钢的淬透性变差，易出现淬火软点。

钢材在高温加热时，表面受炉气氧化作用，失去全部碳而成为完全脱碳层，变为铁素体组织；失去部分碳可成半脱碳层。脱碳层的总厚度，包括全脱碳层厚度+半脱碳层厚度。

氧化脱碳是钢锭、钢坯、零部件热处理加热中产生的缺陷，目前保护气氛的退火、正火是减少或避免氧化脱碳的主要方法。钢件加热氧化会造成金属烧损，而脱碳会导致淬火件表面硬度不足，耐磨性变差，脱碳层也是淬火开裂的诱因。因此钢件毛坯脱碳层应当用切削加工的方法予以去除。

图 2-24 所示为碳素工具钢的脱碳层组织，可见脱碳层为铁素体 + 珠光体组成，块状铁素体量较多。

P92 钢经高温挤压后退火，表面氧化脱碳，在激光共聚焦显微镜下观察，表面层存在脱碳层。脱碳层是“半截子”脱碳，即部分脱碳。这种脱碳层在淬火冷却时呈现拉应力状态[11]，在激烈不均匀冷却的情况下，产生了淬火裂纹，如图 2-25 所示。

防止氧化和减少脱碳的措施是：工件表面涂料，用不锈钢箔包装密封加热，采用盐浴炉加热，采用保护气氛加热。

事物总是具有两面性，钢经表面氧化脱碳虽是缺点，但脱碳也可被利用，如白口铁经过脱碳退火变成可锻铸铁，性能得到改善。还有碳元素降低纯铁和硅钢片的导磁性能，通过 1150℃高温脱碳退火（氢气氛围），使碳等元素从钢中溢出，从而提高了导磁性能[9]。

图 2-24　碳素工具钢 T8 的脱碳层组织，OM

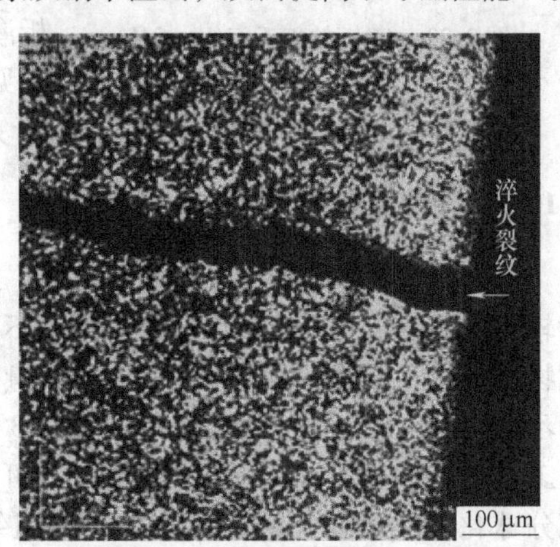

图 2-25　P92 钢表面脱碳导致的淬火裂纹，LSCM

2.10.4　退火石墨碳和石墨化退火

碳素工具钢经高温长时间退火或多次退火，可能使钢中的碳以石墨形式析出，或渗碳体转化为石墨。

按照 Fe-C（石墨）相图和 Fe-Fe_3C 相图，Fe_3C 是亚稳的，在高温下长时间等温时，渗碳体将分解，转变为石墨，即 $Fe_3C \rightarrow 3Fe + C$（石墨）。石墨化是热力学上的必然趋势。

图 2-26 所示为 T12 钢的退火组织，是片状珠光体 + 铁素体 + 石墨的整合组织，其中黑色球状为石墨，石墨周围是铁素体。这种钢的试样在磨制过程中，石墨容易脱落，故在相界、显微镜下观察时为黑色，实际上是石墨脱落后留下的凹坑。

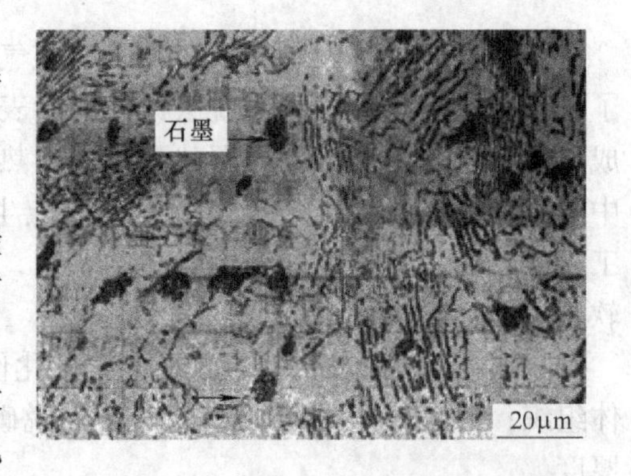

图 2-26　T12 钢中的石墨，OM

石墨的析出，降低了钢的强度，增加了脆性，对于某些钢是不允许存在的缺陷。但是对于石墨钢，如 SiMnMo 石墨模具钢，经过石墨化退火，析出细小均匀分布的石墨颗粒，依据石墨良好的润滑作用，极大地提高耐磨性[9]。

铸铁件广泛应用石墨化退火，如白口铸铁经过高温长时间退火，使渗碳体转化为团絮状石墨，变成了可锻铸铁，使加工性、塑性和韧性得到了改善。

2.10.5 组织遗传和混晶

合金钢构件在退火、正火等热处理时，往往出现由于锻、轧、铸、焊而形成的原始有序的粗晶组织。将这种粗晶有序组织加热到高于 A_{c3} 以上，可能导致形成的奥氏体晶粒与原始晶粒具有相同的形状、大小和取向，这种现象称为组织遗传。

在原始奥氏体晶粒粗大的情况下，若钢以非平衡组织（如马氏体或贝氏体）加热奥氏体化，则在一定的加热条件下，新形成的奥氏体晶粒会继承和恢复原始粗大的奥氏体晶粒。图 2-27 所示为 34CrNi3MoV 钢的退火粗大奥氏体晶粒。可见，在放大 100 倍的情况下，原奥氏体晶粒粗大，为 1 ~2 级。

如果将这种粗晶有序组织继续加热，延长保温时间，还会使晶粒异常长大，造成混晶现象。出现组织遗传或混晶时，钢的韧性降低。

混晶即同一钢中同时存在细晶粒和粗晶粒（1 ~4 级晶粒）的现象[12]。34CrNi3MoV 等贝氏体钢特别容易出现混晶。该钢的钢锭经过锻造后需要去氢退火、重结晶正火、调质等多种工艺操作。对锻件检验晶粒度，经常出现混晶，有时 7 级晶粒占 70%，其余为 3 ~4 级粗大晶粒，有时奥氏体晶粒异常长大到 1 ~2 级。图 2-28 所示为 34CrNi3MoV 钢锻件的混晶组织，可见既有粗大晶粒又有细晶粒。

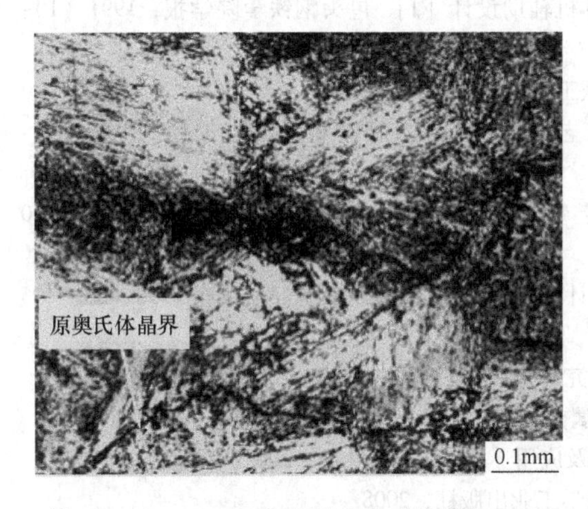

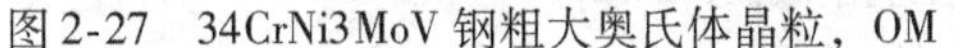
图 2-27 34CrNi3MoV 钢粗大奥氏体晶粒，OM

图 2-28 34CrNi3MoV 钢的混晶组织

为了杜绝这种混晶现象，需要获得平衡组织再重新调质处理，以避免组织遗传，消除混晶现象。为此，将 34CrNi3MoV 钢锻件在 650℃ 去氢退火后，再于 700 ~730℃ 加热，进行低温退火，使其获得较为平衡的索氏体组织，然后再进行调质，则可避免组织遗传性和混晶现象。对于容易发生铁素体 + 珠光体转变的合金钢，为了纠正混晶现象，也可以进行完全退火或正火，以便获得平衡的铁素体 + 珠光体组织，然后再进行调质处理，以免产生混晶现象。

采用退火或高温回火，消除非平衡组织，实现α相的再结晶，获得细小的碳化物颗粒和铁素体的整合组织，可以避免组织遗传。采用等温退火比普通连续冷却退火好。采用高温回火时，多次回火为好，以便获得较为平衡的回火索氏体组织。对于铁素体－珠光体组织的低合金钢，组织遗传倾向较小，可以正火校正过热组织，必要时采用多次正火，细化晶粒。

思考题

2-1 明确下列概念：退火，正火，完全退火，不完全退火，均质化退火，魏氏组织，脱碳，氧化，混晶。

2-2 钢锭、钢坯为什么要实施去应力退火？试制订20Cr2Ni4W钢的600mm八角钢锭的退火工艺。

2-3 钢锭锻轧后为什么要实施去氢退火？试制订42CrMo钢400mm直径锻坯的去氢退火工艺（注：钢水氢含量3×10^{-6}）。

2-4 为什么要实施球化退火？试制定H13钢、GC15钢锻坯的球化退火工艺。

2-5 钢中的带状组织有何危害？为了消除27SiMnMoV钢（100mm直径）棒材的带状组织，试制定退火工艺。

2-6 45钢经1100℃加热后空冷得到了魏氏组织，请问如何校正？

2-7 如何实现退火节能降耗？

参考文献

[1] 麻永林，刘宗昌，贺友多．钢锭退火时间的计算机辅助设计[J]．包头钢铁学院学报，1991（1）：36~43.

[2] 樊东黎．热处理技术数据手册[M]．北京：机械工业出版社，2000.

[3] 刘宗昌，麻永林，贺友多．钢锭节能退火新工艺研究[J]．兵器材料科学与工程，1992（3）：27~32.

[4] 刘宗昌，麻永林，等．钢锭退火工艺现状及工艺参数的合理制定[J]．包头钢铁学院学报，1990（2）：29~44.

[5] 赵莉萍，刘宗昌．计算机在冶金厂热循环工艺设计中的应用[J]．包头钢铁学院学报1998（3）：195~200.

[6] 刘宗昌，孙久红，马党参．特殊钢厂退火工艺研究[J]．国外金属热处理，2002，23（1）：13~15.

[7] 刘宗昌，孙久红．特殊钢热循环新工艺[J]．金属热处理，2003，28（7）：41~44.

[8] 刘宗昌，杨慧，李文学，等．去氢退火工艺设计及应用[J]．金属热处理，2003，28（3）：51~53.

[9] 马永杰．热处理工艺方法600种[M]．北京：化学工业出版社，2008.

[10] 安运铮，热处理工艺学[M]．北京：机械工业出版社，1982.

[11] 刘宗昌，李慧琴，冯佃臣，等．冶金厂热处理技术[M]．北京：冶金工业出版社，2010：7.

[12] 刘宗昌，任慧平，计云萍．固态相变原理新论[M]．北京：科学出版社，2015：2.

3 淬火及回火

钢的淬火及回火是最重要、也是用途最广泛的热处理工艺。

淬火可以显著提高钢的强度和硬度。为了获得强度、硬度和韧性的配合，并消除淬火钢的残余内应力，淬火后需配以回火，所以淬火和回火是紧密衔接在一起的两种热处理工艺。

3.1 淬火的定义、目的

将钢以预定的速度加热到临界点A_{c1}或A_{c3}以上，保温后以大于临界冷却速度（v_c）冷却，得到马氏体或贝氏体组织的热处理操作，这种热处理工艺称为淬火。

马氏体是经无（需）扩散的、原子集体协同位移的晶格改组过程，得到具有严格晶体学关系和惯习面的，相变产物中伴生极高密度位错、精细孪晶或微细层错等晶体缺陷的整合组织[1]。

钢中的贝氏体是过冷奥氏体的中温过渡性转变产物，它以条片状贝氏体铁素体为基体，同时可能存在渗碳体或ε-碳化物、残留奥氏体等相。贝氏体铁素体内部存在亚片条、亚单元、较高密度位错等精细亚结构。这种整合组织称为贝氏体[1]。

按照操作方法不同分为单液淬火法、双液淬火法、分级淬火法、等温淬火法、喷射淬火法等。

从淬火的定义上看有三个要点：(1) 必须使钢相变重结晶，即加热到临界点A_{c1}或A_{c3}以上，奥氏体化。(2) 不管应用何种冷却介质，冷却速度必须大于临界冷却速度。若水冷得不到马氏体或贝氏体，只得到珠光体组织，则不能称为淬火；相反缓慢的空冷若得到马氏体，也称为淬火。(3) 淬火产物必须是贝氏体或马氏体组织（当然可有残留奥氏体），是淬火操作的最终目的。加热温度、冷却方法是手段，而得到马氏体、贝氏体组织是目的，不达到这一目标，就不能淬火强化。

临界冷却速度是指该钢的CCT图上的抑制珠光体转变或抑制贝氏体转变的最低的冷却速度，即若允许获得贝氏体组织，则在CCT图中能够抑制珠光体转变（包括先共析铁素体）的最低的冷却速度。同样，若获得全部马氏体组织，则在CCT图中能够抑制珠光体转变（包括先共析铁素体）、贝氏体转变的最低的冷却速度。

钢件的化学成分、尺寸不同，淬火得到全部马氏体组织的冷却速度应当是钢件各部位均满足临界冷却速度的要求。如果钢件尺寸较大，其心部的冷却速度不能大于临界冷却速度时，则难以获得马氏体组织，可能得到珠光体+铁素体的整合组织，则心部不能强化。

如果说退火的目的是软化，那么淬火的中心目的是强化。虽然钢的强化手段多样，但淬火是最便捷、最有效、最常用的强化方法。

从一般意义上讲，淬火的目的有：

（1）提高结构钢的强度，配合回火工艺以获得良好的综合力学性能。调质钢通过淬火加高温回火可以得到强韧性配合的优良综合力学性能。弹簧钢通过淬火加中温回火可以显著提高弹性极限并保持一定的韧性。

（2）提高工具钢、轴承钢、渗碳零件的硬度、强度、耐磨性。

3.2 钢的淬火加热温度

淬火加热装备较多，如盐浴炉、真空炉、保护气氛炉、煤气炉、箱式炉等。依据钢件的状况采用不同的加热方式，如零件的最终热处理，为了防止氧化-脱碳，而采用盐浴炉、真空炉、保护气氛炉等加热；锻轧毛坯件可在煤气炉、台车式炉中加热，淬火后高温回火，再加工成构件。调质处理后精加工件，要求无氧化-脱碳式加热。

对于结构钢，淬火加热温度的选择应以得到均匀细小的奥氏体晶粒为原则，以便淬火后获得细小的马氏体组织；对于高碳工具钢，淬火加热温度应以得到奥氏体 + 细小未溶碳化物颗粒为原则，以便获得隐晶马氏体组织。

淬火加热温度主要根据钢的临界点确定，亚共析钢通常加热到 A_{c3} 以上 30 ~ 50℃，或者更高一些；共析成分的工具钢、过共析钢加热至 A_{c1} 以上 30 ~ 50℃，如图 3-1 所示。淬火温度不能过高，以防奥氏体晶粒粗化，淬火后得粗大马氏体组织。例如，原始组织为球状珠光体的 T8 钢，如淬火温度为 780℃，则淬火后的硬度达到 63HRC；如淬火温度提高至 1000℃，虽然淬火后硬度能达到 63HRC，但是冲击韧性却显著降低。

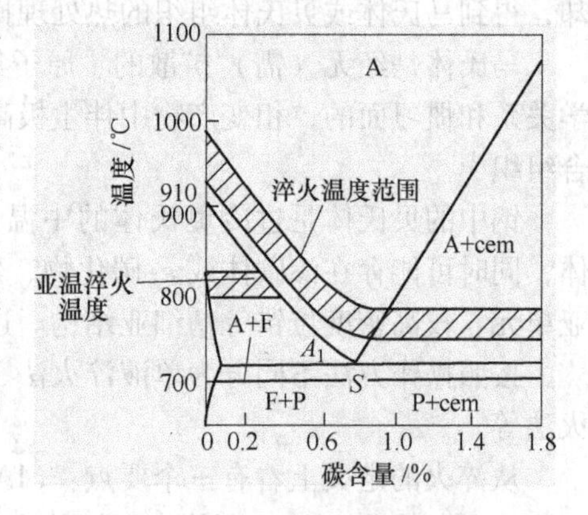

图 3-1 碳素钢的淬火加热温度范围

过共析钢限定在两相区内加热，即 A_{c1} 以上 30 ~ 50℃，是为了得到细小的奥氏体晶粒并保留少量未溶碳化物颗粒，淬火后得到隐晶马氏体和其上均匀分布的粒状碳化物，从而使钢具有更高的强度、硬度和耐磨性，较好的韧性。如果过共析钢淬火加热温度超过 A_{ccm}，碳化物将全部熔入奥氏体中，使奥氏体中的碳含量增加，降低钢的 M_s，淬火后残余奥氏体量增多，会降低钢的硬度和耐磨性。淬火温度过高，奥氏体晶粒粗化，碳含量又高，淬火后易得到含有显微裂纹的粗片状马氏体，使钢的脆性增大；此外，高温加热淬火应力大、氧化脱碳严重，也增大钢件变形和开裂倾向。

对于低、中合金钢，为了加速奥氏体化和合金碳化物的溶解，淬火温度可偏高些，一般为 A_{c1} 或 A_{c3} 以上 50 ~ 100℃。高合金工具钢含较多强碳化物形成元素，需使碳化物溶解充分合金化，奥氏体晶粒粗化温度也较高，则可采取更高的淬火加热温度。如 W18Cr4V 的 A_{c1} 为 820℃，其淬火温度一般选择在 1290℃；热作模具钢 H13 的 A_{c1} 为 835℃，其淬火温度一般选择在 1010 ~ 1030℃；P91 钢的 A_{c1} 为 810℃，在冶金厂生产 P91 管材时，其淬火温度一般选择在 1040℃。

淬火加热温度的选择还应当考虑工件的尺寸、形状、原始组织、加热速度等因素。当工件有效厚度大、加热速度快时，应选择较高的淬火加热温度。厚度、直径大的工件，热透慢，若加热不足，则可能得不到全部马氏体组织。加热速度较快时，在临界点以上转变为奥氏体的初始晶粒较细，碳化物难以充分溶解，易出现加热不足现象，故可采用较高的加热温度，如取 $A_{c3}+(50\sim100℃)$。

形状复杂、易变形开裂的工件宜采用淬火加热温度下限，且缓慢加热，减小温差应力，以防加热歪扭变形。

亚温淬火适用于低、中碳合金钢，采用加热温度略低于 A_{c3}，在 A+F 两相区加热，保留少量能富集一些有害杂质的韧性相铁素体（F），淬火后得到马氏体+少量铁素体的整合组织，不但可以降低钢的冷脆转变温度，减小回火脆性及氢脆敏感性，甚至使钢的硬度、强度及冲击韧性比正常淬火还略有提高。

3.3 工件加热时间的确定

工件淬火加热时间包括热透时间和在该温度下完成组织转变要求的时间，即工件整体升温为透烧及保温两个阶段的总时间，$\tau_{总}=\tau_{热透}+\tau_{保温}$。在实际生产中，加热大厚件或大装炉量情况下，要考虑升温时间和保温时间，一般中、小零件采用到温装炉，把升温和保温一并记为工件加热时间。

不同的工艺规范、不同大小的钢件、不同的钢种，其热透时间是不一样的。加热时间参数的实际测定需要较大工作量，而采用计算机软件可算得各种钢件的透烧时间。

在纯保温时间内，应当完成相变和碳化物溶解等过程，得到工艺要求的奥氏体状态。从45号钢、T8钢的奥氏体化动力学曲线可知：在 A_{c1} 以上温度下仅需数秒即可完成相变过程，最多数十秒钟就可以完成珠光体到奥氏体的转变，只有碳化物的溶解和奥氏体成分的相对均匀化需要较长时间。实际上，奥氏体的成分是不可能达到均匀化的，不均匀是绝对的，均匀是相对的。对于合金钢，尤其是含有较多强碳化物形成元素的钢种，加热保温时间需要延长。

3.3.1 厚件的热透时间

进行加热时间计算时，应当按照钢件截面尺寸大小分为薄件和厚件。对于钢件而言，厚度小于280mm的工件，可视为薄件，大于280mm的工件，为厚件。对于薄件，可认为表面达到淬火温度后，表面和心部温度基本上是一致的，温差极小。

对于厚度较大的钢件（厚件），热透时间较长，若依据经验公式计算，时间太长，耗时、耗能，不可取，这是由于经验公式把加热时间看成与钢件有效厚度呈线性关系，实际上是非线性关系，因此计算结果不准确。利用计算机进行传热计算，计算热透时间是较为准确的。而实际测定热透时间是非常繁琐的，工作量较大，难以大量应用。图3-2、图3-3所示为实测曲线[2]，可供制定工艺时参考。依据生产经验，参考实际测定数据确定加热时间是可行的。

图3-2所示为直径为600mm的34CrNi3Mo大锻件热装炉时的加热曲线，炉温为850℃，热装炉，在距表面10mm、70mm、150mm、200mm、300mm等不同深度处测定温度随着加热时间的延长而不断升温的情况，也表示了表面与中心的温差。可见约经历

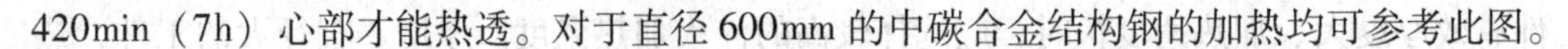

420min（7h）心部才能热透。对于直径 600mm 的中碳合金结构钢的加热均可参考此图。

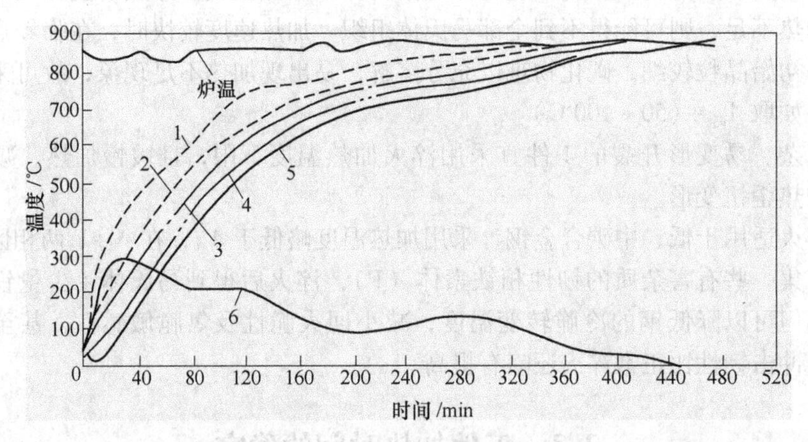

图 3-2　直径为 600mm 的 34CrNi3Mo 大锻件加热曲线（850℃装炉）

1—距表面 10mm；2—距表面 70mm；3—距表面 150mm；

4—距表面 200mm；5—距表面 300mm；6—表面与中心温差

图 3-3 所示为直径为 400mm 的 40Cr 钢的加热曲线，热装炉，经历 8h 可完全热透。

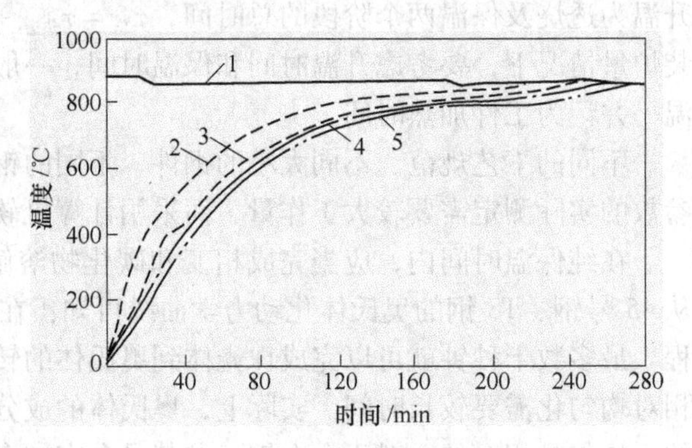

图 3-3　直径为 400mm 的 40Cr 大锻件加热曲线（850℃装炉）

1—炉温；2—距表面 10mm；3—距表面 75mm；4—距表面 130mm；5—中心温度

3.3.2　中小型零件（薄件）加热时间的计算

对于中小型零件，一般热装炉，把升温时间和保温时间一并称为钢件淬火加热时间。加热时间依钢种、炉型等不同因素而有所不同。对于碳素钢、低合金钢，热透后不必长时间保温，即可淬火，甚至采用零保温。所谓零保温即指热透后即可准备出炉淬火了。因为这类钢在 A_{c1} 以上奥氏体化过程经几秒到数分钟即可完成。

美国《工具钢》推荐 H13 钢按照每一英寸（25.4mm）厚度加热 1h 计算加热时间。某些工厂采用的加热时间较长，是为碳化物充分溶解，如 100mm 厚的 H13 钢于 1030℃保温加热 6h 后淬火。

采用经验公式进行计算，可得加热时间的近似值，再通过生产试验最终确定，如：

$$\tau = \alpha \times K \times D$$

式中　τ——加热时间，min；

α——加热系数，加热系数 α 可参照表 3-1 选择[3]，min/mm；

K——装炉系数；装炉系数 K 与装炉量有关，随着装炉量增加，K 值增大，通常取 1.0～1.5，如表 3-2 所示；

D——钢件有效厚度，mm。

表 3-1 常用钢的加热系数 α (min/mm)

材 料	工件直径/mm	750～850℃ 盐浴炉	800～900℃ 箱式炉、井式炉	1000～1300℃ 高温盐浴炉	流动粒子炉
碳素钢	≤50	0.30～0.40	1.0～1.2	—	0.40
	>50	0.40～0.50	1.2～1.5		
合金钢	≤50	0.45～0.50	1.2～1.5	—	0.50
	>50	0.50～0.55	1.5～1.8		
高合金钢	—	0.30～0.35	—	0.17～0.25	
高速钢	—	0.3～0.5	—	0.14～0.25	0.15～0.20（二次预热后）

表 3-2 工件装炉系数[3]

工件装炉方式	装炉系数 K	工件装炉方式	装炉系数 K
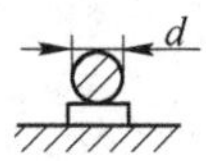 d	1.0	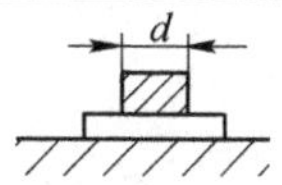 d	1.0
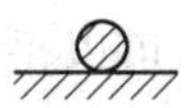	1.0	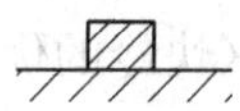	1.4
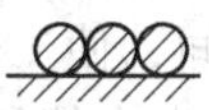	2.0	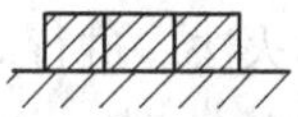	4.0
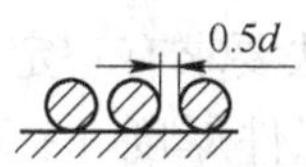 $0.5d$	1.4	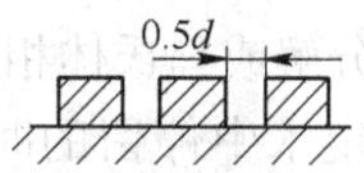 $0.5d$	2.2
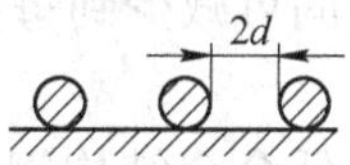 $2d$	1.3	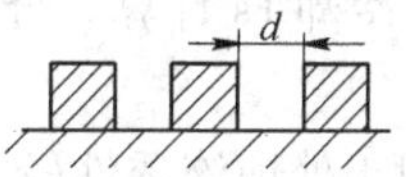 d	2.0
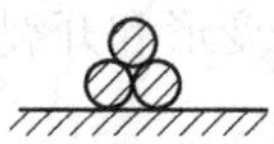	1.7	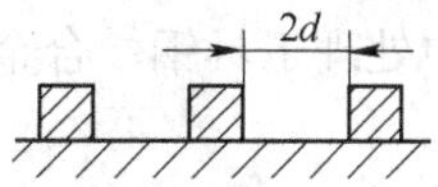 $2d$	1.8

应用上述数据，对40Cr钢100mm厚工件，采用箱式炉加热，进行加热计算，取 α = 1.5min/mm，K = 1.3，得加热时间 τ = 195min，应当加热 3～4h。按照每一英寸（25.4mm）厚度加热1h计算，加热时间也得4h。

直径为400mm的40Cr大锻件的加热计算得780min（13h）。再参看图3-3，40Cr钢实际热透只需260min（4.3h），显然采用经验公式计算不准确，加热时间太长，不利于节能降耗，生产率也低。因此大厚件不能采用经验公式，而应当采用计算机进行热透计算，计算法可参看相关文献，或者参考实测数据制定。

各种炉型、不同钢种、不同工件尺寸均影响加热时间[3]，可查看相关手册进行选择。

3.4 常用淬火法

为了使各种钢达到所要求的淬火组织，又能减小淬火应力，防止变形或开裂，可以选用不同的淬火方法。

3.4.1 单液淬火

将加热奥氏体化的工件投入一种淬火介质中，连续冷却至介质温度，称为单液淬火，如图3-4曲线a所示。通常碳钢淬透性差，多采用水或盐水淬火；合金钢淬透性好，淬裂倾向也大，常用油淬。单液淬火简便易行，容易实现机械化和自动化，通常用于形状简单的碳素钢及合金钢工件。3～5mm厚度的碳素钢工件应用水淬。有些合金钢采用油淬难以达到强化要求，也可采用水淬、喷雾淬火。

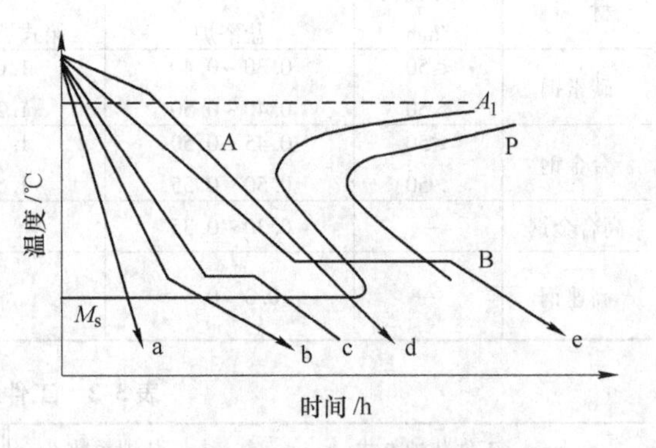

图3-4 各种淬火方法的冷却曲线示意图

3.4.2 双液淬火

为了利用水在高温区快冷的优点，又避免水在低温区快冷的缺点，可以采用先水冷后油冷的双液淬火法，如图3-4曲线b所示。对于某些合金钢也可以先在油中冷却再转入空气中冷却，也是双液淬火法。进行双液淬火要准确掌握水中停留的时间，使工件的表面温度刚好接近马氏体点（M_s）时，立即从水中取出，转移到油中冷却。水中停留时间不当，将会引起奥氏体共析分解或马氏体相变，失去双液淬火的作用。此法要求有一定的实践经验，或通过试验来确定水中停留的时间。根据实际经验，碳素钢工件厚度5～30mm时，水冷时间按3～4mm冷却1s计算。合金钢或形状复杂的工件水冷时间可减少到每4～5mm冷却1s。

双液淬火法常用于处理淬透性较小、尺寸较大的碳素工具钢、低合金结构钢等工件。在真空炉、网带炉中处理工具钢、合金钢等零件时也有采用，以减少变形和开裂。

3.4.3 预冷淬火

将加热的工件在炉中冷却一段时间，或出炉后在空气中预冷一段时间，使温度稍微降低一些，再快速冷却（入水或入油），进行淬火的方法，称为预冷淬火，如图3-4曲线d所示。一般可预冷到A_1附近，预冷到此温度时，奥氏体较为稳定，可减小工件各部位之间的温差，以降低淬火变形、开裂的倾向，尤其是大、中型钢件，经常被采用。

3.4.4 分级淬火

将奥氏体化的工件淬入略高于或略低于M_s的低温盐浴或碱浴等介质中，等温停留一段时间，使工件内外温度均匀，然后取出空冷或油冷，这种淬火冷却方法称为分级淬火，如图3-4曲线c所示。分级淬火缩小了工件与冷却介质之间的温差，减小工件冷却过程中的热应力。通过分级等温，整个工件温度趋于均匀，在空冷或油冷过程中，转变为马氏体组织，相变应力也很小，因而工件变形小，可避免开裂。

采用分级淬火时，加热温度应当稍高一些，以增加奥氏体的稳定性。

分级淬火的分级温度选用该钢M_s点稍上10～20℃。分级等温停留时间应以工件内外温度达到一致为准。注意不能超过该温度下贝氏体的孕育期，否则转变为下贝氏体，就成为等温淬火了。

分级淬火有时在 M_s 点稍下等温，也称为马氏体分级淬火。

对于某些合金钢，其 TTT 图中存在较宽的“海湾区”，它是过冷奥氏体的亚稳区，在此温度区等温，使内外均温后再继续冷却，也是一种很好的分级淬火法，如高速钢的分级淬火。对于尺寸较大、形状复杂的高合金钢工件可采用二次分级或多次分级淬火。

分级淬火需要附加设备，操作工序复杂，工件在盐浴中冷却速度慢，并且等温时间受到限制，所以分级淬火多用于尺寸较小的工件，如刀具、量具和要求变形很小的精密工件。

3.4.5 等温淬火

等温淬火是将奥氏体化后的工件淬入 M_s 点以上某温度的盐浴中等温保持足够长时间，使之转变为下贝氏体组织，尔后于空气中冷却，这种淬火方法称为等温淬火，如图 3-4 曲线 e 所示。等温淬火实际上是分级淬火的进一步发展，所不同的是等温淬火获得下贝氏体组织。下贝氏体组织的强度、硬度较高而韧性较好，故等温淬火可显著提高钢的综合力学性能。等温淬火的加热温度通常比普通淬火高些，目的是提高奥氏体的稳定性和增大其冷却速度，防止等温冷却过程中发生珠光体型转变。由于等温温度比分级淬火高，减小了工件与淬火介质的温差，从而减小了淬火热应力，又因贝氏体的比体积比马氏体小，而且工件内外温度较为一致，故淬火组织应力也较小。因此，等温淬火可以显著减小工件变形和开裂倾向，适宜处理形状复杂、尺寸要求精密的工具和重要的机器零件，如模具、刀具、齿轮等。同分级淬火一样，等温淬火也只能适用于尺寸较小的工件。

等温温度和时间应视工件组织和性能要求，由该钢的 TTT 图确定。等温温度越低，获得淬火硬度越高。一般认为采用 $M_s+30℃$ 等温可获得良好的强度和韧性。等温时间可根据工件心部冷却到等温温度所需要的时间再加上 TTT 图上该温度下完成组织转变所需要的时间来确定。

除了上述几种典型的淬火方法外，近年来还发展了许多提高钢的强韧性的新的淬火工艺，如高温淬火，循环快速加热淬火，高碳钢低温、快速、短时加热淬火和亚共析钢的亚温淬火等，不再详述。

3.5 冷 处 理

许多钢的马氏体转变终了点（M_f）低于室温，故淬火冷却到室温时，仍然存在较多的残留奥氏体。即使 M_f 高于室温，淬火后仍然存在少量残留奥氏体。当得到无碳贝氏体组织时，其中也存在相当多的残留奥氏体。为使残留奥氏体继续转变为马氏体组织，需要继续冷却到零下温度，即进行冷处理。

残留奥氏体不稳定，降低钢的硬度和耐磨性，因此对于要求尺寸稳定性很高的零件，如量具、精密轴承、油泵油嘴偶件等工件必须进行冷处理。

工件淬火到室温后，继续冷却到 0℃ 以下更低的温度，保持一定时间，然后回温到室温，使过冷奥氏体进一步充分转变为马氏体组织，这种操作称为冷处理。一般将冷却到 -100℃

以上的处理称为冷处理，而将 -100℃以下的处理称为“深冷处理”。

20 世纪 50 年代，采用干冰进行刀具的冷处理，处理温度为 -80℃或更高一点的零下温度。70 年代采用液氮为制冷剂，可将终冷温度控制在 -196℃以上各个温度，并且可控制降温速度。

高碳钢马氏体点较低，淬火后残留奥氏体较多，冷处理效果较好。表 3-3 为一些钢采用干冰进行冷处理的比较。可见冷处理后仍然存在残留奥氏体（A/%），冷处理后硬度普遍提高。

表 3-3 高碳钢冷处理前后的比较[4]

钢　号	M_s/℃	M_f/℃	冷处理前 A/%	冷处理后 A/%	冷处理增加硬度值 ΔHRC
T7	250 ~ 300	-50	3 ~ 5	1	0.5
T10	175 ~ 210	-60	6 ~ 18	4 ~ 12	1.5 ~ 3
9SiCr	185 ~ 210	-60	6 ~ 17	4 ~ 17	1.5 ~ 2.5
GCr15	145 ~ 180	-80	9 ~ 23	4 ~ 14	3 ~ 6
CrWMn	120 ~ 155	-110	13 ~ 25	3 ~ 17	5 ~ 10

冷处理温度原则上由钢的 M_f点确定，一般工具钢、模具钢的 M_f点高于 -60℃，因此采用干冰冷处理，冷却到 -60 ~ -80℃是足够的。但对于高合金钢、高速钢、高合金渗碳钢，因其 M_f点很低，冷处理需要在 -120℃以下进行。

冷处理的保温时间需要 1 ~ 2h，以保证冷透。冷处理以后务必回火或时效，保温4 ~ 10h。

W18Cr4V 高速钢的马氏体点 M_s 为 210℃左右，当冷却到 M_f点（ -100℃左右）时，只得到 92% 的马氏体，尚有 8% 残留奥氏体。如果淬火到室温（25 ~ 30℃），则残留奥氏体量可达 25% ~ 35%。W6Mo5Cr4V2 的马氏体点比 W18Cr4V 更低一些。经 3 次回火，每次回火冷却的终冷温度在室温左右，仍然保留少量残留奥氏体，一般为 5% 左右。若回火加热温度不足，保温时间不够，且冷却没有达到室温，都将增加残留奥氏体量，有时可达 10% ~ 20%。

据报道，高速钢淬火后，立即进行 -135 ~ -196℃的深冷处理，W18Cr4V 钢的二次硬化硬度提高 1 ~ 2HRC，而 W6Mo5Cr4V2 钢则提高 2 ~ 2.5HRC，从而使刀具寿命提高 1 倍左右[5]。

从相变机理上讲，深冷处理应当放在淬火后，回火前进行，但是深冷处理时组织应力较大，易开裂，对于形状复杂的、尺寸较大的高速钢零件，在如下方法中选择：

（1）淬火后，先在 350℃回火 1h，然后深冷处理。

（2）第一次回火后，冷却到 -80℃，第二次回火后再冷却到 -196℃进行冷处理。

（3）第一次回火后进行深冷处理。

3.6 淬火冷却介质

钢件的淬火冷却是在各种介质中完成的，将钢从奥氏体状态冷至临界点以下使其转变为马氏体或贝氏体组织所用的介质称为淬火冷却介质。为满足钢件淬火强化的要求，淬火介质应当具备不同的冷却特性。有许多种介质可供淬火选择。

3.6.1 淬火介质的特性

淬火冷却介质应具备一定的特性。介质冷却能力越大，钢的冷却速度越快，越容易超过钢的临界淬火速度，则工件越容易淬硬，淬硬层的深度越深。但是，冷却速度过大也将产生较大的淬火应力，易于使工件产生变形或开裂。因此，淬火介质的理想冷却能力如图 3-5 所示，曲线 a 为临界冷却速度，曲线 b 为理想淬火冷却曲线。在 A_{c1} 以上应当缓慢冷却，以尽量降低淬火热应力，在珠光体、贝氏体的“鼻温”附近温度应当快速冷却，以避免发生珠光体或贝氏体转变。但是在 M_s 点以下温度区域应当缓慢冷却以尽量减小马氏体转变时产生的组织应力。具有这种冷却特性的冷却介质可以保证在获得马氏体组织条件下减小淬火应力、避免工件产生变形或开裂。

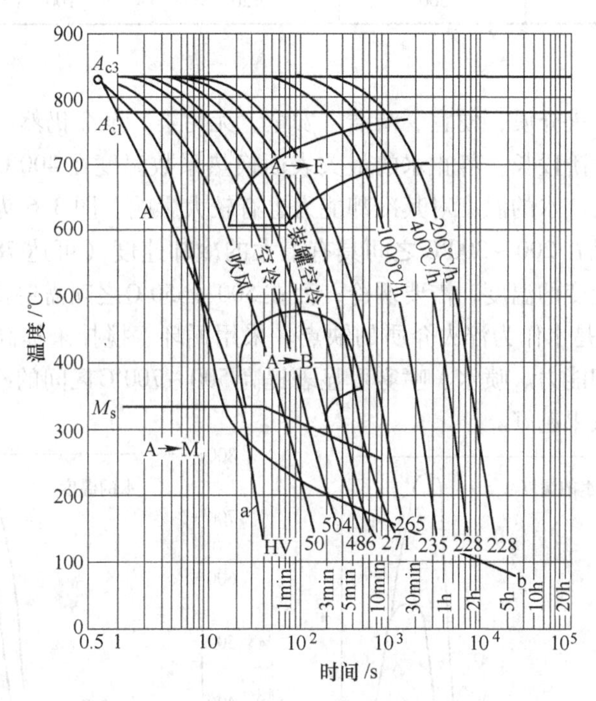

图 3-5　35CrMnSiA 钢的 CCT 图及临界冷却速度曲线 a、理想淬火冷却曲线 b

不同钢种的过冷奥氏体最不稳定的温度区间是不同的，因此所谓理想的冷却曲线因 TTT 图不同而异，实际上找不到具有这种冷却特性的普遍试用的淬火介质。只能依据钢种和具体零件选用适宜的淬火介质，并采用合理的淬火冷却操作方法。

淬火介质在使用过程中应当具有稳定性，不易变质、老化，不腐蚀工件，不污染环境，不易燃、不易爆，安全可靠。

3.6.2 常用淬火介质

常用淬火介质有水、盐水或碱水溶液及各种矿物油等。各种介质的冷却特性如表 3-4 所示。

表 3-4 常用各种淬火介质的冷却特性

名称	最大冷却速度时		平均冷却速度/℃ · s^{-1}	
	所在温度/℃	冷却速度/℃ · s^{-1}	550～650℃	20～300℃
静止自来水，20℃	340	775	135	450
10% NaCl 水溶液，20℃	580	2000	1900	1000
15% NaOH 水溶液，20℃	560	2830	2750	775
5% Na_2CO_3 水溶液，20℃	430	1640	1140	820
N15（10 号机械油），20℃	430	230	60	65
N15（10 号机械油），80℃	430	230	70	55
3 号锭子油，20℃	500	120	100	50

3.6.2.1 水

水是最古老的淬火介质，便宜、清洁、安全、无污染，至今仍然应用较多。水的冷却能力较强，但膜沸腾阶段长，静止水的最大表面换热系数温度在 400℃以下，因此在马氏体相变时冷却速度大。水的温度对其冷却能力也有较大影响。图 3-6 为静止和循环水的冷却特性曲线[6]，可见在 200～300℃之间具有最大的冷却速度（可达 780℃/s），这时正是大多数钢种马氏体相变的温度，需要缓冷；而在 500～650℃之间需要快冷，以便躲过珠光体转变“鼻温”，这是水作为淬火介质的缺点。采用循环、搅拌来提高水的流动速度，破坏蒸汽膜，提高冷却能力。喷水、喷雾可显著提高 500～700℃区间的冷却速度，而且水压越高，流量越大，效果越好。

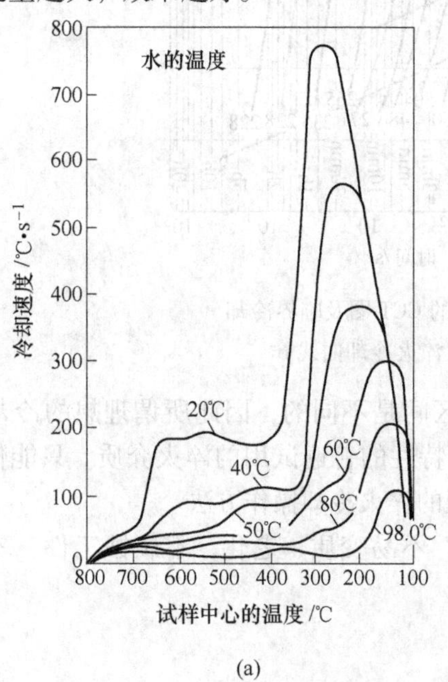

(a)

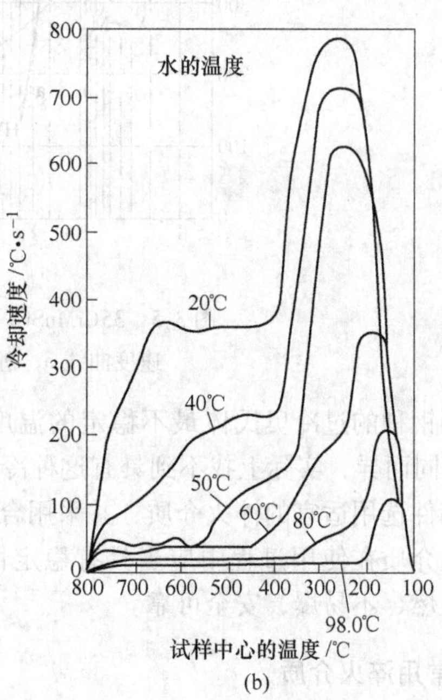

(b)

图 3-6 水的冷却特性曲线（试样为直径 20mm 银球）
（a）静止的水；（b）循环的水

3.6.2.2 无机物水溶液

将无机盐或碱溶入自来水中，可加快破坏蒸汽膜，提高高温区间的冷却速度，如表3-4所示。浓度为10% NaCl或15% NaOH的水溶液可使高温区（500～650℃）的冷却能力显著提高，前者使自来水的冷却能力提高10倍以上，而后者的冷却能力更高。但这两种水基淬火介质在低温区（200～300℃）的冷却速度亦很快，这也是不足的一面。

氯化钠水溶液浓度多为5%～10%（质量分数），冷却速度随着浓度的增加而迅速增大，但20%溶液冷却速度回落。冷却速度曲线如图3-7所示，可见在400～700℃区间冷却速度很快，但在200～300℃区间，冷却速度接近自来水。

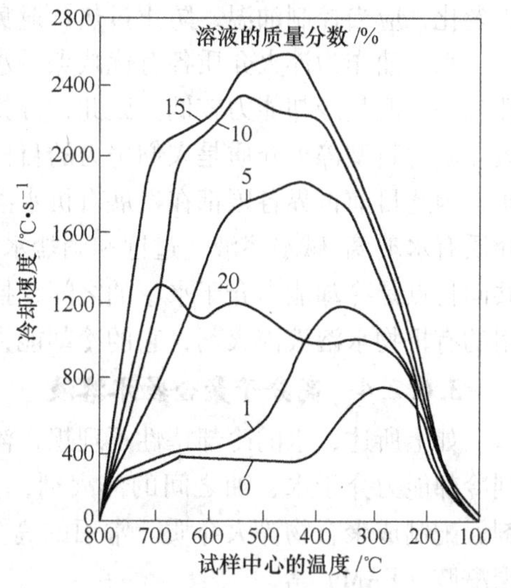

图3-7 氯化钠水溶液的冷却速度曲线
（直径20mm银球，液温20℃，试样移动速度0.25m/s）

除了氯化钠水溶液外，还有碳酸钠水溶液、氢氧化钠水溶液、氯化钙水溶液、过饱和硝盐水溶液等，这些淬火介质虽有较好的冷却特性，但污染环境，不宜推广应用。

3.6.2.3 淬火用油

淬火用油应当具备以下特性：（1）较高的闪点和燃点，以避免火灾；（2）黏度低；（3）不易老化；（4）在珠光体“鼻温”温度区间（或贝氏体“鼻温”）冷却速度快。

选择具备这些性能的矿物油作为淬火用油，已经成为常用的淬火介质，如锭子油、机油、柴油等。油的主要优点是低温区的冷却速度比水小得多，从而可大大降低淬火工件的组织应力，减小工件变形和开裂倾向。油在高温区间冷却能力低是其主要缺点。但是对于过冷奥氏体比较稳定的合金钢，油是合适的淬火介质。与水相反，提高油温可以降低黏度，增加流动性，故可提高高温区间的冷却能力。

（1）机械油。机械油现称为全损耗系统用油。常用的淬火用机械油列于表3-5中。在常温下使用应选择N15、N22全损耗系统用油；若在80℃以上使用，如分级淬火，应选择闪点较高的N100全损耗系统用油。

表3-5 常用全损耗系统淬火用油

性 能	N15（10号机械油）	N22（20号机械油）	N46（40号机械油）	N100（50号机械油）
50℃运动黏度/$m^2 \cdot s^{-1}$	7～13	17～23	37～43	47～53
闪点/℃	165	170	190	200
凝点/℃	－15	－15	－10	－10
使用温度/℃	20～80	20～80	80～120	80～140

（2）普通淬火油。全损耗系统用油冷却能力较低，易氧化、老化。若加入催冷剂、抗氧化剂、表面活性剂等，则可调制成普通淬火油。

（3）快速淬火油。在全损耗系统用油中加入催化剂可制成快速淬火油。在使用过程中需要不断补充添加剂，以保持较快的冷却速度。

此外还有光亮淬火油、真空淬火油、分级淬火油等。

淬火油经过长期使用会老化，即黏度、闪点升高，生成油渣，冷却能力降低。为了防止老化，应当控制油温，防止过热，避免混入水分，清理油渣。

水、油作为淬火介质各有优缺点。水的冷却能力很大，但冷却特性不好，油的冷却特性较好，但其冷却能力较低。因此，寻找冷却能力介于油、水之间，冷却特性近于理想淬火介质的新型淬火介质是人们努力的目标。由于水是价廉、容易获得、性能稳定的淬火介质，因此目前世界各国都在发展有机水溶液作为淬火介质。国内使用比较广泛的新型淬火介质有水玻璃-碱水溶液、过饱和硝盐水溶液、氧化锌-碱水溶液、合成淬火剂等，它们的共同特点是冷却能力介于水、油之间，接近于理想淬火介质。其中合成淬火剂是目前最常用的有机物水溶液淬火剂，它的冷却能力介于水、油之间。

3.6.2.4 高分子聚合物水溶液

如上所述，水的冷却特性不理想，淬火油的冷却特性好一些，但冷却能力低。为了得到冷却能力介于水、油之间的淬火剂，在高分子聚合物水溶液中适量添加防腐剂、防锈剂，配制成聚合物淬火介质。常用的高分子聚合物有聚乙烯醇（PVA）、聚二醇（PAG）、聚酰胺（PAM）等。

聚乙烯醇（PVA）是应用最早的高分子聚合物淬火介质，在感应喷射淬火中广泛应用。其缺点是易老化，冷却速度波动较大，管理困难。表3-6为聚乙烯醇淬火介质配方。

表3-6 聚乙烯醇淬火介质配方[6]

组成成分名称	含量（质量分数）/%
聚乙烯醇（聚合物度1750，醇解度88%）	10
防锈剂（三乙醇胺）	1
防腐剂（苯甲酸钠）	0.2
消泡剂（太古油）	0.02
水	余量

3.6.2.5 气体淬火介质

用气体作为淬火介质，将钢淬火得到马氏体组织的工艺操作，称气淬。气体的冷却能力与气体的种类、压力、流动速度有关。

A 常压气淬

Cr12型钢、W18Cr4V高速钢等，淬透性高，在空气中吹风冷却可得到马氏体组织，称为气淬，也将高速钢称为风钢。

B 高压气淬

近年来，真空加热和高压气淬的热处理技术迅速发展。工件在真空炉中加热，采用高压气体喷射冷却获得马氏体组织。冷却气体有：N_2、He、Ar等。用热膨胀仪测定钢的临界点时，也采用气淬，如加热试样得奥氏体组织，然后喷射氩气淬火，测定钢的膨胀曲线，确定马氏体点。

100~200MPa的惰性气体具有相当高的冷却能力，采用这种气体淬火，冷却均匀、变形小、表面光洁，对环境无污染。

此外，工业上还有将盐浴、金属板、流态床等作为淬火介质。

3.7　钢的淬透性

3.7.1　淬透性的概念

钢件淬火时能否得到马氏体组织取决于钢的淬透性。淬透性是钢的重要工艺性能。钢的淬透性是指奥氏体化后的钢在淬火时获得马氏体的能力，其大小值用钢在一定条件下淬火获得的淬透层的深度表示。

一定尺寸的工件在某介质中淬火，其淬透层的深度与工件截面各点的冷却速度有关。如果工件截面中心的冷却速度大于钢的临界淬火速度，工件就会淬透。然而工件淬火时表面冷却速度最大，心部冷却速度最小，由表面至心部冷却速度逐渐降低（图3-8）。只有冷却速度大于临界淬火速度的工件外层部分才能得到马氏体组织，而冷却速度小于临界淬火速度的心部只能获得非马氏体组织，是未淬透区。

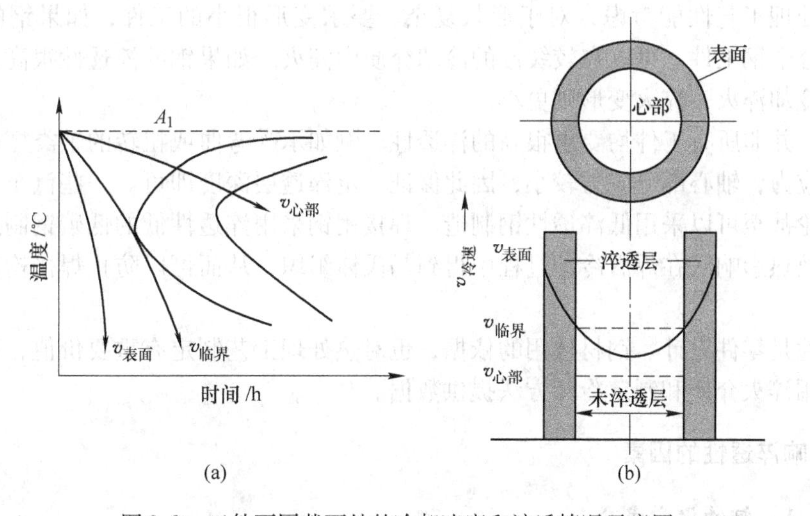

图3-8　工件不同截面处的冷却速度和淬透情况示意图

淬透层深度应是全部淬成马氏体的区域，但实际工件淬火后从表面至心部马氏体数量是逐渐减少的，从金相组织上看，淬透层和未淬透区并无明显的界限，其硬度值也无明显变化，因此，金相检验和硬度测量都比较困难。当淬火组织中马氏体和非马氏体组织各占一半，即所谓半马氏体区，显微观察极为方便，硬度变化最为剧烈，为测试方便，通常采用从淬火工件表面至半马氏体区距离作为淬透层的深度。半马氏体区的硬度称为测定淬透层深度的临界硬度。钢的半马氏体组织的硬度与其碳含量的关系如图3-9所

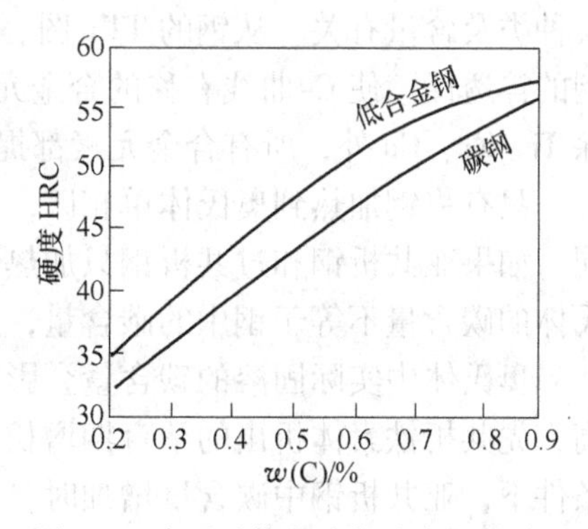

图3-9　半马氏体硬度与碳含量的关系

示。研究表明，钢的半马氏体的硬度主要取决于奥氏体中碳含量，而与合金元素的含量关系不大。

应当注意钢的淬透性和淬硬性的区别，以及淬透性和实际条件下淬透层深度的区别。淬透性表示钢淬火时获得马氏体的能力，它反映钢的过冷奥氏体稳定性，即与钢的临界冷却速度有关。过冷奥氏体越稳定，临界淬火速度越小，钢在一定条件下淬透层深度越深，则钢的淬透性越好。而淬硬性表示钢淬火时的硬化能力，是淬成马氏体可能得到的最高硬度，它主要取决于马氏体中的碳含量。马氏体中碳含量越高，钢的淬硬性越高。例如高碳工具钢的淬硬性高，但淬透性很低，而低碳合金钢的淬硬性不高，但淬透性却很好。

钢的淬透性在生产中具有重要的实际意义。某些零件，如齿轮、轴类零件，希望整个截面淬透，以保证零件在整个截面上得到均匀的力学性能，应当选择淬透性较高的钢种。而淬透性较低的钢，零件心部不能淬透，其力学性能低，特别是冲击韧性更低，不能满足性能要求。

钢的淬透性越高，能淬透的截面尺寸越大。对于大截面的重要工件，为了增加淬透层的深度，必须选用淬透性高的合金钢，工件厚度越大，要求的淬透层越深，钢的合金化程度应越高。所以淬透性是机器零件选材的重要参考数据。

从热处理工艺性能考虑，对于形状复杂、要求变形很小的工件，如果钢的淬透性较高，例如合金钢工件，可以在较缓慢的冷却介质中淬火。如果钢的淬透性很高，甚至可以在空气中冷却淬火，淬火变形则更小。

然而，并非所有工件均要求很高的淬透性。例如承受弯曲或扭转的轴类零件，其外缘承受最大应力，轴心部分应力较小，因此保证一定淬透层深度即可。一些汽车、拖拉机的重负荷齿轮甚至可以采用低淬透性钢制造。焊接用钢采用淬透性低的低碳钢制造，目的是避免焊缝及热影响区在焊后冷却过程中得到马氏体组织，从而可以防止焊接构件的变形和开裂。

淬透性是零件设计、钢材选用的依据，也对热处理工艺制定有重要价值，可为热处理生产中选用淬火介质和制定冷却方法提供数据。

3.7.2 影响淬透性的因素

3.7.2.1 钢的化学成分

钢的淬透性主要取决于过冷奥氏体的稳定性，而奥氏体的稳定性与其碳含量、合金元素种类及含量有关。从钢的TTT图、CCT图可见，凡是使C-曲线向右移的因素均可提高钢的淬透性。使C-曲线右移的合金元素越多，其临界冷却速度越小，则钢的淬透性越好。除Ti、Zr、Co外，所有合金元素都提高钢的淬透性。

只有将钢加热到奥氏体单相区，完全奥氏体化，奥氏体的碳含量才与钢中的碳含量相同。如果亚共析钢和过共析钢只加热到A_1稍上的两相区（$\alpha+\gamma$或$\gamma+Fe_3C$），那么，其奥氏体的碳含量不等于钢中的碳含量，这样的奥氏体具有不同的分解动力学。

奥氏体中实际固溶的碳含量会影响奥氏体的稳定性。在亚共析钢中，随着碳含量的增高，先共析铁素体析出的孕育期增长，析出速度减慢，共析分解也变慢。这是由于在相同条件下，亚共析钢中碳含量增加时，先共析铁素体形核几率变小，铁素体长大所需扩散离去的碳量增多，因而，铁素体析出速度变慢。由此引发的珠光体形成速度也随之减慢。

在过共析钢中，当奥氏体化温度为A_{ccm}以上时，碳元素完全溶入奥氏体中，这种情况下，碳含量增高，碳在奥氏体中的扩散系数增大，先共析渗碳体析出的孕育期缩短，析出速度增大。碳会降低铁原子的自扩散激活能，增大晶界铁原子的自扩散系数，使珠光体形成的孕育期随之缩短，增加形成速度。

相对来说，对于共析碳素钢而言，完全奥氏体化后，过冷奥氏体的分解较慢，较为稳定。

合金元素溶入奥氏体中则形成合金奥氏体，随着合金元素数量和种类的增加，奥氏体变成了一个多组元构成的复杂的整合系统，合金元素对奥氏体的稳定性以及铁素体和碳化物两相的形成均产生影响。相反地，Co 可以增加碳在奥氏体中的扩散速度，增大珠光体形核率和长大速度，降低过冷奥氏体的稳定性。

在碳素钢中，奥氏体共析分解形成渗碳体时，只需碳原子的扩散和重新分布。但在合金钢中，形成合金渗碳体或特殊碳化物则也需碳化物形成元素扩散和重新分布。因此，碳化物形成元素在奥氏体中扩散速度缓慢是推迟共析转变的极为重要的因素。

对于非碳化物形成元素铝、硅，它们可溶入奥氏体，但是不溶入渗碳体，只富集于铁素体中，这说明在共析转变时，Al、Si 原子必须从渗碳体形核处扩散离去，渗碳体才能形核、长大。这是 Al、Si 提高奥氏体稳定性，阻碍共析分解的重要原因。

将各类合金元素的作用总结如下：

（1）强碳化物形成元素钛、钒、铌阻碍碳原子的扩散，主要是通过推迟共析分解时碳化物的形成来增加过冷奥氏体的稳定性，从而阻碍共析分解。

（2）中强碳化物形成元素 W、Mo、Cr 等，除了阻碍共析碳化物的形成外，还增加奥氏体原子间的结合力，降低铁的自扩散系数，这将阻碍 $\gamma \to \alpha$ 转变，从而推迟奥氏体向 $\alpha + Fe_3C$ 的分解，也即阻碍珠光体转变。

（3）弱碳化物形成元素 Mn 在钢中不形成自己的特殊碳化物，而是溶入渗碳体中，形成含 Mn 的合金渗碳体 $(Fe, Mn)_3C$。由于 Mn 的扩散速度慢，因而阻碍共析渗碳体的形核及长大，同时锰又是扩大 γ 相区的元素，起稳定奥氏体并强烈推迟 $\gamma \to \alpha$ 转变的作用，因而阻碍珠光体转变。Mn 提高过冷奥氏体稳定性。

（4）非碳化物形成元素镍和钴主要表现在推迟 $\gamma \to \alpha$ 转变。镍是扩大 γ 相区，降低共析转变温度，强烈阻碍共析分解时 α 相的形成。钴由于升高 A_3 点，可以提高 $\gamma \to \alpha$ 转变温度，提高珠光体的形核率和长大速度。硅和铝由于不溶于渗碳体，在珠光体转变时，硅和铝必须从渗碳体形成的区域扩散开去，是减慢珠光体转变的控制因素。

（5）内吸附元素硼、磷、稀土等，富集于奥氏体晶界，降低了奥氏体晶界能，阻碍珠光体的形核，降低了形核率，延长转变的孕育期，提高奥氏体稳定性，使 C-曲线右移。

影响奥氏体共析分解的因素是极为复杂的，不是各合金元素单个作用的简单叠加。强碳化物形成元素、弱碳化物形成元素、非碳化物形成元素、内吸附元素等在奥氏体共析分解时所起的作用各不相同，将它们综合加入钢中，由于各个元素之间的非线性相互作用，相互加强，形成一个整合系统，各元素的作用，将产生整体大于部分之总和的效果。合金元素的整合作用对于提高奥氏体稳定性有极大的影响。

图 3-10 示出了 35Cr、35CrMo、35CrNiMo、35CrNi4Mo 几种钢的 TTT 图。从图中可以看出，四种成分的合金钢碳含量基本相同。随着合金元素种类和数量的增加，转

变的孕育期不断增大，C-曲线明显右移，说明各种合金元素对过冷奥氏体转变的整合作用。

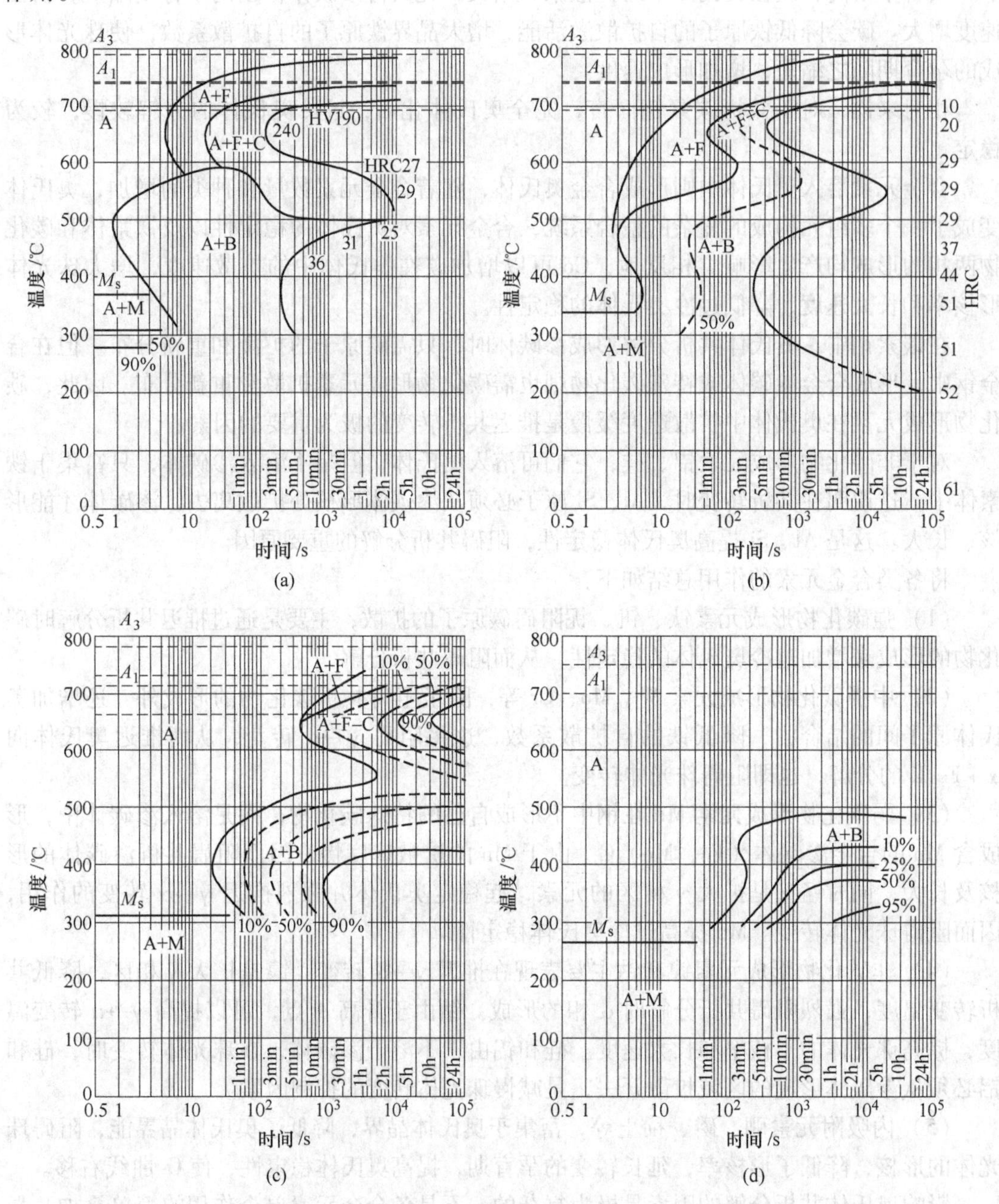

图 3-10 加入合金元素对 TTT 图的影响[7]

(a) 35Cr；(b) 35CrMo；(c) 35CrNiMo；(d) 35CrNi4Mo

3.7.2.2 奥氏体的物理状态

奥氏体物理状态是指奥氏体的晶粒度、成分不均匀性、晶界偏聚、存在剩余碳化物和夹杂物等，这些因素会对过冷奥氏体的转变产生重要影响。如在 A_{c1} ~ A_{ccm} 之间加热时，存在剩余碳化物，成分也不均匀，具有促进珠光体形核及长大的作用，因而使转变速度加快，降低淬透性。

加热温度不同，奥氏体晶粒大小不等，则影响过冷奥氏体的稳定性。细小的奥氏体晶粒，单位体积内的界面积大，形核位置多，将加速转变，也降低淬透性。

奥氏体晶界上偏聚硼、稀土等元素时，将提高过冷奥氏体的稳定性，阻碍形核，使 C-曲线向右移，增加淬透性。

加热温度、加热时间、冷却速度、应力及变形等工艺因素也影响过冷奥氏体的转变。外部因素的影响是通过内部因素起作用的，如提高加热温度，会使奥氏体晶粒长大，甚至粗化，粗大过热的奥氏体状态在冷却较快的情况下，会产生魏氏组织，使力学性能变坏。加热温度不同，可使钢进入不同的相区，如奥氏体单相区、奥氏体 + 碳化物两相区或三相区等，那么其奥氏体的冷却转变历程不同。

加热温度高、保温时间长，奥氏体晶粒长大，并且成分趋向均匀化，那么过冷奥氏体将更加稳定，则转变速度变慢，淬透性提高。

3.7.3 淬透性的测定

测定淬透性的方法较多，目前广泛采用的方法是端淬法。

顶端淬火的方法是将直径 25mm × 100mm 的试样加热到淬火温度，保温 30min，然后在 5s 内将试样放在端淬实验台上，喷水冷却试样的下端部，如图 3-11a 所示。喷水冷透后，在试样的轴线方向，相对两个侧面磨削去除 0.5mm，得两个相互平行的平面，从顶端开始沿着轴线每隔 3mm 测定硬度（HRC），绘制顶端到 100mm 处的硬度分布曲线，此顶端淬火曲线，即为淬透性曲线，如图 3-11b 所示。由于每一种钢的成分有波动，故每次测定的曲线不同，在试样不同位置处，硬度值有所波动，故形成淬透性带。图 3-12 所示为 40MnB 钢的淬透性带。各种钢的淬透性曲线可查阅相关手册。

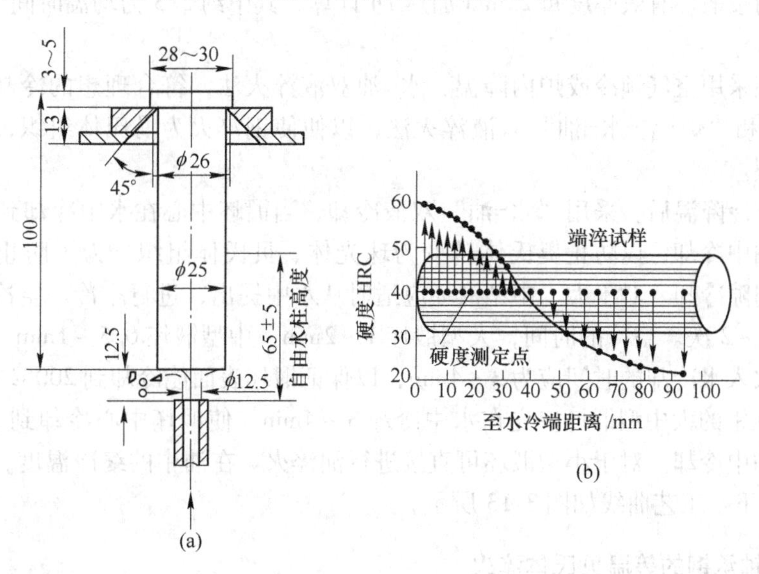

图 3-11 端淬法[6]

（a）试样及装置；（b）测定端淬曲线

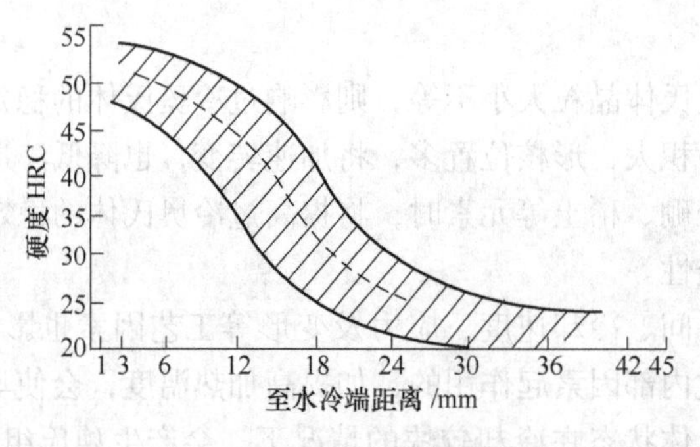

图 3-12 40MnB 钢的淬透性带

3.8 淬火工艺的改进和创新

热处理工艺随着固态相变原理的更新和发展而不断创新或改进，永远不会停留在一个水平上。任何一种工件的淬火工艺都不应是僵死的，而是依据各种工况条件而灵活地应用，没有最好，只有更好。近年来有许多创新，举例如下。

3.8.1 大型锻件的间隙淬火法

按坯表面积（*S*）和体积（*V*）的比值，*S*/*V* 小于 0.16 时为大型锻坯；*S*/*V* 为 0.16 ~ 0.22 时为中型锻坯；*S*/*V* 大于 0.22 时为小型锻坯。这个分类方法，主要是以锻坯中心的冷却速度决定的。锻坯表面积的大小，决定了在淬火介质中散热面和散热速度的大小，而体积的大小决定了钢坯热涵的多少，向淬火介质放出热量的大小。表面积与体积的比值愈小，锻坯中心的冷却速度愈小。

加热时间按锻坯有效厚度每 25mm 加热 1h 计算，其中约 2/3 为均温时间，1/3 为保温时间。

大型锻坯采用空气预冷或炉内降温，水-油双液淬火法，符合理想的冷却曲线。采用“空-水-油”和“炉-空-水-油”双液淬火法，以便使钢淬火为马氏体组织，同时间隙冷却可避免淬裂。

锻坯在空冷降温后，采用“水-油”双液冷却，当锻坯中心在水中冷却到 350 ~ 450℃后，再转入油中冷却，以防止奥氏体转变为珠光体、贝氏体组织。为了防止产生淬火裂纹，应施行间隙冷却。对于大、中型锻坯应适时从水中提出，进行空冷。空冷的次数，大型锻坯进行 1 ~ 2 次。空冷的时间，大型锻坯 1 ~ 2min，中型锻坯 0.5 ~ 1min。对于大中型锻坯，第一次入水冷却的时间应为 3 ~ 4min，以保证锻坯表面能冷却到 200℃左右。

对于 P20 钢的大中型锻坯应先在水中冷却 3 ~ 4min，使锻坯中心冷却到 350 ~ 400℃，然后再放入油中冷却。对于小型锻坯可直接进行油淬火。在油中的终冷温度，锻坯中心应达到 200℃以下。工艺曲线如图 3-13 所示。

3.8.2 高铬轴承钢的等温贝氏体淬火

高铬轴承钢通常采用奥氏体化后，油冷，以获得马氏体 + 未熔碳化物的整合组织，具有较高的硬度和耐磨性。近年来对 GCr18Mo、GCr15 钢广泛采用贝氏体淬火法，在 230℃

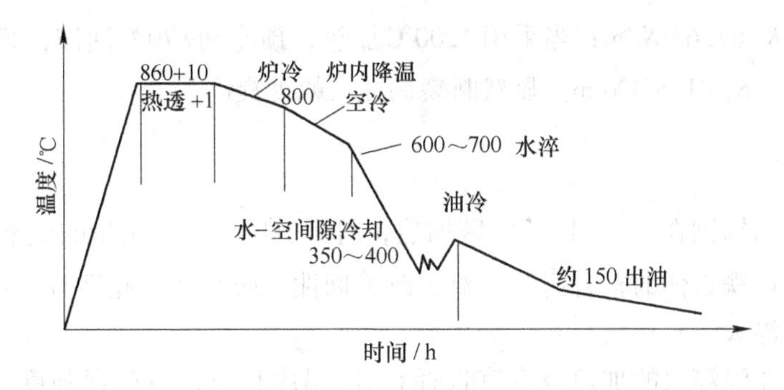

图 3-13 大型锻坯的间隙淬火法工艺曲线

等温一定时间获得下贝氏体 + 未溶碳化物的整合组织，如图 3-14 所示。采用这种工艺的优点是：(1) 综合力学性能高于淬火-回火马氏体组织；(2) 断裂韧性较高，裂纹扩展速率低；(3) 淬火变形小，尺寸稳定性高。

图 3-14 GCr18Mo 钢 230℃等温贝氏体组织，SEM

3.8.3 钢轨全长“淬火”

钢轨全长“淬火”是提高其强韧性、耐磨性的重要途径。20 世纪 90 年代我国建成了 10 多条钢轨全长淬火生产线。U74、BNbRE 钢轨经喷雾或喷风，以 2 ~ 5℃/s 速度冷却，得到片状珠光体组织，不允许产生马氏体、贝氏体组织。在淬火生产线上，钢轨以 0.8m/min 的速度匀速移动，钢轨轨头被加热到 900 ~ 1050℃，先喷风后喷雾连续冷却，由计算机自动控制[8]。

钢轨淬火硬化层深度为至踏面中心 17mm，硬度为 35 ~ 40HRC，所得珠光体的片间距为 100 ~ 140μm，这种片间距的珠光体应当称为索氏体。索氏体钢轨具有优良的耐磨性，实际使用结果表明耐磨性成倍提高。

按照淬火的定义，即得到马氏体或贝氏体组织的热处理操作，称为淬火，而钢轨全长“淬火”操作，只是得到索氏体组织，因此不能称为淬火，而实质上是一种正火处理，应当称为钢轨全长正火强化处理。但目前行业中已习惯于称其“全长淬火”。

3.8.4 高温淬火

研究表明，对于低碳钢、中碳钢，提高淬火加热温度，可增加板条状马氏体量，或获得完全的板条状马氏体组织，从而获得良好的性能。一般来说，小于 0.3% C 的低碳钢，淬火可得板条状马氏体组织。但中碳钢淬火后得到板条状马氏体 + 片状马氏体的整合组织，或者得到介于两者之间的条片状马氏体组织。高温淬火可避免片状马氏体形成，而全部获得板条状马氏体组织，而且在马氏体板条间夹着一层厚度约为 100 ~ 200nm 残留奥氏体，它对裂纹尖端应力集中起缓冲作用，有利于提高韧性。

将 40CrNiMoA 钢（A_{c3}温度为 745℃），采用 870℃ 加热后油淬，200℃ 回火后，得屈服

强度1621MPa，K_{IC}67.6MN/m；当采用1200℃加热，预冷到870℃油淬，200℃回火，得屈服强度1586MPa，K_{IC}81.8MN/m。显然断裂韧性大幅度提高了[9]。

3.8.5 亚温淬火

亚共析合金结构钢在A_{c1} ~ A_{c3}两相区加热，得到奥氏体加一定量的铁素体，然后淬火，得到马氏体 + 少量铁素体的整合组织，对于改善韧性，减小回火脆性有一定作用。这种淬火操作称为亚温淬火。

试验表明，亚温淬火的加热温度宜选择在A_{c3}温度稍下，以确保强度，并且可提高韧性，如对45、40Cr等钢，在A_{c3}以下5 ~ 10℃的温度保温，淬火，得硬度、强度和韧性的最大值。

亚温淬火之所以可提高韧性，减小回火脆性，可能由于在A_{c1} ~ A_{c3}两相区加热时，存在少量铁素体组织，而P、Sb、Sn等杂质元素均为铁素体形成元素，它们富集于铁素体中，淬火后得到M + F组织，在回火时，减少了这些杂质元素向原奥氏体晶界富集，因而降低了回火脆性。试验表明，亚温淬火的30CrMnSi钢，没有回火脆性[9]。

除了上述新工艺外，还有高碳钢低温、短时加热淬火法，循环快速加热淬火法，流态化床淬火法等。随着固态相变理论的不断更新，现代化热处理设备的应用，对于工件性能的新要求，淬火方法将不断改进和创新。

3.9 淬火钢的回火

回火是将淬火钢在A_1以下温度加热，使其转变为稳定的组织，并以适当方式冷却到室温的工艺操作。回火的主要目的是韧化，减小或消除淬火残余内应力，通过相应的组织转变，获得适当的硬度、强度、塑性和韧性的良好配合，以达到工件设计性能，满足使用要求。

3.9.1 回火温度

按照回火温度的不同，将回火分为低温回火、中温回火和高温回火三类。各种钢淬火后的回火温度依工件的最终性能要求而定。

3.9.1.1 低温回火

低温回火温度约为150 ~ 250℃，得到以回火马氏体为主的组织。和淬火马氏体相比，回火马氏体既保持了钢的高硬度、高强度和良好耐磨性，又适当提高了韧性，因此，低温回火特别适用于刀具、量具、滚动轴承、渗碳件及高频表面淬火工件。低温回火钢大部分是淬火高碳钢和高碳合金钢，经淬火并低温回火后得到隐晶回火马氏体组织，其基体上分布着均匀细小的粒状碳化物，具有很高的硬度和耐磨性，同时显著降低了钢的淬火应力和脆性。高碳工具钢、模具钢通常在180 ~ 200℃回火，某些要求尺寸稳定性高的量具等工件进行200 ~ 225℃，8 ~ 10h回火。

对于淬火获得低碳板条状马氏体组织的工件，经低温回火后可以减小内应力，并进一步提高钢的强度和塑性，保持优良的综合力学性能，代替调质钢制造零部件。

3.9.1.2 中温回火

中温回火温度一般在350~500℃之间，回火的组织为回火托氏体组织（也称回火屈氏体）。0.6%~0.9%C碳素弹簧钢和0.45%~0.75%C的合金弹簧钢均在此温度范围内回火。

对于一般的碳钢和低合金钢，中温回火相当于回火的第三阶段，此时碳化物开始聚集，基体开始回复，淬火第二类内应力基本消失。因此钢具有高的弹性极限，较高的强度和硬度，良好的塑性和韧性，故中温回火主要用于各种弹簧零件及热锻模具。

中温回火温度的选择宜依据钢种而异，例如碳素弹簧钢65钢，淬火后在380℃回火，可获得高的弹性极限；而55SiMn钢，选择480℃回火，可获得弹性极限与韧性的良好配合。

低温回火温度为150~250℃，中温回火选择在350~500℃，而250~350℃之间是第一类回火脆性区，是回火“禁区”。

3.9.1.3 高温回火

对于合金结构钢，淬火获得马氏体组织，经500~650℃高温回火，得到回火索氏体或回火托氏体组织。淬火+高温回火也称为调质处理。经调质处理后，钢具有优良的综合力学性能。高温回火主要适用于中碳结构钢或低合金结构钢，用来制作曲轴、连杆、连杆螺栓、汽车半轴、机床主轴及齿轮等重要的机器零件。这些机器零件在使用中要求较高的强度并能承受冲击和交变负荷的作用。

某些合金结构钢淬火得到贝氏体组织，经高温回火也转变为回火索氏体或回火托氏体，也可称为调质处理。

某些高合金钢，如高速钢，淬火后得到马氏体+残留奥氏体的整合组织，由于其抗回火性强，经560℃回火，仍然得到回火马氏体组织，并非回火索氏体。这类钢在此温度范围回火，产生二次硬化效应，如W18Cr4V钢选择560℃回火可获得66HRC高硬度；而H13钢于500℃回火可获得最高的回火硬度56HRC。

3.9.2 回火时间及内应力的变化

淬火钢的回火时间与上述淬火加热时间的计算相似，但也有所不同，除了应当满足工件的热透时间和组织转变所需的时间外，还要考虑消除或降低内应力的时间。

淬火冷却的不均匀，使钢件各部位冷却不均，温度不均，造成热应力；同时，由于奥氏体转变为马氏体，比体积增大，当组织转变不均匀时，就产生相变应力。二者合并成为淬火钢件的内应力。内应力按平衡范围的大小分为三类：

第一类内应力：存在于淬火件整体范围内，各个部位之间的内应力；

第二类内应力：在晶粒或亚晶范围内的内应力；

第三类内应力：存在于晶胞、一个原子集团范围内的内应力。

回火过程中，随着回火温度的升高，原子活动能力增加，位错的运动而使位错密度不断降低；孪晶不断减少直至消失；进行回复、再结晶等过程；这些均使得内应力不断降低直至消除。

3.9.2.1 第一类内应力的消失

第一类内应力的存在会引起零件的变形和开裂。或在零件服役过程中第一类内应力与所受同方向的外力叠加，而使零件提早破损失效。如果与外力方向相反，则可能提高强度。如果与外力同属于拉应力，则促进断裂。为了消除此内应力，提高零件韧性，必须进行回火。

图3-15所示为淬火内应力与回火温度的关系[10]。可见，淬火态内应力较大，经过200℃、500℃回火1h，随着马氏体分解和α相的回复，内应力显著降低。图3-16表示了回火温度和时间对0.3%C钢淬火第一类内应力的影响。可见，回火温度愈高，内应力消除率愈高。到550℃回火一定时间，第一类内应力可以基本上消除[11,12]。

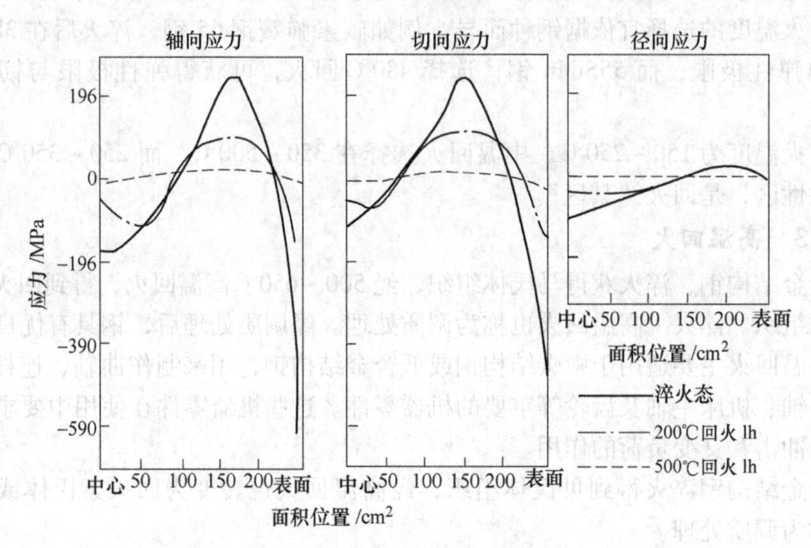

图3-15 0.7%C钢圆柱体（ϕ18mm）从900℃淬火时热处理应力与回火温度的关系

钢件淬火后，内部残留内应力，在室温下停留，也能使其逐渐降低，但是降低速度缓慢。而且，由于在室温下放置，残留奥氏体将继续转变为马氏体，产生新的组织应力，内应力会重新分布，甚至引起放置开裂，因此，淬火后应当即时回火，消除内应力。

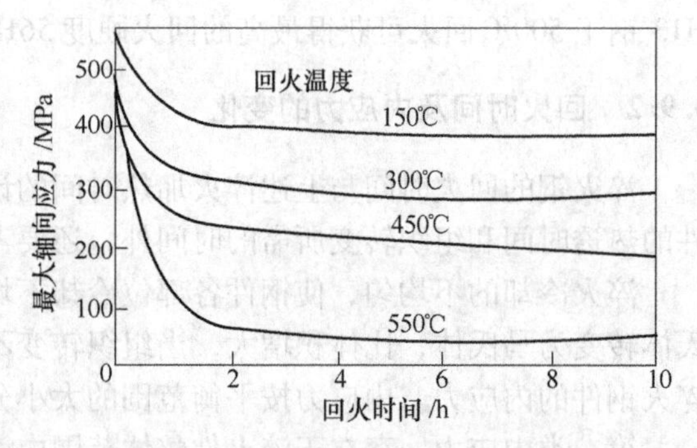

图3-16 0.3%C钢内应力的变化

3.9.2.2 第二类内应力的消失

在晶粒或亚晶范围内处于平衡的内应力能够引起点阵常数的改变，因此可以用点阵常数的变化$\Delta a/a$表示，也称第二类畸变。在高碳马氏体中$\Delta a/a$可高达8×10^{-3}，折合应力约为150MPa。随着回火温度的升高和时间的延长，淬火第二类内应力、第二类畸变将不断地下降，500℃回火时，第二类内应力基本消除。

回火时间延长也影响第二类内应力，如图3-17所示。可见，回火2h内，畸变降低幅度较大，此后变化平缓。在400~500℃，$\Delta a/a$的变化随着回火时间的变化基本上是水平的，即第二类内应力难以彻底消除。

3.9.2.3　第三类内应力的消失

第三类内应力是存在于一个原子集团范围内的内应力，它主要是由于碳原子间隙溶入马氏体晶格而引起的畸变应力。因此，随着马氏体的分解，碳原子不断从α相中析出，则第三类内应力不断下降。对于碳素钢而言，马氏体在300℃左右分解完毕，那么，第三类内应力应当在此温度消失。对于各类合金钢的淬火马氏体，由于抗回火性强，消除内应力的温度较高，消除过程较慢。

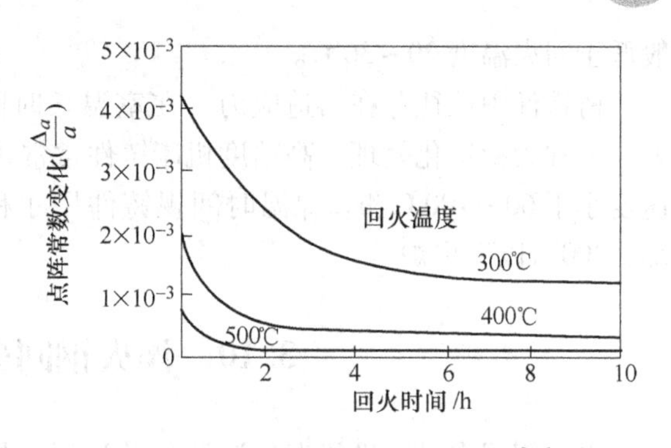

图3-17　回火时间对 $\Delta a/a$ 的影响[11]

综上所述，回火时间较之淬火加热时间要长一些。一是回火温度比淬火温度低，工件热透较慢；二是淬火钢组织转变较慢，如需要碳化物析出、聚集长大等；三是为减小或消除内应力需要较长时间，因此回火保温时间不能低于2h。推荐回火保温时间可参考表3-7，表中高温回火标为 A_1 稍下，是由于当前某些合金钢的回火温度较高，如 P92 淬火后于760℃回火，得到回火托氏体组织。

表3-7　回火保温参考时间

低温回火（150～250℃）						
有效厚度/mm	≤50	51～75	76～100	101～125	126～150	≥151
保温时间/min	120	120～180	180～240	240～270	270～300	300～360

中、高温回火（350℃～A_1稍下）							
有效厚度/mm		≤50	51～75	76～100	101～125	126～150	≥151
保温时间/min	盐炉	60	60～90	90～120	120～140	140～160	160～180
	空气炉	90～120	100～120	150～180	180～240	240～270	260～300

3.9.3　稳定化处理

从图3-16、图3-17可见，淬火钢回火后，内应力并没有彻底消除，尤其是低温回火，大部分内应力没有消除，这部分残余应力在工件使用或存放过程中会引起时效变形。若工具低温回火后，需要磨削，会产生磨削应力。残余内应力及磨削应力合并，可能导致磨削裂纹，或引起时效变形，因此这类工件，尤其是精密工具，需要进行稳定化处理，或称时效处理。

稳定化处理的温度低于原回火温度20～30℃，对于高精密零件需要保温15～24h，有些工件在磨削过程中安排2～3次长时间的稳定化处理。在长时间的稳定化处理中，工件内的残余应力可进一步降低，在此温度下，碳原子仍有扩散移动能力，可使组织趋于稳定。

为了提高轴承零件的尺寸稳定性，在磨削加工后进行附加回火，以便稳定组织，消除部分磨削应力。附加回火温度一般比原回火温度低10～30℃，也可以采用原回火温度。保温通常6～24h。

某些精度较高的合金钢零件，为使其残留奥氏体稳定化而进行人工时效，时效温度一般低于回火温度20～30℃。

铸铁件中往往存在铸造应力，在室温长时间放置或加热到一定温度下，可消除内应力，也称为稳定化处理。高精度机床铸件常常进行两次人工时效，低于200℃装炉，加热速度小于60～100℃/h。保温时间视铸件尺寸和装炉量而定。保温后，以30～50℃/h冷却，200℃以下出炉。

3.10 淬火钢回火组织的概念

淬火钢回火是向平衡态逐渐演化的过程，是过饱和固溶体分解，析出碳化物的过程。这些过程包括马氏体的分解，残留奥氏体的转变，还有碳化物析出、转化、聚集长大；α相的回复、再结晶；应变能的减小和内应力的消除等过程。随着回火温度的升高，淬火马氏体依次转变为回火马氏体、回火托氏体（回火屈氏体）、回火索氏体组织。在A_1稍下更高的温度回火可得球化体组织。

3.10.1 回火马氏体

Fe-C马氏体脱熔时从形成碳原子偏聚团到析出平衡相θ-Fe_3C之间存在过渡相，即过渡的Fe-C化合物。不同碳含量马氏体的回火转变，析出的过渡碳化物是不同的。它们析出之初非常细小，与基体存在复杂的共格关系，析出相的结构也很相似。小于0.2%C的Fe-C低碳马氏体，200℃以下回火时，只形成碳原子的位错气团，高于200℃时，析出平衡相渗碳体。中碳马氏体200℃以下回火时，形成碳原子的位错气团和弘津气团。100～300℃之间形成η（或ε）碳化物。高碳马氏体形成过程较为复杂，随着回火温度的升高，析出贯序（温度贯序）为：Dc + Hc→η-Fe_2C（或ε）→X-Fe_5C_2→θ-Fe_3C。其中：Dc为碳原子的位错气团；Hc为碳原子的弘津气团。

随着回火温度的升高，α相状态也在发生变化，一般认为Fe-C马氏体在300℃，正方度趋近于1，α相变为体心立方的铁素体。随着温度的升高，进行回复和再结晶过程，随之组织形貌发生改变。从金相形貌上看，低温回火时，组织仍然保持着淬火马氏体的原有形貌，即仍为板条状、条片状、透镜片状等形貌特征，仅条片内发生微细结构的变化，如G.P区（Dc、Hc）的形成、η（或ε）碳化物的析出，这种整合组织称为回火马氏体。T8碳素钢淬火马氏体于200℃回火，得到的回火马氏体的组织如图3-18所示。

图3-18 共析钢回火马氏体组织，OM

3.10.2 回火托氏体

Fe-C马氏体在300～500℃回火时，α相中的孪晶消失，位错运动，出现亚晶，发生回复过程。回复初期，部分位错，其中包括小角度晶界，如板条马氏体界面上的位错将通过滑移与攀移而相消，从而缠结位错密度下降，图3-19所示为P91（10Cr9Mo1VNbN）钢的回火托氏体中的位错形态[13]，可见位错重新排列的形貌。位错移动将重新排列逐渐转化为胞块，如图3-20所示。

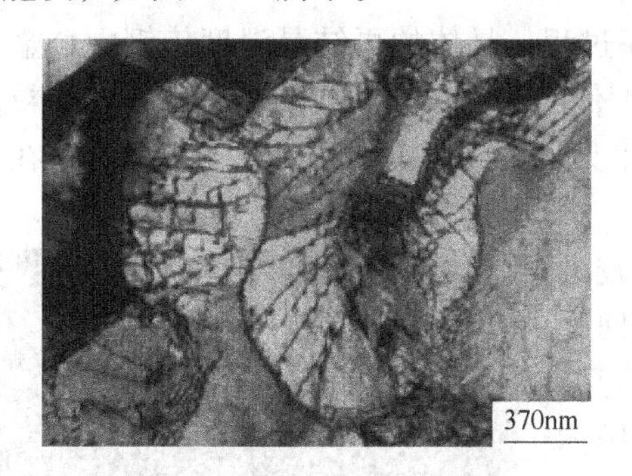

图3-19 P91钢回火托氏体中的位错形态，TEM

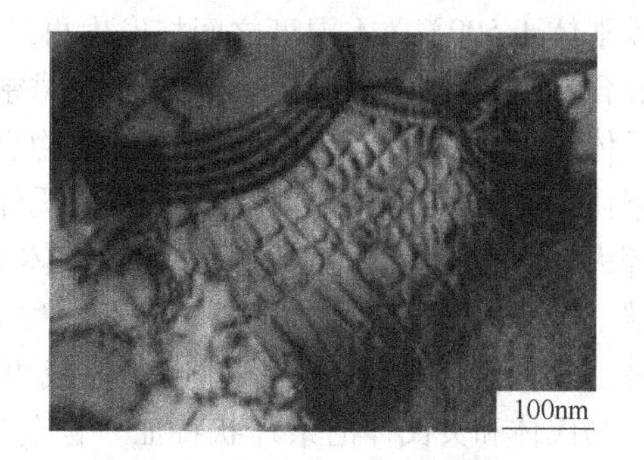

图3-20 P91钢回火托氏体中的胞块结构，TEM

回复使部分板条界面消失，相邻板条合并而成宽的板条。在400℃以上回火时，回复已经清晰可见。由于板条合并变宽，再也看不清完整的板条，但能看到边界不清的亚晶块。图3-21所示为P91钢、718钢的回火组织，可看到铁素体中亚晶块形貌，亚晶块的尺度大多小于1μm。

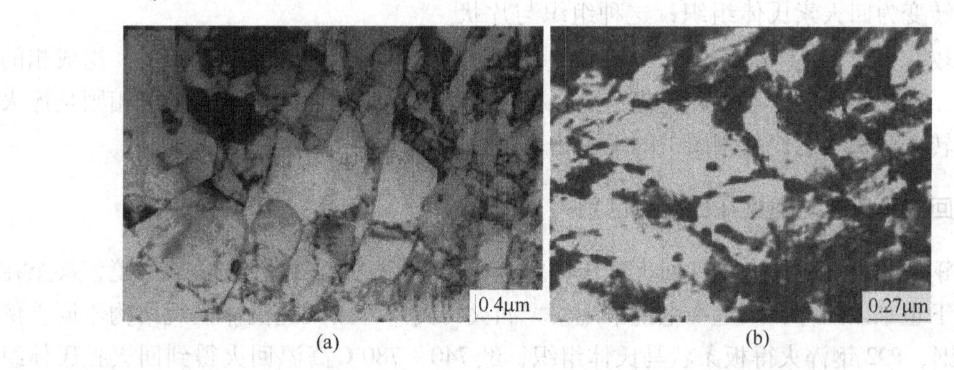

图3-21 回火托氏体中的亚晶，TEM
(a) P91钢；(b) 718钢

纯铁的再结晶温度约为450℃，碳素钢中的铁素体，由于含有杂质和化学元素，再结晶温度被提高。碳素钢中的α相高于400℃开始回复过程，500℃以上才开始再结晶。这一阶段基本上保持着马氏体原来的金相形貌，此时为回火托氏体。

中温回火得到的尚保留着马氏体形貌特征的铁素体和片状（或细小颗粒）渗碳体的整合组织，称为回火托氏体，以往文献中称其为回火屈氏体。如果贝氏体回火时也得到这些相和具有同样的形貌特征，也称为回火托氏体。图3-22所示为碳素钢马氏体于400℃回火时得到的托氏体组织。

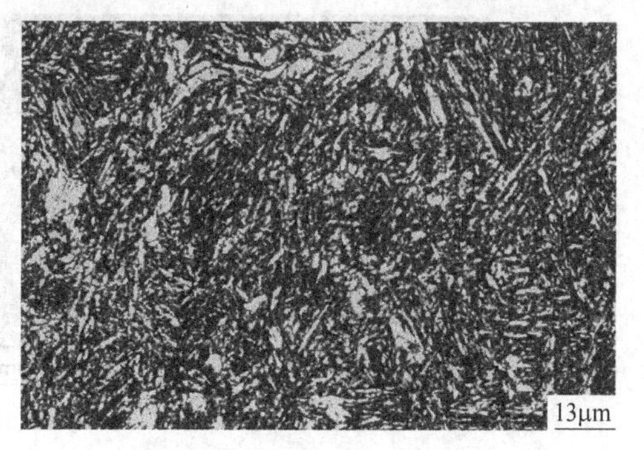

图3-22 T8钢回火托氏体组织

3.10.3 回火索氏体

铁素体于500℃ ~ A_1温度之间将发生再结晶过程，具体的再结晶温度依钢中合金元素种类和含量而异。再结晶温度下，一些位错密度低的胞块将长大成等轴的铁素体晶粒，原来马氏体的板条状、片状特征消失。碳化物也聚集长大成颗粒状，并且均匀地分布在等轴状铁素体基体上，这种整合组织为回火索氏体。

淬火钢经高温回火得到的等轴状铁素体 + 较大颗粒状（或球状）的碳化物的整合组织，称为回火索氏体。回火索氏体中的铁素体已经完成再结晶，失去了马氏体和贝氏体的条片状特征。合金马氏体在高温回火时，铁素体往往难以再结晶，仍然保持条片状形貌，其上分布着粒状碳化物，这种组织在现场也经常被称为回火索氏体。图3-23 所示为碳素钢的淬火马氏体于600℃回火，得到的回火索氏体组织。

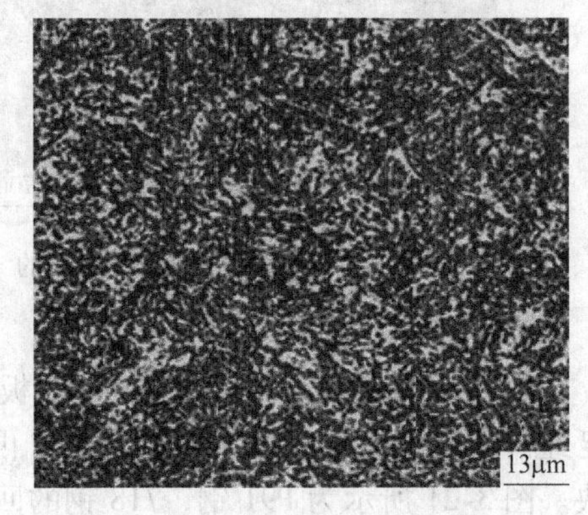

图3-23 T8钢回火索氏体组织，OM

回火温度接近临界点A_1时，马氏体、贝氏体经等温后均转变为回火索氏体组织，这种组织与片状珠光体比较，本质上是一样的，均为铁素体 + 碳化物的整合组织，但形貌不同，组成相的来源不同，珠光体中的铁素体和碳化物是共析转变而来，回火索氏体中的组成相则是淬火钢的回火转变产物。它们与相图中的平衡相是一致的。

3.10.4 回火马氏体与回火托氏体的区别

某些钢的回火马氏体形貌和回火托氏体的金相组织形貌相似，在光学显微镜，甚至在扫描电镜下也难以区分，但是在电镜下观察，回火马氏体与回火托氏体微观结构不同。例如，P91 钢、P92 钢淬火得板条状马氏体组织，经 740 ~ 780℃高温回火得到回火托氏体组织，图 2-24 所示为 P91 钢的回火托氏体的亚结构电镜照片[13]，可见，高温下，马氏体片中形成许多勘镶块，即亚晶，如图 3-24a 所示；从图 3-24b 可见，位错集中分布在亚晶周边上。应当指出，板条状马氏体中具有极高的位错密度，在高温回火后位错密度大幅度降低。

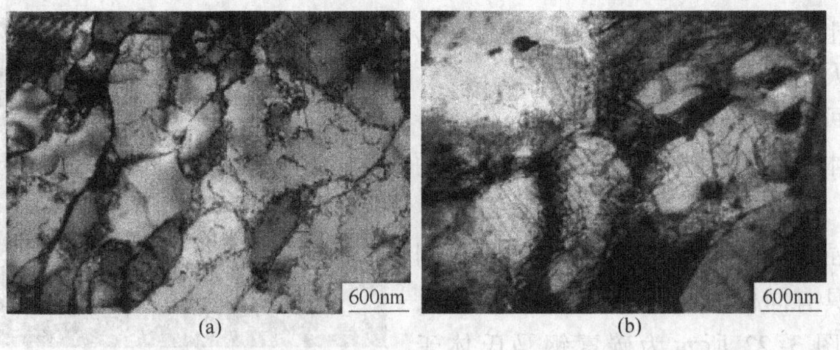

图3-24 P91 钢的回火托氏体组织中的亚晶和位错

图 3-25 P91 回火托氏体组织，OM

P91 钢经 1040℃淬火，780℃高温回火，得回火托氏体组织（图 3-25）。由于这种钢中含有大量合金元素，阻碍再结晶，故淬火板条状马氏体在高温回火时，条片状铁素体不能发生再结晶，仍然保持着马氏体板条状的金相形貌，铁素体板条中的亚结构跟淬火马氏体不同，应称其为回火托氏体组织。有的文献中称其为“回火板条马氏体组织”，是不正确的。在 780℃回火时，该钢马氏体中析出了 $M_{23}C_6$ 等特殊碳化物；位错密度降低，形成了亚晶，在电镜下观察，亚结构已经发生了根本性变化。回火托氏体与回火马氏体本质上是不同的，不能混淆[14,15]。

思 考 题

3-1 理解并记忆如下基本概念：淬火、回火、等温淬火、回火马氏体、回火托氏体、回火索氏体。

3-2 试比较淬火与正火时组织转变的区别和操作工艺的不同。

3-3 说明淬透性、淬硬性的概念，二者之间的关系。淬透性对工件性能有何影响？

3-4 阐述淬火介质水、油、有机水溶液的性能特点和优缺点。

3-5 现有直径 100mmH13 钢制挤压工件，空气炉加热，试制定淬火-回火工艺，说明温度、时间参数选择的依据，绘出工艺曲线。

3-6 40Cr 钢制螺栓，直径 15mm，长度 80mm，应采用什么淬火技术？并制定调质处理工艺。

3-7 试制定 W6Mo5Cr4V2 钢刀具淬火-回火热处理工艺、冷处理的作用及操作注意事项。

参 考 文 献

[1] 刘宗昌，任慧平，计云萍．固态相变原理新论［M］. 北京：科学出版社，2015：2.

[2] 樊东黎．热处理技术数据手册［M］. 北京：机械工业出版社，2000.

[3] 陈天民，吴建平．热处理设计简明手册［M］. 北京：机械工业出版社，1993.

[4] 安运铮．热处理工艺学［M］. 北京：机械工业出版社，1982：113～115.

[5] 董允．深冷处理对高速钢红硬性和耐磨性的影响［J］. 金属热处理，1997（9）：13～15.

[6] 潘建生，胡明娟．热处理工艺学［M］. 北京：高等教育出版社，2009：95～150.

[7] 林慧国，傅代直．钢的奥氏体转变曲线［M］. 北京：机械工业出版社，1988：60～70.

[8] 中国热处理行业协会．当代热处理技术与工艺装备精品集［M］. 北京：机械工业出版社，2002：

285～300.

[9] 夏立芳．金属热处理工艺学［M］．哈尔滨：哈尔滨工业大学出版社，1986：50～60.

[10] 荒木透，金子秀夫，三本木貢治，橋口隆吉，盛利貞．鋼の熱處理技術［M］．东京：朝倉書店，昭和44年9月30日。

[11] 刘宗昌．钢件的淬火开裂及防止方法［M］．2版．北京：冶金工业出版社，2008：10.

[12] 钢的热处理裂纹和变形编写组．钢的热处理裂纹和变形［M］．北京：机械工业出版社，1978.

[13] 束国刚，刘江南，石崇哲，等．超临界锅炉用T/P91钢的组织性能与工程应用［M］．西安：陕西科学技术出版社，2006：74～99.

[14] 刘宗昌，计云萍，任慧平．珠光体、贝氏体、马氏体等概念的形成和发展［J］．金属热处理，2013，38（2）：15～20.

[15] 刘宗昌，赵莉萍，等．热处理工程师必备理论基础［M］．北京：机械工业出版社，2013.

4 表面淬火

表面淬火是强化金属材料表面的重要手段之一。凡是可以通过淬火提高材料强度和硬度的金属材料，都可以通过表面淬火来强化其材料的表面。经表面淬火处理后的工件，不仅表面具有高的硬度、强度和耐磨性，而且与工件预先热处理获得的工件心部组织相配合，可以获得具有良好的强韧性和高的疲劳强度，因此，表面淬火在工业生产中被广泛应用。

4.1 表面淬火的定义、目的和种类

4.1.1 表面淬火的定义

表面淬火是将工件的表面有限深度范围内快速加热到奥氏体化温度，然后迅速冷却，仅使工件表面淬火获得马氏体组织的热处理方法。因此，从加热的角度考虑，表面淬火仅是工件表面的有限深度范围内被加热到奥氏体化温度，在随后的快速冷却中转变成马氏体组织，而心部仍然保持了加热前的组织状态。

4.1.2 表面淬火的目的

齿轮、凸轮、曲轴及各种轴类等零件在扭转、弯曲等交变载荷下工作，并承受摩擦和冲击，其表面层要比心部承受更高的应力。因此，表面淬火的目的是在工件表面一定深度范围内获得马氏体组织，而心部仍保持着表面淬火前的组织状态（调质处理或正火状态），从而获得零件要求的表面具有更高的硬度和耐磨性，而心部则要求一定的强度、足够的塑性和韧性，即获得表层硬而心部韧的性能。

4.1.3 表面淬火的分类

工件表面有限深度范围内迅速达到奥氏体温度，而心部温度还很低，就必须给工件表面以极高的热能量密度使其表面快速加热到奥氏体温度，而表面的热量还来不及向心部传递，心部温度低，不造成心部发生相变。根据表面加热的热源不同，钢的表面淬火可以分为以下几类。

4.1.3.1 感应加热表面淬火

利用电磁感应原理在工件表面产生高密度的涡流快速把工件表面部分加热，随后快速冷却，使工件表面部分得到马氏体组织而实现工件表面淬火的工艺。根据产生的电流频率的不同，可以分为：高频表面淬火、中频表面淬火和工频感应加热表面淬火。

4.1.3.2 激光加热表面淬火

利用高能量激光束扫描工件表面部分快速加热，随后利用工件基体的热传导实现自冷

快速冷却，使工件表面得到马氏体组织而实现工件表面淬火的工艺。激光加热表面淬火是由点到线，由线到面而实现的一种表面淬火。

4.1.3.3 火焰加热表面淬火

利用温度极高的可燃气体火焰直接将工件表面迅速加热，随后快速冷却，使工件表面部分得到马氏体组织而实现工件表面淬火的工艺。其可燃气体有乙炔、煤气、天然气及丙烷等和氧气的混合气体。

4.1.3.4 电接触加热表面淬火

利用通以低电压（2～5V）、大电流（80～800A）的电极与工件表面间的接触电阻发生的热量将工件表面迅速加热，随后利用工件基体的热传导实现自冷快速冷却，使工件表面部分得到马氏体组织而实现工件表面淬火的工艺。

4.1.3.5 电解液加热表面淬火

将浸入电解液的工件接负极，液槽接正极，工件的表面浸入部分当接通电源时被快速加热（5～10s）到淬火温度。断电后在电解液中冷却，也可取出放入另设的淬火槽中冷却，使工件表面部分得到马氏体组织而实现工件表面淬火的工艺。

其他还有电子束加热表面淬火、等离子束加热表面淬火和红外线聚焦加热表面淬火等。

4.1.4 表面淬火的应用

表面淬火广泛应用于碳含量为0.4%～0.5%中碳调质钢和球磨铸铁等。因为中碳调质钢经调质或正火处理预备热处理后，进行表面淬火，可以获得心部具有较高综合力学性能，表面具有较高硬度和耐磨性。例如机床主轴、齿轮、柴油机曲轴、凸轮轴等。珠光体、铁素体基灰铸铁、球磨铸铁、可锻铸铁、合金铸铁相当于中碳钢，原则上可以进行表面淬火，其球磨铸铁的该工艺性能最好，且表面淬火处理后具有较高的综合力学性能，因此应用较广。

高碳钢表面淬火后，尽管表面具有了高硬度和高耐磨性，但心部的塑性及韧性较低，因此高碳钢的表面淬火主要用于承载较小冲击和交变载荷下工作的工具和量具等。低碳钢表面淬火后，表面强化效果不明显，故较少应用。

4.2 钢在快速加热时的转变

表面淬火加热时，表面的组织也要发生向奥氏体的转变，但是由于加热能量密度高，使表面有足够快的速度达到奥氏体化温度。因此，表面淬火加热时，钢处于非平衡加热转变。钢在非平衡加热时有以下特点。

4.2.1 快速加热改变钢的临界点温度

表面淬火的快速加热，使钢的转变温度提高，且随着加热速度的增加，转变温度提高。图4-1为快速加热时，钢的非平衡加热状态图。可以看出，加热速度提高均使A_{c3}和A_{ccm}线升高。但当加热速度大到一定程度时，所有亚共析钢的相变温度均相同。

对 A_{c1} 的影响，在缓慢加热条件下，球光体向奥氏体的转变是在一定的温度（即 A_{c1} 温度）下进行的，可以看作是一个等温过程，如图 4-2 中的曲线 1 呈现一个曲线平台，这表明供给的热能与相变所需要的热能几乎相等。在快速加热（如感应加热）条件下，珠光体向奥氏体转变是在一个温度（A_{c1}）范围内进行，没有出现一个曲线平台，如图 4-2 中的曲线 2 所示，这表明供给的热能远超过相变所需要的热能[1]。这个温度范围的大小及位置与加热速度及原始组织有关。

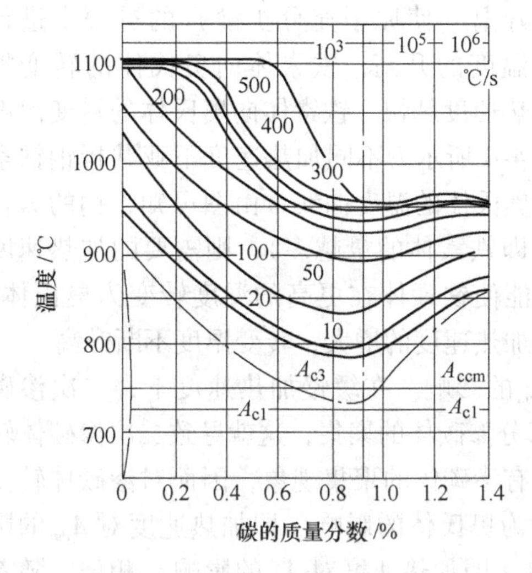

图 4-1　钢的非平衡加热状态图

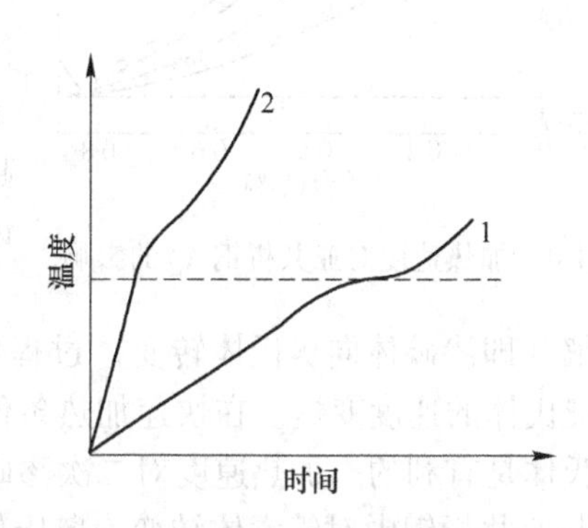

图 4-2　钢在不同加热速度时的加热曲线

钢的原始组织对珠光体向奥氏体转变的快慢有很大的影响。如果钢的原始组织为索氏体，渗碳体的熔解所进行的扩散过程比原始组织为珠光体的要快，即珠光体向奥氏体转变所需要的时间短。原始组织越粗（即粗粒状珠光体），则相变所需要的时间越长。快速加热与传统缓慢加热时的相变一样，相变过程要经过形核及长大的阶段，需要一定的过热度造成奥氏体与珠光体的自由能差，并且需要一定的扩散条件。奥氏体核心（即晶核）的形成是先在个别铁素体和渗碳体的交界处，索氏体组织的弥散度比珠光体组织的弥散度高，它向奥氏体转变的速度就比珠光体向奥氏体转变速度快，因此，在快速加热条件下索氏体向奥氏体转变可在较小的过热度下完成。原始组织粗大，转变时原子需要作长距离的扩散，并且相界面相对减少，因此，相变就会出现滞后的现象[2]。由于珠光体是铁素体+碳化物两相的整合组织，它向奥氏体转变时有较多的界面，比铁素体转变为奥氏体容易，因此，在 A_{c1} 温度的转变一般需要很大的过热度。

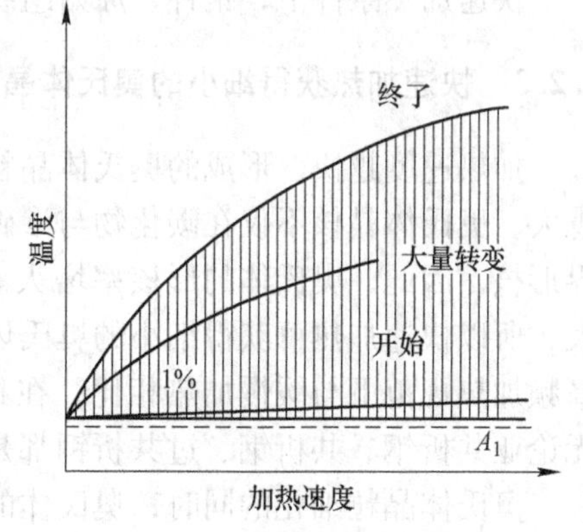

图 4-3　加热速度对珠光体向奥氏体转变温度范围的影响

在快速加热时，珠光体向奥氏体的转变不是一个恒温过程，而是在一定的温度范围内完成，如图 4-3 所示。加热速度越快，形成奥氏体的温度范围就越宽，且形成奥氏体的时间越短。加热速度对开始向奥氏转变的温度影响不大，但随着加热速度的提高，形成奥氏体的终了温度显著升高。且原始组织越不均匀，形成奥氏体的终了温度越高。

对 A_{c3} 的影响。亚共析钢在加热速度很大时，首先是珠光体向奥氏体转变，然后才是铁素体向奥氏体的转变，即只有在 A_{c3} 的温度下才能完成。在快速加热条件下，铁素体转变为奥氏体（即铁素体向奥氏体中熔解，原子要扩散较长距离）是在不断升温（使原子充分扩散）的过程中进行的，随着温度的升高，铁素体向奥氏体的转变加快[3]。加热速度越快，铁素体向奥氏体的转变温度越高。图 4-4 所示为不同加热速度下亚共析钢铁素体转变为奥氏体的温度曲线，由图可知，钢的碳含量越低（即铁素体的量越多），则需要的加热速度越大，才能使铁素体在更高的温度转变为奥氏体。说明随着加热速度的增大，转变温度不断升高。

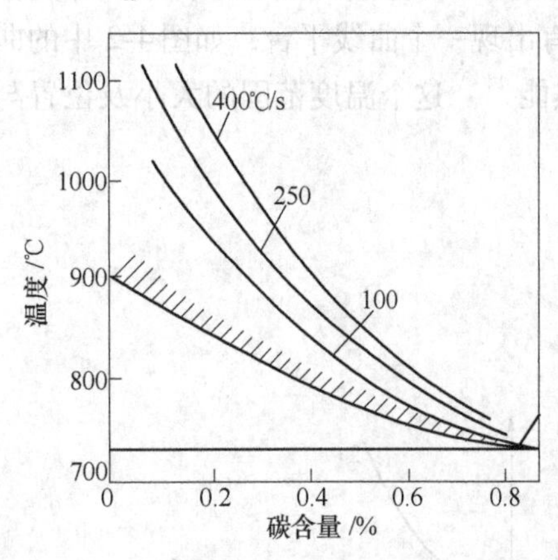

图 4-4 加热速度对亚共析钢 A_{c3} 的影响

对 A_{cm} 的影响。在缓慢加热速度下，二次渗碳体熔解（即渗碳体向奥氏体转变）过程伴随有部分渗碳体的聚集，这就导致二次渗碳体转变为奥氏体的速度变慢。在快速加热条件下，没有渗碳体的聚集现象，因而对渗碳体转变为奥氏体是有利的。加热速度对二次渗碳体转变为奥氏体的影响（即加热速度对 A_{cm} 的影响）与亚共析钢中对铁素体转变为奥氏体的影响（即加热速度对 A_{c3} 的影响）相似，随着加热速度的增大而使 A_{c3} 向更高的温度方向移动。

4.2.2 快速加热形成的奥氏体成分不均匀

快速加热条件下形成的奥氏体成分不均匀，且加热速度越快，形成的奥氏体成分越不均匀。由于加热速度快，原子来不及扩散，从而造成原铁素体领域转变成奥氏体的碳含量低，原渗碳体领域转变成的奥氏体的碳含量高。此外，由于大部分的合金元素以碳化物的形式存在，且合金元素的扩散系数也小，因此，合金钢在快速加热条件下，合金元素更难实现成分的相对均匀化[4]。

快速加热条件下，钢种、原始组织对转变后的奥氏体成分的均匀性也有很大影响。

4.2.3 快速加热获得细小的奥氏体晶粒

加热速度越快，形成的奥氏体晶粒越细小，这是由于加热速度越快，转变时的过热度越大，奥氏体晶核不仅在碳化物与渗碳体的相界面处形核，而且也可能在铁素体内的亚晶界形核，因此，奥氏体的形核率增大。且在快速加热的条件下，奥氏体晶粒也来不及长大，所以快速加热可获得细小的奥氏体晶粒。由图 4-5 可以看出，在保证得到最佳性能的高频加热规范下与缓慢加热相比，在相同加热温度下，高频加热得到较细的奥氏体晶粒，无论亚共析钢、共析钢、过共析钢都是这样。

奥氏体晶粒细化的同时，奥氏体的精细结构也将受到影响，即形成的奥氏体在组织应力和热应力作用下，在奥氏体晶粒内形成许多亚结构，如位错。加热速度越大，应力也越大，亚结构变得越细小。由于感应加热的加热速度快，奥氏体晶粒中的亚结构来不及进行

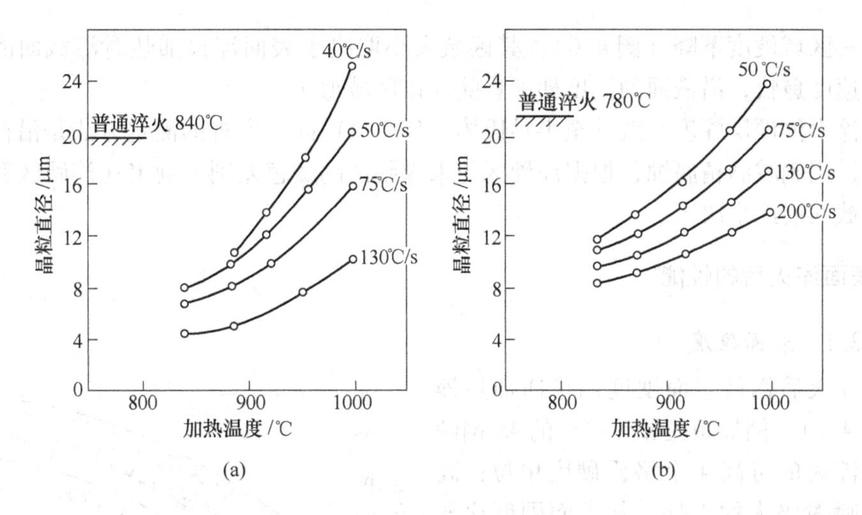

图 4-5 加热速度对奥氏体晶粒大小的影响
（a）40 钢；（b）T10

回复，故高频淬火后的马氏体细小，可获得隐晶马氏体组织。

此外，快速加热获得成分不均匀且细小的奥氏体晶粒，降低了过冷奥氏体的稳定性，使 C 曲线左移。

4.3 表面淬火后的组织和性能

4.3.1 表面淬火的金相组织

经表面淬火后钢件的金相组织与钢种、表面淬火前的原始组织及淬火加热时沿截面温度的分布有关，可以分为淬硬层、过渡层和心部组织三部分。

例如退火状态的共析钢经表面淬火后的组织为：表面为马氏体区（M）（少量残余奥氏体），过渡区为马氏体加珠光体（M + P），心部为珠光体（P）区。所以出现马氏体加珠光体区，是因为快速加热时奥氏体是在一个温度区间形成的，在温度低于奥氏体形成终了的温度区，感应淬火不发生组织变化，故为淬火前原始珠光体组织。

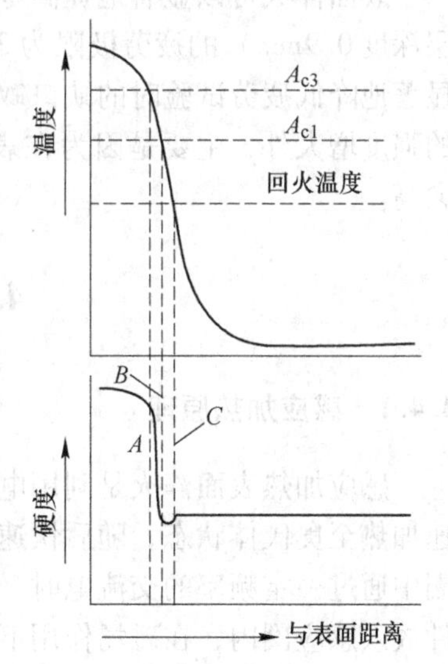

图 4-6 原始组织为调质状态的 45 钢表面淬火后沿截面硬度

如 45 钢经表面淬火后的组织：（1）若表面淬火前为正火，采用淬火烈度较大的淬火介质，奥氏体均能淬成马氏体，从表面到心部的金相组织为：马氏体区（M），马氏体加铁素体（M + F），马氏体加铁素体加珠光体区，珠光体加铁素体。（2）若表面淬火前调质处理，在截面上相当于 A_{c1} 与 A_{c3} 温度区的淬火组织中，未熔铁素体也分布得比较均匀。在淬火加热温度低于 A_{c1}，至相当于调质回火温度区，如图 4-6 中 C 区，由于其温度高于原调质回火温度而又低于临界点，因此将发生进一步回火现象。表面淬火将导致这一区域硬度下降（图4-6），其区域大小取决于表面淬火加热时沿截面的温度梯度。加热速度愈快，沿截面的温度梯度愈陡，该区域愈小。

表面淬火淬硬层深度一般计至半马氏体（50%M）区，宏观的测定方法是沿截面制取金相试样，用硝酸酒精腐蚀，根据淬硬区与未淬硬区的颜色差别来确定（淬硬区颜色浅）；也可测定截面硬度来决定。

4.3.2　表面淬火后的性能

4.3.2.1　表面硬度

表面淬火后钢件表面硬度比普通加热淬火高（图4-7）。例如激光加热淬火的45钢硬度比普通淬火的可高4个洛氏硬度单位；高频加热和喷射淬火的工件，其表面硬度比普通加热淬火的硬度也高2～3个洛氏硬度单位。由于加热速度快，奥氏体晶粒细小，亚结构细化，并且存在残余压应力，况且工件仅表层快速加热后快速冷却，要比整体淬火的冷却速度快得多，淬火后表层的高残余压应力有利于提高表面硬度。

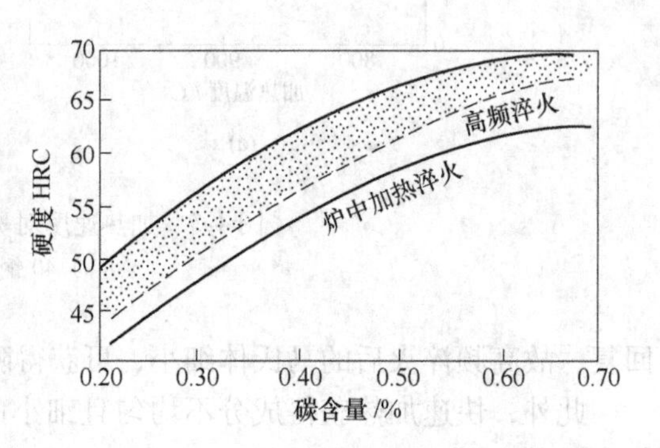

图4-7　碳含量对高频淬火的硬度的影响

4.3.2.2　耐磨性

快速加热表面淬火后工件的耐磨性比普通淬火高。快速表面淬火的耐磨性优于普通淬火，这也与其奥氏体晶粒细化，得到马氏体组织极为细小，碳化物弥散度较高，以及表面压应力状态等因素有关。这些都将提高工件抗咬合磨损及抗疲劳磨损的能力。

4.3.2.3　疲劳强度

表面淬火可以显著地提高零件的抗疲劳性能。例如40Gr钢，调质加表面淬火（淬硬层深度0.9mm）的疲劳极限为324N/mm^2，而调质处理的仅为235N/mm^2。表面淬火还可显著地降低疲劳试验时的缺口敏感性。表面淬火提高疲劳强度的原因，除了由于表层本身的强度增大外，主要是因为在表层形成很大的残余压应力。残余压应力愈大，抗疲劳性愈高。

4.4　感应加热表面淬火

4.4.1　感应加热原理

感应加热表面淬火是利用电磁感应原理，在工件表面层产生密度很高的感应电流，迅速加热至奥氏体状态，随后快速冷却得到马氏体组织的淬火方法，如图4-8所示。当感应圈中通过一定频率的交流电时，在其内外将产生与电流变化频率相同的交变磁场。金属工件放入感应圈内，在磁场作用下，工件内就会产生与感应圈频率相同而方向相反的感应电流。由于感应电流沿工件表面形成封闭回路，通常称为涡流。此涡流将电能变成热能，将工件的表面迅速加热。涡流主要分布于工件表面，工件内部几乎没有电流通过，这种现象称为表面效应或集肤效应。感应加热就是利用集肤效应，依靠电流热效应把工件表面迅速加热到淬火温度的。感应圈用紫铜管制做，内通冷却水。当工件表面在感应圈内加热到一定温度时，立即喷水冷却，使表面层获得马氏体组织。

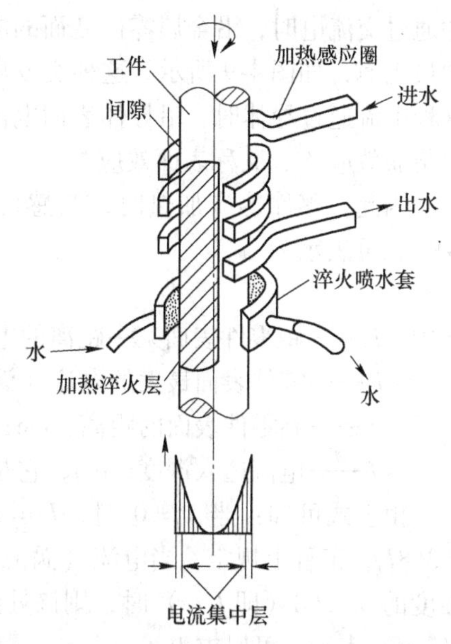

图 4-8 感应加热表面淬火示意图

感应电动势的瞬时值为：

$$e = -\frac{\mathrm{d}\Phi}{\mathrm{d}t}$$

式中 e——瞬时电势，V；

Φ——零件上感应电流回路所包围面积的总磁通，Wb，其数值随感应器中的电流强度和零件材料的磁导率的增加而增大，并与零件和感应器之间的间隙有关。

$\mathrm{d}\Phi/\mathrm{d}t$ 为磁通变化率，其绝对值等于感应电势。电流频率越高，磁通变化率越大，使感应电势 P 相应也就越大。式中的负号表示感应电势的方向与 $\mathrm{d}\Phi/\mathrm{d}t$ 的变化方向相反。

零件中感应出来的涡流的方向，在每一瞬时和感应器中的电流方向相反，涡流强度取决于感应电势及零件内涡流回路的电抗，可表示为[5]：

$$I = \frac{e}{Z}$$

$$Z = \sqrt{R^2 + X^2}$$

式中 I——涡流电流强度，A；

Z——自感电抗，Ω；

R——零件电阻，Ω；

X——阻抗，Ω。

由于 Z 值很小，所以 I 值很大。

零件加热的热量为：

$$Q = 0.24I^2Rt$$

式中 Q——热能，J；

t——加热时间，s。

对铁磁材料（如钢铁），涡流加热产生的热效应可使零件温度迅速提高。钢铁零件是硬磁材料，它具有很大的剩磁，在交变磁场中，零件的磁极方向随感应器磁场方向的改变而改变[6]。在交变磁场的作用下，磁分子因磁场方向的迅速改变将发生激烈的摩擦发热，因而也对零件加热起一定作用，这就是磁滞热效应。这部分热量比涡流加热的热效应小得多。钢铁零件磁滞热效应只有在磁性转变点 A_2（768℃）以下存在，在 A_2以上，钢铁零件失去磁性，因此，对钢铁零件而言，在 A_2点以下，加热速度比在 A_2点以上时快。

4.4.2 感应加热中产生的感应电流的特征

当一个金属零件通过直流电时，在金属零件的截面上电流的分布是均匀的；当金属零件通过交流电时，沿金属零件截面的电流分布是不均匀的，最大电流密度出现在金属零件的最表面，如图4-9所示。这种交变电流的频率越高，电流向表面集中的现象就越严重。这种电流通过导体时，沿导体表面电流密度最大，中心电流密度越小的现象称为高频电流的集肤效应[6]，又称表面效应。

因此，零件感应加热时，其感应电流在零件中的分布从表面向中心指数衰减（图4-9），可表示为

$$I_x = I_0 e^{-x/\delta}$$

式中 I_x——距零件表面某一距离的电流（涡流）强度，A；

I_0——零件表面最大的电流（涡流）强度，A；

x——到零件表面的距离，cm；

δ——电流透入深度，cm，它是与材料物理性质有关的系数。

由上式可知：当 $x=0$ 时，$I_x = I_0$；当 $x>0$ 时，$I_x < I_0$；当 $x = \Delta$ 时，$I_x = I_0/e = 0.368I_0$，工程上规定，当电流（涡流）强度从表面向内部降低到表面最大电流（涡流）强度的0.368（即 I_0/e）时，则该处到表面的距离就称为电流透入深度。电流透入深度用 δ(mm) 表示，可以求出

$$\delta = 50300\sqrt{\frac{\rho}{\mu f}}$$

可见，电流透入深度随着工件材料的电阻率的增加而增加，随工件材料的磁导率及电流频率的增加而减小。随温度提高，电阻率和磁导率会发生变化，见图4-10。可见当工件加热温度超过钢的磁性转变点 A_2 时，电流透入深度将急剧增加。此外，感应电流频率越高，电流透入深度越小，工件加热层越薄。因此，感应加热透入工件表层的深度主要取决于电流频率。

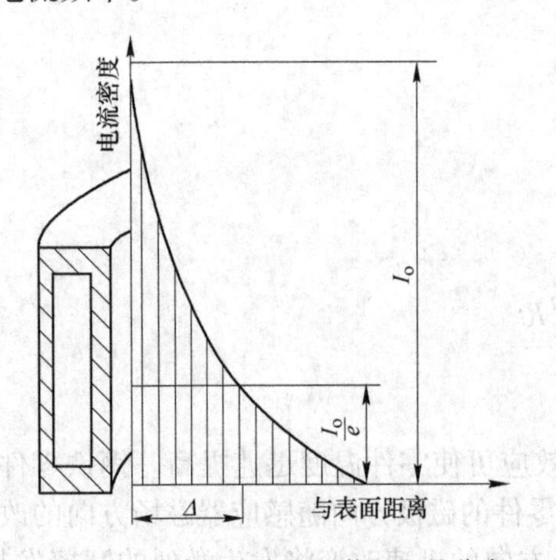

图4-9 感应电流在金属截面上的分布

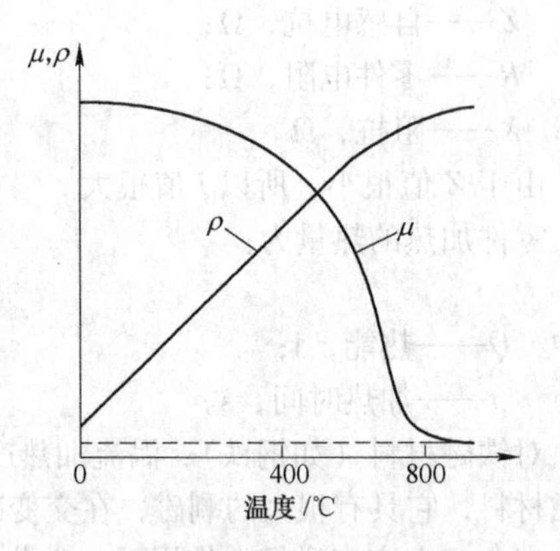

图4-10 钢的磁导率、电阻率与加热温度的关系

当电流频率为 f（Hz）时，把室温下和800℃时的 ρ 和 μ 代入公式，计算电流透入深度 δ（mm）：

$$\delta_{20} = \frac{20}{\sqrt{f}}\text{（20℃，冷态）}$$

$$\delta_{800} = \frac{500}{\sqrt{f}} \text{（800℃，热态）}$$

把 20℃时的电流透入深度 δ_{20} 称为冷态电流透入深度，而把 800℃的电流透入深度 δ_{800} 称为热态电流透入深度。

这样规定是由于分布在金属零件表面的电流（涡流），只在零件表面深度为 Δ 的薄层中通过，但它并不能全部用于将零件表面加热，而是有一部分热量被传到零件内部或心部损耗了[7]，此外，还有一部分热量向零件周围空间热辐射而损失。由于涡流所产生的热量与电流（涡流）强度的平方成正比，因此，由表面向内部的热量降低速率比涡流降低速率快得多。

4.4.3 感应加热的物理过程

感应加热开始时，工件处于室温，电流透入深度很小，仅在此薄层内进行加热。随着时间的延长，表面温度升高，薄层有一定深度，且温度超过磁性转变点 A_2 温度（或转变成奥氏体）时，此薄层变为顺磁体，交变电流产生的磁力线移向与之毗连的内侧铁磁体处，涡流移向内侧铁磁体处，由于表面电流密度下降，而在紧靠顺磁体层的铁磁体处，电流密度剧增，此处迅速被加热，温度也很快升高。此时工件截面内最大密度的涡流由表面向心部逐渐推移，同时自表面向心部依次加热，这种加热方式称为透入式加热。当变成顺磁体的高温层的厚度超过热态电流进入的深度后，涡流不再向内部推移，而按着热态特性分布，继续加热时，电能只在热态电流透入层范围内变成热量，此层的温度继续升高，如图 4-11 所示。与此同时，由于热传导的作用，热量向工件内部传递，加热层厚度增厚，这时工件内部的加热和普通加热相同，称为传导式加热。

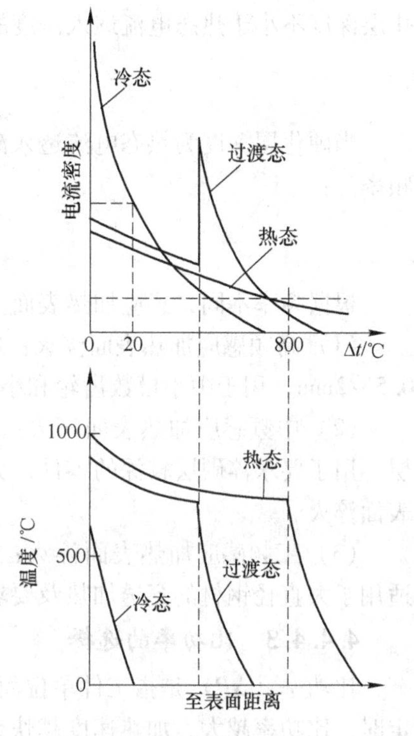

图 4-11 高频加热时零件截面电流密度与温度变化

透入式加热较传导式加热有如下特点：

（1）表面的温度超过 A_2 点以后，表层的加热速度变慢，因而表面不易产生过热，而传导式加热，表面持续加热，容易过热；

（2）加热迅速，热损失小，热效率较大；

（3）热量分布较陡，淬火后过渡层较窄，使表面压应力提高，有助于提高工件表面的疲劳强度。

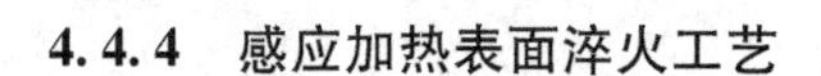

4.4.4 感应加热表面淬火工艺

4.4.4.1 预备热处理

表面淬火前的预备热处理不仅是为淬火做组织准备，更是为整个截面尤其是心部具备优良的力学性能。表面淬火前的预备热处理一般是调质或正火，对于性能要求较高的工件采用调质处理，要求低的工件采用正火处理。预备热处理一定要严格控制表面脱碳，以免降低表面淬火硬度。

4.4.4.2 设备的选择

根据工件尺寸及硬化层厚度要求，合理选择设备。

设备频率主要根据硬化层的厚度要求来选择。一般采用透入式加热，频率应符合

$$f < \frac{2500}{\delta_x^2}$$

式中 δ_x——要求的硬化层深度，cm。

频率的选择也不宜太低，否则需要相当大的比功率才能获得硬化层深度，且无功损耗太大。当感应器单位损耗大于0.4kW/cm²时，在一般冷却条件下会烧坏感应器，因此，硬化层深度不小于热态电流透入深度的四分之一，即所选频率下限应满足：

$$f > \frac{150}{\delta_x^2}$$

当硬化层深度为热态电流透入深度的40%~50%时，总效率最高，符合此条件的最佳频率为：

$$f_{最佳} > \frac{600}{\delta_x^2}$$

根据频率不同，感应加热表面淬火分为三类：

（1）高频感应加热表面淬火：电流频率为80~1000kHz，可获得的表面硬化层深度为0.5~2mm，用于中小模数齿轮和小轴的表面淬火。

（2）中频感应加热表面淬火：电流频率为2500~8000Hz，可获得3~6mm深的硬化层，用于要求淬硬层较深的零件，如发动机曲轴、凸轮轴、大模数齿轮、较大尺寸的轴的表面淬火。

（3）工频感应加热表面淬火：电流频率为50Hz，可获得10~15mm以上的硬化层，适用于大直径钢材的穿透加热及要求淬硬层深的大工件的表面淬火。

4.4.4.3 比功率的选择

比功率（ΔP）是指工件单位面积上吸收的电功率，单位为kW/cm²。当工件的尺寸一定时，比功率越大，加热速度越快，工件表面能够达到的温度也越高。当比功率一定时，频率越低，电流透入深度越深，加热速度越慢。

比功率大小的选择一般由工件尺寸、硬化层深度和设备的频率决定。在实际生产中还受设备输出功率的限制。

工件上获得的比功率很难测得，故常用设备比功率来表示，设备比功率为设备输出功率与零件同时被加热的面积之比，即：

$$\Delta P_{设} = P_{设}/A$$

式中 $P_{设}$——设备输出功率，kW；

A——同时被加热工件的面积，cm²。

工件比功率与设备比功率的关系是

$$\Delta P_{工} = \Delta P_{设} \cdot \eta / A = \Delta P_{设} \cdot \eta$$

式中 η——设备总效率，机械式中频机 η 为0.64，电子管式高频机 η 为0.4~0.5。

在实际生产中，比功率还要结合工件尺寸大小、加热方式及淬火后的组织、硬度及硬化层分布等做最后调整。

4.4.4.4 淬火加热温度和加热方式

淬火加热温度应根据材料、原始组织、工件硬化层的要求及加热速度来确定。由于感应加热速度快，奥氏体形成在较高温度下进行，奥氏体晶粒较细，并且一般不需要保温，为了在加热过程中能使先共析铁素体（亚共析钢）充分熔解，要求感应加热表面淬火采用较高的淬火加热温度。一般高频加热淬火温度要比普通加热淬火温度高30~200℃。加热速度越快，加热温度越高。淬火前的原始组织不同，也可适当地调整淬火加热温度。调质处理的组织比正火的均匀，可采用较低的温度。每种钢都有最佳加热规范，这可参见有关手册。

常用感应加热有两种方式：一种称同时加热法，即通电后工件需硬化的表面同时一次加热，通过控制一次加热时间来控制加热温度；另一种称连续加热法，即对工件需硬化的表面中的一部分加热，通过感应器与工件之间的相对运动使工件表面逐次加热，把已加热部位逐渐移到冷却位置冷却。连续加热法一般用于轴类、杆类及尺寸较大的平面加热。在连续加热条件下，通过控制工件与感应圈相对位移速度来实现加热温度。

4.4.4.5 冷却方式和冷却介质的选择

最常用的冷却方式是喷射冷却法、浸液冷却法和埋油淬火法。喷射冷却法即当感应加热终了时把工件置于喷射器之中，向工件喷射淬火介质进行淬火冷却，可以通过调节液体压力、改变液体温度及喷射时间来控制其冷却速度。浸液冷却法即当工件加热终了时，将工件浸入到淬火介质中进行冷却。埋油淬火法是将细、薄工件或合金钢齿轮，为减少变形、开裂，将感应器与工件同时放入油槽中加热，断电后直接冷却。

常用的淬火介质有水、聚乙烯醇水溶液、聚丙烯醇水溶液、乳化液和油。一般碳素结构钢和球铁工件采用水冷，对低合金钢及结构形状复杂的碳钢零件采用聚乙烯醇水溶液、聚丙烯醇水溶液，乳化液和油。

4.4.4.6 回火工艺

感应加热淬火后一般只进行低温回火，其主要目的是为了降低残余应力和降低脆性，但尽量保持高硬度和高的表面残余压应力。回火方式有炉中回火、自回火和感应加热回火。

（1）炉中回火是将工件放到加热炉内回火。温度较低，一般为150~180℃，时间为1~2h。

（2）自回火是利用缩短喷射冷却时间，使硬化层内层的残余热量传到硬化层进行回火。由于自回火时间短，在达到同样硬度条件下回火温度比炉中回火温度要高。自回火不仅简化了工艺，而且对防止淬火裂纹也很有效。自回火的主要缺点是工艺不易掌握。

（3）感应加热回火。为了降低过渡层的拉应力，加热层的深度应比硬化层深一些，故常用中频或工频加热回火。感应加热回火比炉中回火加热时间短，显微组织中碳化物弥散度大，因此耐磨性高，冲击韧性较好，而且容易在流水线上生产。感应加热回火要求加热速度小于15~20℃/s。

4.4.5 感应器设计简介

感应器是将高频电流转化为高频磁场对工件实行感应加热的能量转换器，它直接影响工件加热淬火的质量和设备的效率。良好的感应圈应能保证工件有符合要求的均匀分布的硬化层，高的电效率，以及容易制造，便于安装和使用。

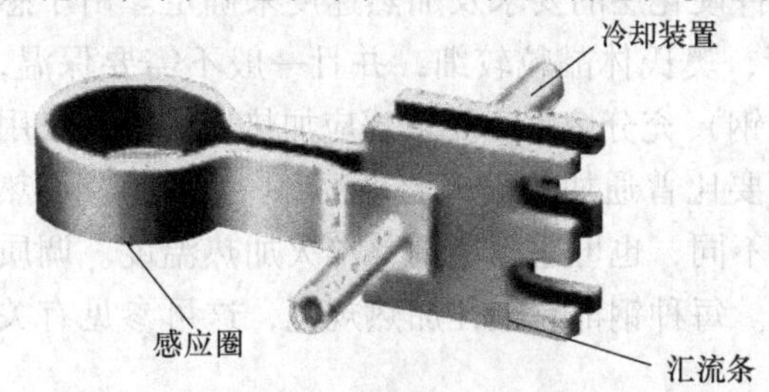

图 4-12 感应器示意图

感应器中的电流密度很大，故所用材料的电阻率必须尽可能的低。一般感应器材料采用电解铜，通常是用紫铜管制成。在要求极高的情况下，例如脉冲淬火，感应器由银制成。有的感应器用紫铜制成，但外表面镀银。

感应器主要由感应圈、汇流条、冷却装置、定位紧固部分组成，见图 4-12。

4.4.5.1 感应线圈形状与结构的设计

感应线圈的几何形状主要根据工件加热部位的几何形状、尺寸及选择的加热方式来设计。设计感应线圈时必须要考虑感应加热时的几种效应。常见的形状见图 4-13。

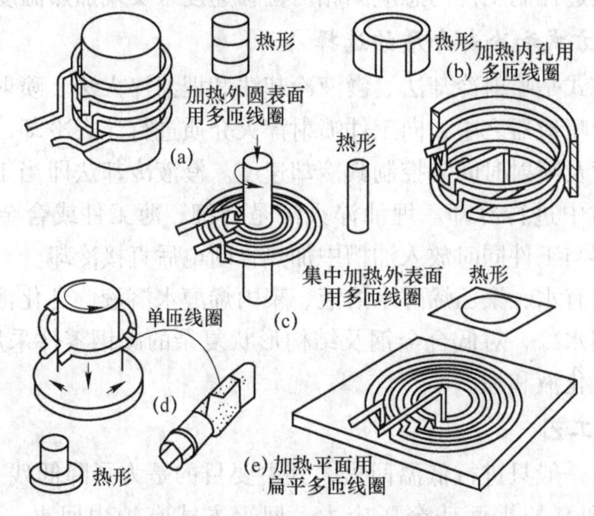

图 4-13 几种常见的感应器示意图

A 邻近效应

两个相邻载有高频电流的金属导体相互靠近时，由于磁场的相互影响，磁力线将发生重新分布，导致电流的重新分布，如图 4-14 所示。两个载流导体的电流方向相同时，电流从两导体的外侧流过，即导体相邻表面的电流密度最小；反之，如果两个载流导体的电流方向相反时，电流从两导体内侧流过，即导体相邻表面的电流密度最大，这种现象称为高频电流的邻近效应[8]。频率越高，两导体靠得越近，邻近效应就越显著。

邻近效应在感应加热中有实际意义。由于感应器内的高频电流与零件的感应电流方向总是相反，因此，对感应加热有利。但是，由于邻近效应，只有当感应器与零件间隙处处相等时，涡流在零件表面上的分布才是均匀的，如图 4-14 所示。对圆柱形零件，为实现均匀加热，通常借用淬火机床，使零件在加热过程中以一定速度旋转，消除邻近效应的影响，实现均匀加热。

当零件加热区有特殊要求时，就要直接运用交流电的邻近效应来设计感应器的形状，即感应器的形状应与零件加热区的形状相似，如图 4-15 所示。零件上感应产生的涡流是沿着符合于感应器形状的路径流过的。零件仅在此区域被局部加热，因此，为取得较好的加热效果，在设计感应器形状与结构时，必须考虑感应器与零件加热区形状相似。

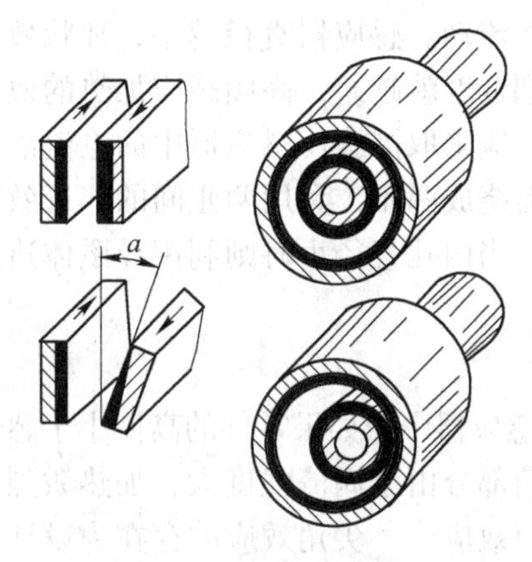

图 4-14 高频感应的邻近效应

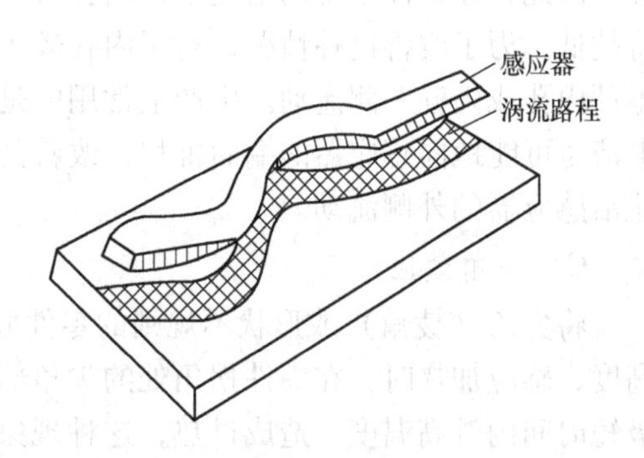

图 4-15 零件中涡流沿感应器形状分布的情况

B 环状效应（也称圆环效应或环流效应）

高频电流通过圆柱状、圆环状或螺旋圆柱管状件时，最大的电流密度分布集中在圆柱状（圆环状或螺旋圆柱管状）零件的内侧，即圆环内侧的电流密度最大，这种现象称为环状效应，如图 4-16 所示。当电流频率高时，电流只在圆柱状（圆环状或螺旋圆柱管状）内侧表面流动，圆柱状（圆环状或螺旋圆柱管状）的外侧没有电流流过。

感应器形状大多呈圆柱状、圆环状或螺旋圆柱管状。在环状效应的作用下，高频电流聚集在感应器内侧，对于零件表面进行感应加热是十分有利的。这时加热热量损失少，热效率高，加热速度快[10]。但进行内孔加热时，由于环状效应的作用，增大了感应器与零件的实际间隙，如图 4-17 所示。在这种情况下加热，热量损失多，热效率低，加热速度慢。在实际生产过程中，为了弥补环状效应和间隙增大所造成的损失，常在加热内孔（或加热平面）时，在感应器上安装导磁体。加上导磁体，感应加热时的电流被推向感应器的

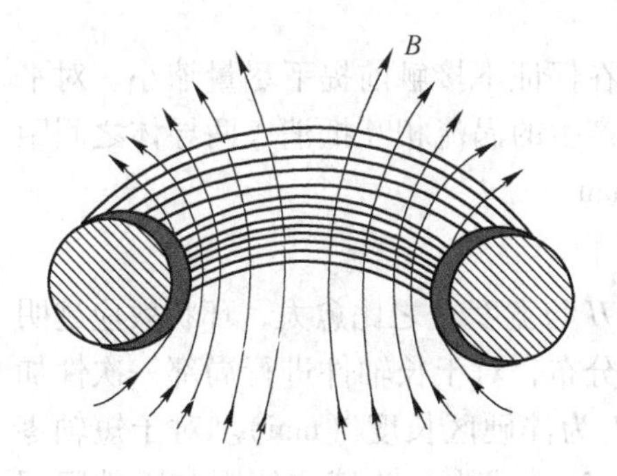

图 4-16 高频电流的环状效应

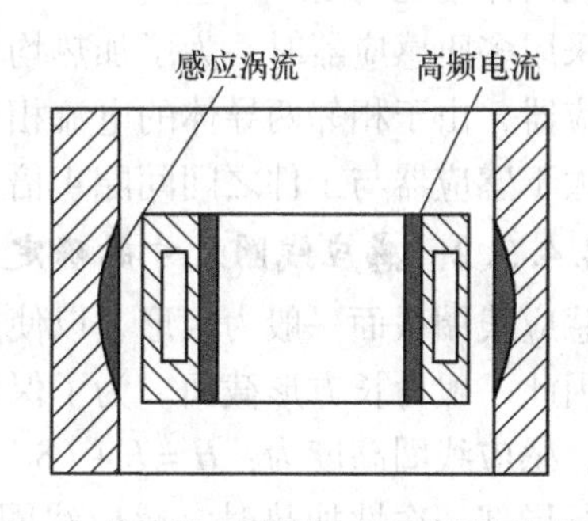

图 4-17 加热内孔时高频电流和涡流的相对位置

外侧，与零件表面靠近，从而减小了感应器与零件间的实际间隙，因此，可以减少热量损失，提高加热效率。

环状效应的大小与电流频率和圆环状的曲率半径有关。频率越高，曲率半径越小，环状效应越显著。加热圆筒形零件的外表面时，邻近效应与环状效应是一致的，都将使感应器中的电流沿感应器的内侧流动，这样就减小了感应器与零件之间的间隙，有效地提高了耦合度。相反，在加热零件内孔或内壁时，邻近效应与环状效应恰好相反。环状效应使电流沿感应器内侧流动，而邻近效应则促使电流向外侧流动。感应器直径越小，环状效应越强。因此，在条件不变的情况下，内孔直径越小，耦合度就越差，高频感应加热的效率也将越低。为了改善这种情况，对于内孔较小的零件，应采取措施使感应器中的电流沿靠近零件内孔或内壁一侧流动。生产上常用的是将感应器绕成两匝，利用两匝间的邻近效应将电流尽可能地向感应器的端面推移，改善其耦合度。当内孔直径小时则利用导磁体迫使电流沿感应器的外侧流动。

C　尖角效应

将尖角（棱角）或形状不规则的零件放在环形感应器中，如果零件的高度小于感应器高度，感应加热时，在零件拐角处的尖角部位或棱角部分由于涡流强度大，加热激烈，在极短时间内升高温度，造成过热，这种现象称为尖角效应[9]。尖角效应的存在为设计和制造感应器提供了依据，即对有尖角或形状不规则的零件，必须考虑适当加大感应器和零件的间隙，如图 4-18 所示。

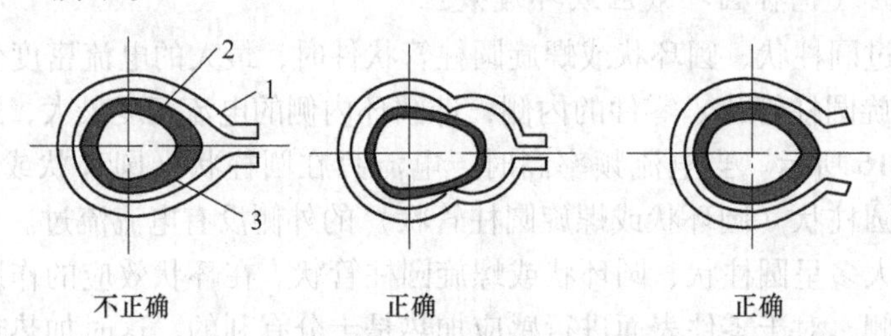

图 4-18　尖角效应对淬硬层深度的影响
1—感应器；2—凸轮；3—淬硬层

感应线圈的匝数，一般采用单匝，当工件直径较小时可采用双匝或多匝。感应线圈匝数增加，一方面有利于提高效率；另一方面则增加了感抗，增加了损耗。采用多少匝有利，视具体情况而定。

采用多匝感应器时，为了加热均匀，匝间距离应在保证不接触前提下尽量缩小。对平面感应器，由于相邻两导体的电流相反，为了避免其产生的涡流相互抵消，两导体之间距离应大于感应器与工件之间间隙 4 倍，通常为 6 ~ 12mm。

4.4.5.2　感应线圈尺寸的确定

感应线圈截面一般为矩形，以使加热均匀，高度 H 与宽度 B 之比愈大，环状效应越明显，因此一般为长方形截面。为了保证硬化层的均匀分布，对于长轴件进行局部一次性加热时，感应线圈高度为：$H = L + (8 \sim 10\text{mm})$，式中 L 为淬硬区长度（mm）。对于短轴零件进行局部一次性加热时，感应线圈高度为：$H = L - 2a$，式中 a 为感应线圈与工件间间隙。如果轴形零件的淬硬区较长，可采用多圈感应器或移动连续加热。

为了减小磁力线在大气中逸散损失，尽量减小感应线圈与工件之间的间隙，一般工件直径小于30mm时，间隙为1~2.5mm；直径大于30mm，间隙为2.5~5.0mm。

4.4.5.3 感应线圈的驱流及屏蔽

为了提高感应线圈的效率，减少磁力线的逸散，在内孔、平面加热时广泛采用导磁体。图4-19所示为内孔加热时感应线圈卡上导磁体后增大了内侧的电感，所以改变了电流分布，使高频电流沿着电感较小的缺口部位通过。

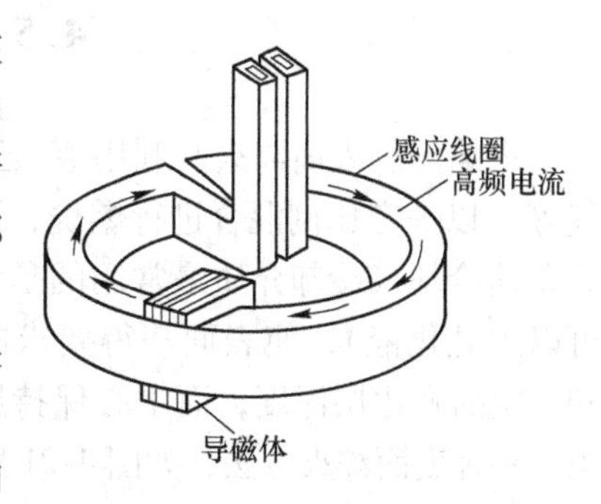

图4-19 导磁体的驱流作用

感应加热时为了避免引起相邻部位的加热，可以采用屏蔽的方法。常采用铜环屏蔽和铁磁材料（硅钢片）磁短路环屏蔽，如图4-20所示。铜环屏蔽，当感应加热时所产生的磁力线穿过铜环时，铜环产生涡流，涡流所产生磁力线的方向与感应器产生的方向恰好相反，使上部不需要加热部位没有磁力线通过，避免了加热。铁磁材料（硅钢片）磁短路环屏蔽由于它们的磁阻较工件小，逸散的磁力线优先通过磁短路环而达到屏蔽目的。

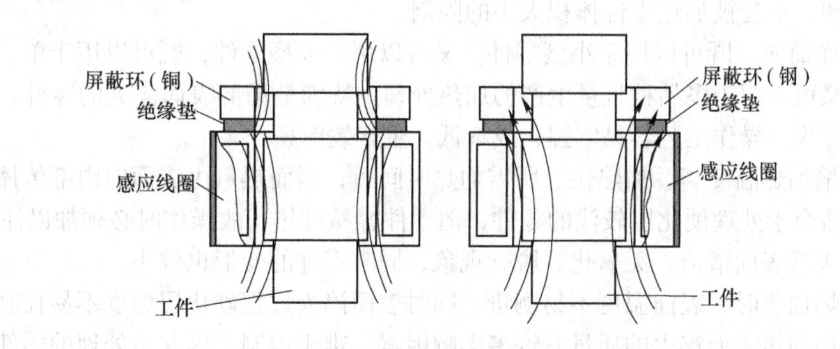

图4-20 磁屏蔽原理示意图

4.4.6 感应加热表面淬火的特点

（1）感应加热时，由于电磁感应和集肤效应，工件表面在极短时间里达到A_{c3}以上温度，而工件心部仍处于相变点之下。中碳钢高频淬火后，工件表面得到马氏体组织，往内是马氏体加铁素体加托氏体组织，心部为铁素体加珠光体或回火索氏体原始组织。

（2）感应加热升温速度快，加热温度高，过热度大，基本上无保温时间，因此淬火后表面得到细小的隐晶马氏体，表面硬度比一般淬火的硬度高2~3HRC。工件的耐磨性比普通淬火高。

（3）感应加热表面淬火，工件表层变为马氏体组织，体积膨胀，在工件表层产生很大的残余压应力，因此可以显著提高其疲劳强度并降低缺口敏感性。

（4）感应加热淬火件的冲击韧性与淬硬层深度和心部原始组织有关。同一钢种淬硬层深度相同时，原始组织为调质态比正火态冲击韧性高，原始组织相同时，淬硬层深度增加，冲击韧性降低。

（5）感应加热淬火时，由于无保温时间，工件氧化和脱碳少得多，工件淬火变形小。

（6）感应加热淬火的生产率高，便于实现机械化和自动化，淬火层深度又易于控制，适于批量生产形状简单的机器零件，被广泛应用。

4.5 火焰加热表面淬火

火焰加热表面淬火是利用氧-乙炔气体或其他可燃气体（如天然气、焦炉煤气、石油气等）以一定比例混合进行燃烧，形成强烈的高温火焰，将零件迅速加热至淬火温度，然后急速冷却（冷却介质最常用的是水，也可以用乳化液），使表面获得要求的硬度和一定的硬化层深度，而中心保持原有组织的一种表面淬火方法，如图4-21所示。

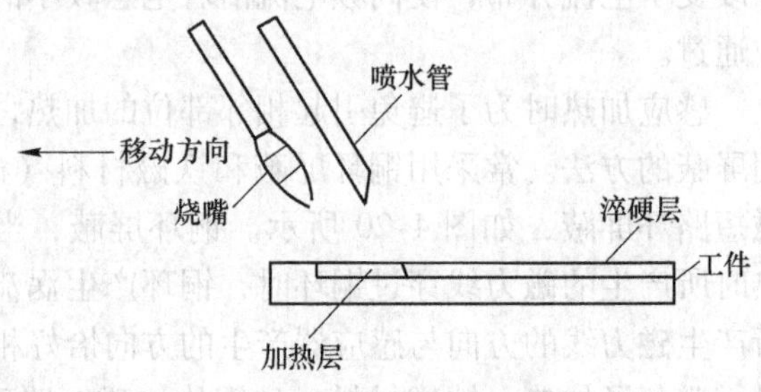

图4-21 火焰加热表面淬火示意图

火焰加热表面淬火的特点如下：

（1）火焰加热的设备简单，使用方便，设备投资少。

（2）设备体积小，可以灵活搬动，使用非常方便，不受被加热零件体积大小的限制。

（3）操作简便，既可以用于小型零件，又可以用于大型零件；既可以用于单一品种的加热处理，又可以用于多品种批量生产的加热处理。特别是局部表面淬火的零件，使用火焰加热表面淬火，操作工艺容易掌握，成本低，生产效率高。

（4）火焰加热温度高、加热快、所需加热时间短，因而热量由表面向内部传播的深度浅，所以最适合于处理硬化层较浅的零件，但零件容易过热，故操作时必须加以注意。

（5）淬火后表面清洁，无氧化、脱碳现象，同时零件的变形也较小。

（6）火焰加热时，表面温度不易测量，同时表面淬火过程硬化层深度不易控制。

（7）火焰加热表面淬火的质量有许多影响因素，难于控制，因此被处理的零件质量不稳定。

4.5.1 火焰结构及其特性

火焰淬火可用下列混合气体作为燃料：（1）煤气和氧气（1:0.6）；（2）天然气和氧气（(1:1.2)~(1:2.3)）；（3）丙烷和氧气（(1:4)~(1:5)）；（4）乙炔和氧气（(1:1)~(1:1.5)）。不同混合气体所能达到的火焰温度不同，最高的是氧、乙炔焰，可达3100℃，最低为氧、丙烷焰，可达2650℃，通常用氧、乙炔焰，简称氧炔焰。乙炔和氧气的比例不同，火焰的温度不同，火焰的性质也不同，可分为还原焰、中性焰或氧化焰。火焰分三区：焰心、还原区及全燃区。其中还原区温度最高（一般距焰心顶端2~3mm处温度达最高值），应尽量利用这个高温区加热工件。

4.5.1.1 火焰的组成与调整

火焰加热表面淬火一般采用特制的喷嘴。氧-乙炔气体混合后经喷嘴喷射出而燃烧。图4-22所示为氧-乙炔火焰所形成的中性焰的组成及沿火焰长度温度分布情况。火焰还原区温度最高（一般距焰心顶端2~3mm处温度达到最高值），火焰加热表面淬火就是利用这部分火焰的高温区加热零件。

4.5.1.2　火焰淬火喷嘴

火焰淬火采用特别的喷嘴，有孔型喷嘴、缝隙型喷嘴和筛孔或多孔喷嘴。整个喷头由喷嘴、带混合阀的手柄管和一个紧急保险阀组成，且有通水冷却装置。

根据工件形状不同，喷嘴可以设计成不同的结构。图4-23为典型的火焰喷头结构图，图4-24所示为几种不同形状工件淬火用的喷嘴。

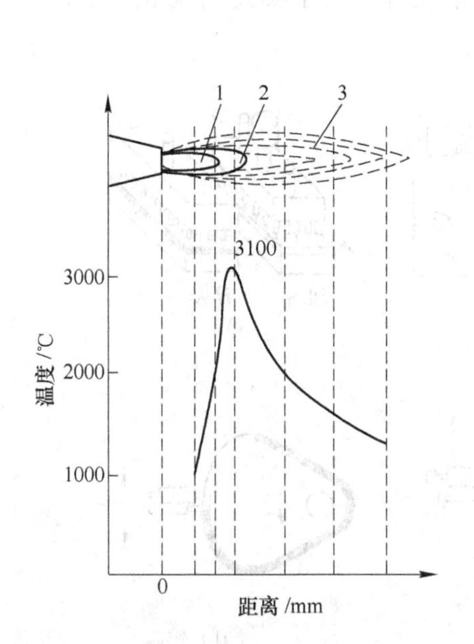

图4-22　氧-乙炔火焰所形成的中性火焰的组成及沿火焰长度温度分布

1—焰心；2—还原区；3—全燃区

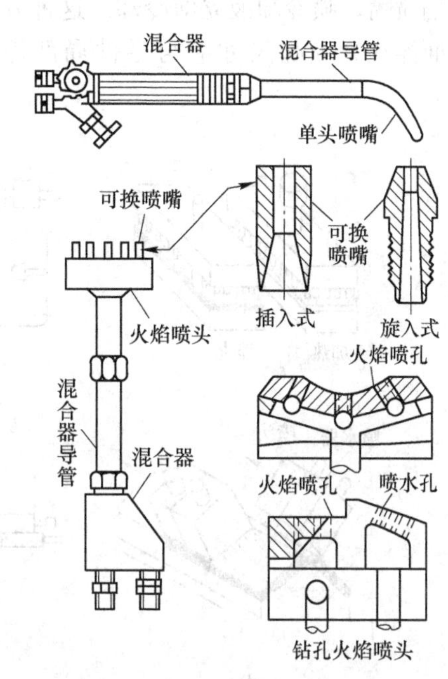

图4-23　典型的火焰喷头结构图

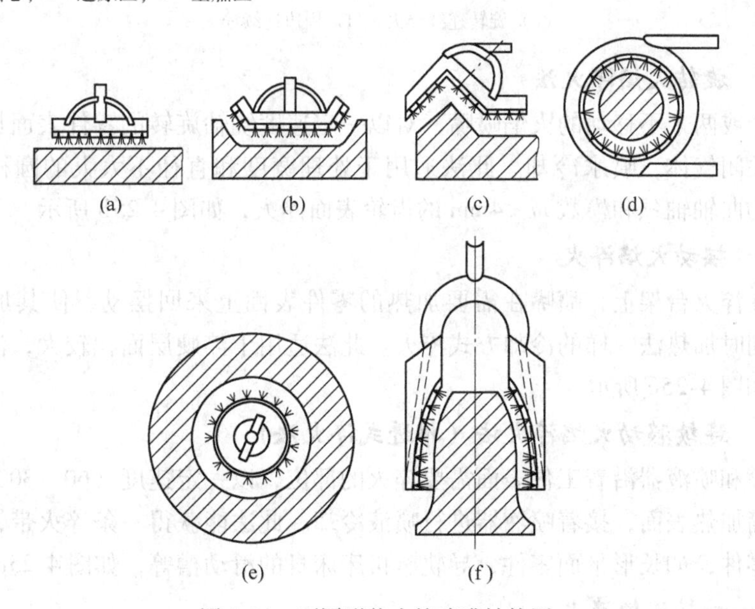

图4-24　不同形状火焰喷嘴结构图

(a) 平面喷嘴；(b) 翘形喷嘴；(c) 三角形喷嘴；(d) 圆环喷嘴；(e) 内口喷嘴；(f) 钳形喷嘴

4.5.2 火焰淬火工艺

4.5.2.1 同时加热淬火

被处理工件与喷嘴都不动，零件放在淬火工作台上加热到淬火温度后，关闭气体，移开火焰喷嘴，喷冷却液立即冷却。这种方法适用于较大批量生产淬火部位不大的零件的局部表面淬火，喷嘴尺寸应与零件局部淬火形状相配合，便于实现自动化，如图4-25a所示。

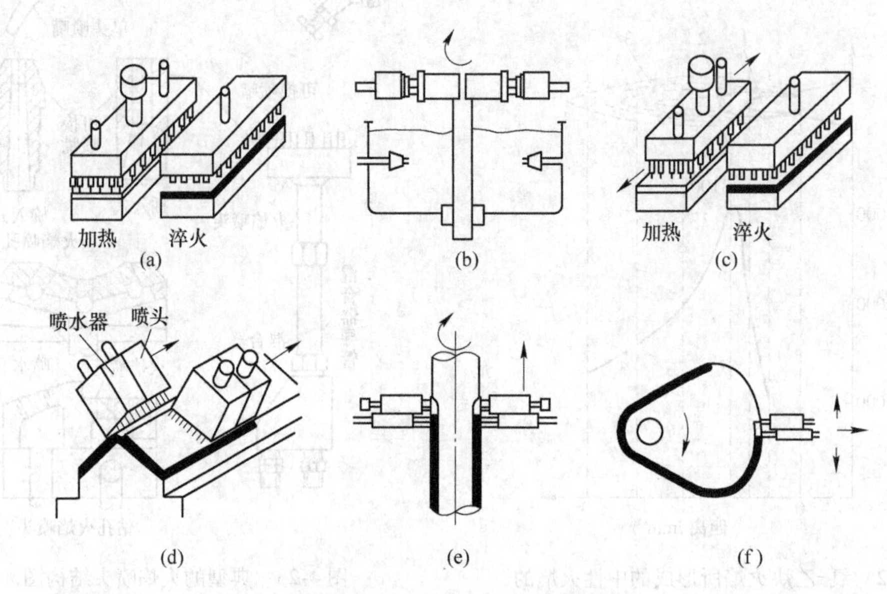

图4-25 火焰表面淬火操作方法

(a) 同时加热淬火；(b) 旋转淬火；(c) 摆动淬火；(d) 推进淬火；(e) 旋转连续淬火；(f) 周边连续淬火

4.5.2.2 旋转火焰淬火法

利用一个或两个不移动的火焰喷嘴，对以一定速度绕轴旋转的零件表面加热，达到淬火温度后，关闭气体，喷水冷却。此法适用于处理宽度和直径不太大的圆柱和圆盘形零件，如小型的曲轴轴颈和模数 $m<4$mm 的齿轮表面淬火，如图4-25b所示。

4.5.2.3 摆动火焰淬火

零件放在淬火台架上，喷嘴在需要加热的零件表面上来回摆动，使其加热到淬火温度，采用和同时加热法一样的冷却方式淬火。此法适用于淬硬层面积较大，淬硬层深度较深的工件，如图4-25c所示。

4.5.2.4 连续移动火焰淬火法（推进式淬火法）

火焰喷嘴和喷液器沿着工件表面需要淬火的部位，以一定速度（60～300mm/min）移动，火焰喷嘴加热表面，接着喷液器进行喷液冷却。此法能获得一条淬火带，适用于处理硬化区大的零件，如长形平面零件，导轨、机床床身的滑动槽等，如图4-25d所示。

4.5.2.5 旋转连续淬火

利用火焰喷嘴与喷液器相对被淬火零件的中心做平行直线运动，零件以一定速度（75～

150r/min）绕轴旋转，连续加热和冷却。这种方法适用于处理直径与长度大的零件，如长轴类零件的表面淬火，如图4-25e所示。

4.5.2.6　周边连续淬火法

利用火焰喷嘴与喷液器沿着淬火零件的周边做曲线运动来加热零件的周边和冷却。这种方法适用于处理大型曲面盘等零件的表面淬火，如图4-25f所示。

4.5.3　影响火焰表面淬火质量的因素

（1）火焰形状与喷嘴结构有关，为了使加热区温度均匀，通常采用多头喷嘴以达到淬火表面温度合理分布，确定火焰最佳形式。

（2）火焰喷嘴与零件表面距离。火焰最高温度区在距焰心顶2～3mm处，工件表面离这个部位的远近，直接影响工件表面的加热速度。火焰喷嘴与零件之间的距离一般保持在6～8mm，过大加热温度不足，过小会造成过热。

（3）火焰喷嘴与零件相对移动速度。硬化层深度要求较深，则相对移动速度应小，反之，相对移动速度应大。通常在50～300/min。

（4）火焰喷嘴与喷液器间的距离。火焰喷嘴与喷液器间的距离太近，有可能喷到火焰上，造成火焰熄灭，影响加热；距离太远，零件加热可能不足。

4.6　其他表面淬火法

4.6.1　激光加热表面淬火

激光淬火是利用激光将材料表面加热到相变点以上，随着材料自身冷却，奥氏体转变为马氏体，从而使材料表面硬化的淬火技术。

激光淬火装置主要是CO_2气体激光器，它所发生的激光波长为10.6μm，此波长具有很好的大气透过率，很多物质对此波长的辐射线具有一定吸收率；它具有输出功率大（20～100kW）、效率高（可达20%～40%）、持续工件时间长等优点。激光加热金属主要是通过光子同金属材料表面的电子和声子的能量交换，使处理层材料温度升高，在10^{-7}～10^{-9}s之内就能使作用深度内达到局部热平衡，在金属材料表面形成的这层高温“热层”继而又作为内部金属的加热热源，并以热传导方式进行传热。激光加热表面淬火就是以高能量激光作为能源以极快速度加热工件并自冷淬火的工艺。其实质就是利用激光产生的热量对工件表面进行处理的过程，它是一种新型的热处理工艺技术。

激光加热与一般加热方式不同，它是以激光束扫描的方式进行的。目前扫描方式有三种：散焦激光束单程扫描、散焦激光束交叠扫描、摆动激光束加热。通过控制扫描速度和功率密度则可控制工件表面温度和加热深度。一般是当功率密度小时，加热时间长，淬硬层深，反之，则淬硬层浅。用激光加热表面时，为了使表面不受损伤（过热或烧伤），表面温度一般不应超过1200℃，并规定最大淬硬层深度是从表面向内到900℃处。激光具有较强的反射能力，吸收率仅为10%左右，为了提高表面的吸收率，在激光热处理前，工件表面做黑化处理，如磷化、氧化、涂石墨等。

当涂层材料和工件的化学成分一定时，改变激光束功率密度和激光束扫描速度，可获得不同硬化层深度、硬度值及组织等，以达到所需的力学性能。硬化层的组织则与工件的化学成分有关。一般碳素钢的激光硬化层组织基本上是细针状马氏体；合金钢则为板条马氏体＋碳化物＋少量残余奥氏体等。激光硬化层与基体交界的过渡区组织极为复杂，呈多相状态。激光束未照射部位仍为原始金相组织。表4-1为几种常用钢材的激光淬火工艺参数与力学性能及组织的关系。

表4-1 几种常用钢材的激光淬火工艺参数与力学性能及组织的关系

材料	功率密度 /$W \cdot cm^{-2}$	功率/W	涂料	扫描速度 /$mm \cdot s^{-1}$	硬化层深度 /mm	硬度 (HV)	金相组织
20	4.4×10^3	700	炭素墨汁	19	0.3	476.8	板条状马氏体＋少量针状马氏体
45	2×10^3	1000	磷化	14.7	0.45	770.8	细针状马氏体
T10A	3.4×10^3	1200	炭素墨汁	10.9	0.38	926	隐晶马氏体
GCr15	3.4×10^3	1200	炭素墨汁	19	0.45	941	隐晶马氏体
40CrNiMoA	2×10^3	1000	石墨	14.7	0.29	617.5	隐晶马氏体＋合金碳化物

与普通热处理相比，激光加热表面淬火具有如下特点：

（1）加热速度极快，工件热变形极小。由于激光功率密度很高，加热速度可达1010℃/s，因而热影响区小，工件热变形小。

（2）冷却速度很高，在工件有足够质量前提下，冷速可达1023℃/s；不需冷却介质，靠热量由表向内的传导自动淬火。

（3）工件经激光淬火后表面获得细小的马氏体组织，其表面硬度高（比普通淬火硬度值高15%~20%）、疲劳强度高（表面具有4000MPa以上的残余压应力）。

（4）由于激光束扫描（加热）面积很小，可十分精确地对形状复杂的工件（如有小槽、盲孔、小孔、薄壁零件等）进行处理或局部处理，也可根据需要在同一零件的不同部位进行不同的处理。

（5）不需要加热介质，不会排出气体污染环境，有利于环境保护。

（6）节省能源，并且工件表面清洁，处理后不需修磨，可作为工件精机械加工的最后一道工序。

激光加热表面淬火最大的不足是激光发生器价格昂贵。

因为激光加热表面淬火具备以上优点，因此虽然开发时间较短，但进展较快，已在一些机械产品的生产中获得成功应用，例如变速箱齿轮、发动机气缸套、轴承圈和导轨等。

4.6.2 电解液加热表面淬火

电解液加热表面淬火是将零件放置在电解液中，以零件作为阴极，电解液槽作为阳极，并加一定的直流电压，使电解液电解，而产生阴极效应将零件表面快速加热，断电后电解液快速将工件冷却，使表面获得马氏体组织。图4-26所示为电解液加热表面淬火装置，其加热原理如下。

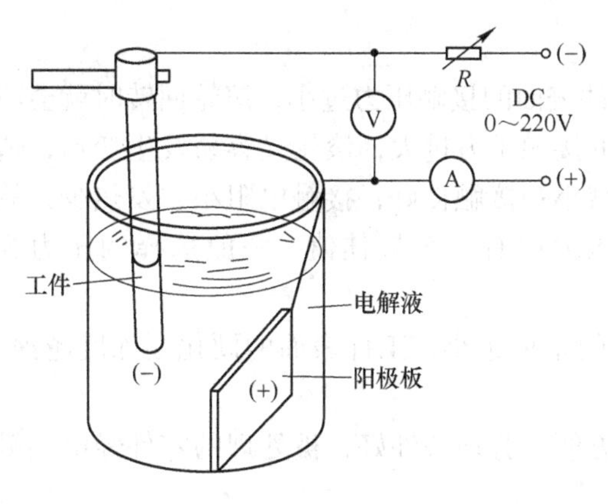

图 4-26 电解液加热表面淬火装置

将需要表面淬火的零件表面浸入到电解液中，作为阴极，盛放电解质溶液的金属容器作为阳极，或者电解质溶液中的一定位置上放置金属板（铝、不锈钢或铜）作为阳极，在两极之间加上一定的直流电压，电解质发生电解，在阳极上放出氧气，在被加热零件即阴极上析出氢气。由于零件浸入电解液中的面积不大，零件的表面被析出的具有高电阻的氢气膜所包围，将零件表面与电解液隔开，电流通过时，气膜产生大量的热量，使零件浸入部分的表面迅速加热。断电后，气膜立即消失，周围的电解液迅速将工件冷却，达到淬火的目的。

电解液一般是5%～15%的 Na_2CO_3 的水溶液，该电解液对工件没有腐蚀性，成本低。施加150～300V的直流电压，通入的电流密度为3～15A/cm^2，加热时间要根据通入的电压、电流及硬化层的深度来定，一般为几秒到几十秒。

电解液加热淬火工艺简单，生产率高，加热时间短，无氧化现象，变形小，可纳入生产流水线，并且加热装置成本低，结构简单，可以自制。但操作不当，极易使零件被加热表面过热或烧熔，并且电解液加热表面淬火操作的调整时间较长，不适合批量生产。

4.6.3 电接触加热表面淬火

借助于一个特制的可移动的电极与零件表面接触，电极通入低电压大电流，利用工件表面和电极的接触电阻所产生的热量将零件表面迅速加热，并利用工件自行冷却淬火的热处理工艺称为电接触加热表面淬火（也称电接触加热自冷表面淬火）。

图4-27为电接触加热表面淬火装置示意图，一般用铜或石墨制滚轮作为一个电极，滚轮与工件表面接触，在接触点上产生接触电阻，利用滚轮在被加热工件表面的移动过程将接触部分加热。电接触加热的零件表面很薄，当滚轮移开后，该处通过自身的热传导而迅速冷却，淬火形成马氏体组织。这样一来，凡滚轮经过的表面都被表面淬火。有时为了加快冷却速度，可以在滚轮后面附近安装一个压缩空气喷嘴。

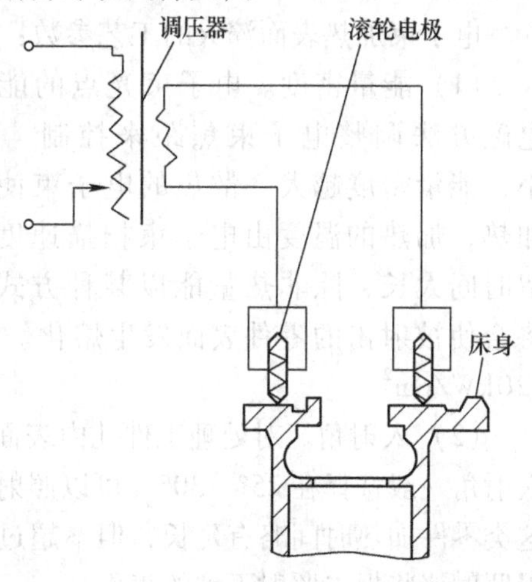

图 4-27 电接触加热表面淬火示意图

影响表面硬化层深度的因素：

(1) 电流强度。电流强度越大，表面硬化层深度越深。实际生产应用中的滚轮上的电流强度一般选择在400～600A范围之内。

(2) 滚轮回转速度。滚轮回转速度是指滚轮与工件表面的接触时间。滚轮回转速度越快，与表面接触的时间越短，表面硬化层越浅。实际生产中滚轮回转速度一般选择在2～

3m/min 范围内。

（3）滚轮与零件表面接触压力。滚轮与工件表面的接触压力过小，滚轮回转时就会不平稳，容易产生打电弧现象；滚轮与工件表面的接触压力过大，滚轮又容易发生变形，造成滚轮与工件表面的接触面积增加，电流密度减小；接触良好，接触电阻小，发热少，故硬化层深度浅。因此，滚轮与工件表面接触压力应有一个最佳值，一般选择的压力为 40～60MPa。

（4）两个滚轮之间的距离。两个滚轮之间的距离越小，工件表面的硬化层深度越深。一般两个滚轮之间距离选择在 30～40mm。

电接触加热表面淬火加热设备简单，操作方便，劳动条件好，被处理的零件经电接触加热表面淬火后具有高硬度和良好耐磨性。

4.6.4　电子束加热表面淬火

电子束加热表面淬火是将工件放置在高能密度的电子枪下，保持一定的真空度，用电子束流轰击工件的表面，在极短的时间内，使其表面加热，靠工件自身快速冷却进行淬火。

电子束加热表面淬火的淬火装置示意图如图 4-28所示。这种装置的主要部件是电子（束）枪。电子（束）枪和零件装在真空容器内，而被处理的工件处于空气或惰性气体的工作室内。高能量的电子束撞击工件表面，在与金属原子碰撞时，电子释放出大量的能量，被撞击的工件表面迅速加热。穿透速度取决于电子束的能量和电子束轰击工件表面的时间。

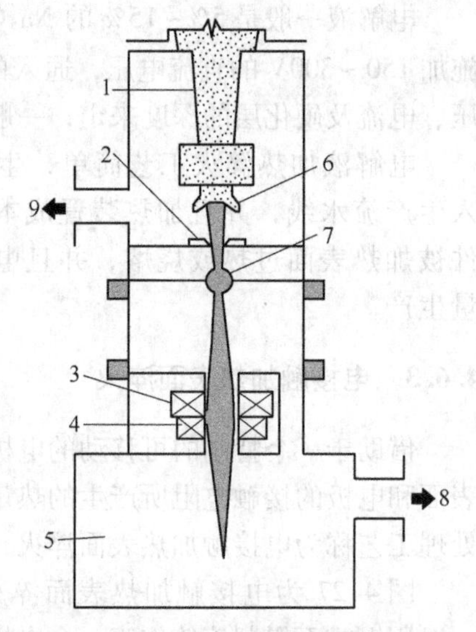

图 4-28　电子束加热表面淬火装置示意图

1—高压绝缘件；2—阳极；3—磁透镜；4—偏转线圈；5—工作室；6—电子束枪；7—圆柱阀；8—局部真空；9—真空

电子束加热表面淬火的工艺参数：

（1）能量密度。电子束光点的能量密度可以用电磁方法调整电子束焦距来控制。电子束光点越小，能量密度越大。散焦的电子束使零件表面迅速加热，加热的温度由电子束扫描速度决定。如果停留时间太长，除非热量能以某种方式传出去，否则将会使被射击的零件表面发生熔化。实际生产中电子束光点的能量密度一般为 30～120kW/cm^2。

（2）入射角。对处理工件孔内表面加热来说，加热受到限制。需要有一定的入射角，入射角一般选择在 25°～30°，可以照射到零件内径原来看不见的地方，使零件被加热。对这类零件加热时间略有延长，但不超过几秒钟。采用偏转线圈能使电子束转向 45°～90°，以照射那些根本照射不到的表面。

（3）聚焦点的直径。电子束采用“微聚焦”，并以高速扫射加热表面，使工件表面产生预期的均匀分布能量。用于电子束加热表面淬火时，聚焦点直径一般不大于 2mm。

（4）扫描速度。电子束的扫描速度对工件的加热速度与加热深度有很大的影响。扫描速度一般在 10～500mm/s。

电子束加热表面淬火的特点：

（1）加热速度极快，消耗能量少。

（2）无氧化、无脱碳，不影响零件表面粗糙度，处理后的工件表面呈白色。

（3）变形小，处理后不需要再精加工，可以直接装配使用。

（4）零件局部淬火部分的形状不受限制，即使是深孔底部和狭小的沟槽内部也能进行表面淬火。

（5）表面淬火后的工件，表面呈压应力状态，有利于提高疲劳强度，从而延长零件使用寿命。

（6）不需要冷却和加热介质，有利于环境保护。

（7）操作简单，可在生产线上应用。

电子束加热表面淬火也存在不足，淬火装置比较复杂，需要真空泵系统及工作室，既需要电子束发生器，又需要一个小型计算机控制电子束定位的准确性，以及接口设备的硬件和软件，设备的成本较高。

4.6.5 太阳能加热表面淬火

能源短缺是当今世界性的问题。太阳能是“取之不尽、用之不竭”的能源，利用太阳能作为能源是今后世界各国的方向。

太阳能加热表面淬火是将零件放在太阳炉焦点处，利用焦点上的集中热流，对工件表面进行局部快速加热，随后靠钢件自身的导热将工件冷却，实现表面淬火的目的。

太阳能加热表面淬火设备也叫高温太阳炉，如图 4-29 所示，主要参数及特性：聚光器直径 1.5m；焦距 663m；半收集角度 60°；理论焦斑直径 6.2mm；理论聚光率 34.6%；理论最高加热温度 3495℃；实测最高加热温度可达 3000℃，跟踪精度为焦斑飘移不超过 ±0.25mm/h[11]。

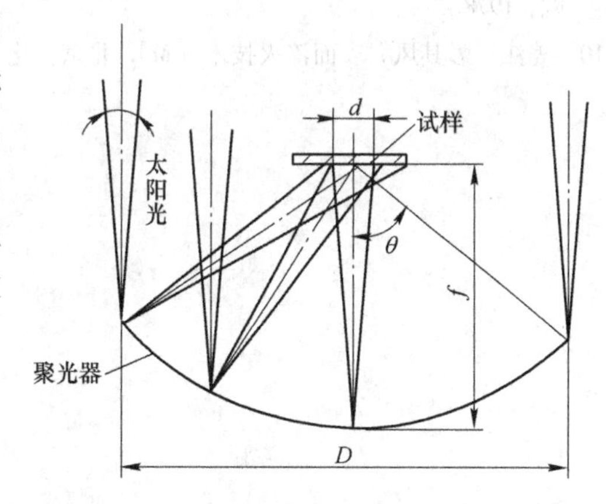

图 4-29 太阳炉聚焦及加热原理示意图

太阳能加热表面淬火的优点如下：

（1）节省常规能源（如油、煤、电等）。

（2）无公害。

（3）表面质量好，硬度高，组织细，变形小（一般可以省去淬火后的磨削）。

（4）工艺简单，操作容易。

（5）设备简单，造价低廉。

太阳能加热表面淬火的缺点如下：

（1）太阳能加热表面淬火的操作受天气条件限制。

（2）需要大面积淬火时，存在软带或软化区。

思　考　题

4-1　阐述表面淬火的目的、分类与适用钢种。

4-2　比较高频感应加热、火焰加热的异同点，以及它们在表面淬火时的特点。

4-3　表面淬火后在性能上有何特点，为什么高频表面淬火后有较高的疲劳强度？

4-4　激光加热表面淬火的原理是什么，其性能有何特点？

参 考 文 献

[1] Klimowicz Thomas F. Large scale commercialization of aluminum matrix composites [J]. JOM, 2004, 46 (11): 49 ~ 53.

[2] 谷亦杰，林建国，张永刚，等. 回归再时效处理对7050 铝合金的影响 [J]. 金属热处理，2001，26 (1)：31 ~ 35.

[3] 康大韬，叶国斌. 大锻件材料热处理 [M]. 北京：龙门书局，1998：481.

[4] 刘宗昌，任慧平，王海燕. 奥氏体形成与珠光体转变 [M]. 北京：冶金工业出版社，2010.

[5] 夏立芳. 金属热处理工艺学 [M]. 哈尔滨：哈尔滨工业大学出版社，2008.

[6] 余伟，陈银莉，陈雨来，等. N80 级石油套管在线形变热处理工艺 [J]. 北京科技大学学报，2002，24 (6)：643 ~ 648.

[7] 朱会文，胡晓平，许建芳. 导磁体在汽车零件感应加热中的应用技术 [J]. 热处理，2003，18 (3)：36 ~ 42.

[8] 陈再良，阎承沛. 先进热处理制造技术 [M]. 北京：机械工业出版社，2002：159 ~ 161.

[9] Simpson P G. Induction heating coil and system design [M]. 千肇智译. 第五机械工业部第六设计院，1978.

[10] 姜江，彭其凤. 表面淬火技术 [M]. 北京：化学工业出版社，2006.

5 化学热处理

5.1 化学热处理的目的、种类和定义

化学热处理是将工件置于一定温度的活性介质中加热、保温和冷却，使渗入元素被吸附并扩散到工件表面层，以改变表面层化学成分和组织，从而使钢件表面具有特殊性能的一种工艺。经过化学热处理的工件，其表面和心部具有不同的化学成分、组织和性能，实际上构成了一种新的层状复合材料，以延长构件使用寿命，或能用碳钢和低合金钢代替价格较贵的高合金钢和贵重金属材料，甚至可以解决整体材料无法解决的难题。因此，化学热处理的目的是通过改变金属表面的化学成分及热处理的方法获得单一材料难以获得的性能，满足和提高工件的使用性能。

化学热处理是使用最多的表面强化技术，经济效益显著，受到普遍的关注与重视。进入21世纪以来，许多新能（热）源的开发和利用使化学热处理技术得到了较大的发展，如超声波催渗技术、激光束化学热处理技术和电子束化学热处理技术。我国在研究化学热处理催渗、助渗技术方面具有世界先进水平，如用于气体渗碳和气体碳氮共渗的稀土催渗技术、BH催渗技术、稀土硼催渗技术等[1]。

不同的渗入元素，赋予工件表面的性能也不一样。在工业生产中，化学热处理的主要用途有三个方面：一是强化表面，提高表面层强度，主要是疲劳强度和耐磨性，如渗碳、渗氮、碳氮共渗、氮碳共渗等；二是提高表面层硬度或降低摩擦系数，增加耐磨性，如渗硼、渗硫、硫氮共渗、氧氮碳共渗等；三是改善表面化学性能，提高耐蚀性和抗高温氧化性，如渗铬、渗硅、渗铝及铬硅铝共渗。

5.2 化学热处理原理

5.2.1 化学热处理的基本过程

化学热处理大致可分为四个基本过程：介质中的化学反应；在贴近工件表面处界面层中的扩散（外扩散）；介质中某些组分被工件表面吸附进而发生各种界面反应，反应产生的渗入元素的活性原子进入工件表面；渗入元素的活性原子由工件表面向内部扩散（内扩散），形成一定厚度的渗层。

这些过程之间既是独立的，彼此间又相互关联、相互制约。以水煤气反应所产生的渗碳过程为例，其所包含的四个基本过程如图5-1所示。

5.2.1.1 化学热处理渗剂及其反应机理

化学热处理的渗剂一般由含有欲渗元素的物质组成，有时还需要加入一定量的催渗

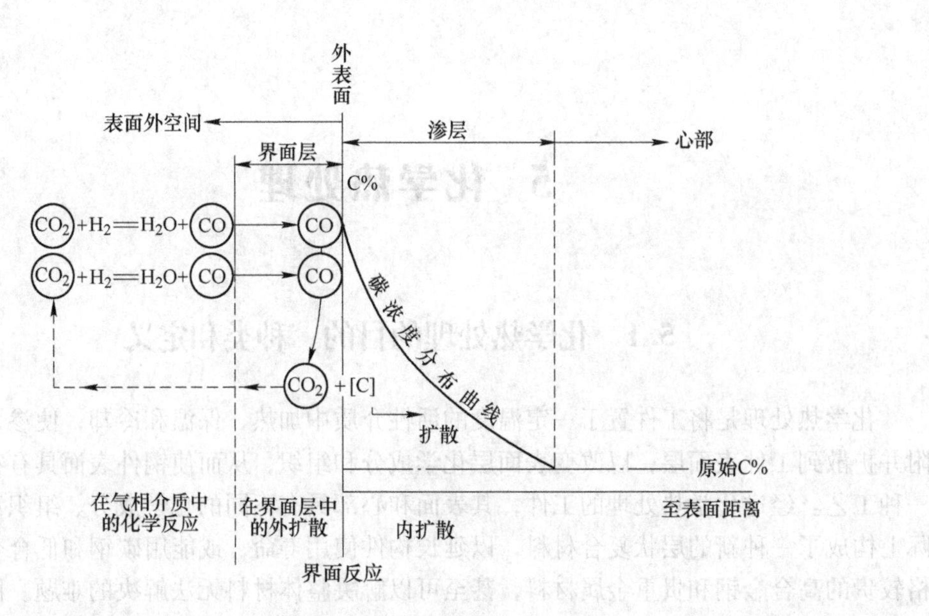

图5-1　化学热处理四个基本过程示意图

剂，以便从渗剂中分解出活性的被渗元素的原子。因此渗剂中一定要含有被渗元素的物质，并且要有足够的活性，能使渗剂容易分解出足够量的活性原子。此外渗剂要求无毒、不易爆炸、不易腐蚀工件及设备。

化学热处理的催渗剂是促进含有被渗元素的物质分解或产生出活性原子的物质，本身不产生被渗元素的活性原子。例如固体渗碳，炭粒是渗剂，碳酸钡和碳酸钠是催渗剂。

化学热处理时分解出被渗元素的活性原子的化学反应主要有：

（1）置换反应，如：

$$MeCl_x + Fe \longrightarrow FeCl_3 + Me$$

（2）分解反应，如：

$$CH_4 \longrightarrow 2H_2 + [C]$$

$$2NH_3 \longrightarrow 3H_2 + 2[N]$$

$$2CO \longrightarrow CO_2 + [C]$$

$$3AlCl \longrightarrow AlCl_3 + [Al]$$

$$3TiCl_2 \longrightarrow 2TiCl_3 + [Ti]$$

（3）还原反应，如：

$$MeCl_x + H_2 \longrightarrow HCl + Me$$

5.2.1.2　渗剂中的扩散（外扩散）

化学热处理基本上都是在流体介质（气体或液体）中进行的，在一般化学热处理条件下，流体介质中的各组分只能实现部分混合[2]。在部分混合的情况下，流体介质流经固体表面时，将出现一个流动方向与表面基本保持平行的层流层，称为“界面层”。在界面层内，物质的输送不能靠介质本身的流动来进行，只能通过扩散实现物质的传递，而与物质对流传递相比，扩散传递速度是缓慢的，这就造成在邻近工件表面的界面层内界面反应物的贫乏和生成物的富集，因此在界面层中出现了介质中不同组分的浓度差异。由于浓度差的存在导致扩散过程的产生。此扩散因其方向与工件表面垂直，又产生于工件表面外的介质中，习惯上称之为外扩散。

外扩散是化学热处理过程中必不可少的，正因为有了外扩散，工件表面上的界面反应才得以持续进行，因而其对化学热处理的渗速和均匀性有一定的影响。外扩散在流体介质中进行，与在工件内部进行的内扩散相比，速度要快很多，所以在一般条件下，外扩散不会成为整个化学热处理过程的制约因素。但在某些特定的情况下，外扩散也可能成为化学热处理的关键所在。例如在气体渗碳时，直径不大的深孔内壁，尤其是盲孔内壁，由于孔内的气体介质接近静止状体，外扩散速度减慢，致使内孔壁的表面碳浓度明显降低，同时渗碳层厚度也明显减小。

5.2.1.3 表面吸附与界面反应

固体物质能自动把周围气体或液体分子、离子或活性原子吸引到固体表面上，这种现象称为固体的吸附。固体表面存在空位、位错、不饱和键力和范德瓦尔斯力，处于能量较高的状态，当气体或液体分子、离子或活性原子碰撞到固体表面时，就会被表面原子所吸附。吸附的结果降低了表面自由能，使体系处于较低的能量状态，所以吸附是自发过程。

介质中的组分通过界面层扩散与工件表面直接接触时，就有可能被工件表面所吸附，进而在工件表面上发生各种界面反应，产生渗入元素的活性原子和其他产物。渗入元素的活性原子被工件表面吸附溶入或形成化合物。其他产物发生解吸，离开表面，通过界面层重新进入介质中。

在吸附和界面反应过程中，发生界面反应的首要条件是介质中的活性组分被工件表面吸附，吸附的必要条件是工件表面必须洁净。例如，钢件表面存在氧化铁或油污，就会阻止铁对渗碳气体中 CO 的吸附。洁净表面还可以是界面反应的催化剂。例如，用氨对钢件进行渗氮时，洁净的表面对氨分解起催化作用，氨在铁催化下分解速度为不催化的 1×10^{13}倍。离子氮化进一步说明了洁净的表面对氮化进程的重要性。在离子氮化时，被离解的氢离子在电场的作用下高速轰击工件（阴极）表面。在轰击时，离子的部分能量转化为热能，对工件表面加热。同时在离子的高速轰击下，钢件表面的原子不断被击出，形成阴极溅射，有效地除去了工件表面的氧化膜等惰性表面层。另外，氢离子在阴极表面放电后形成原子氢，它具有强烈的还原性，也能去除工件的惰性表面层。因此，由于阴极溅射和氢的还原作用，使工件表面保持洁净，促进了活性氮原子的溶解与化合，加快了氮化的进程。

表面吸附与界面反应从性质上来说是不同的，但又相互关联。表面吸附与界面反应是渗入元素由介质进入工件的开端，任何化学热处理都不可能没有这些过程。

5.2.1.4 渗入元素由工件表面向里扩散

表面吸附及界面反应的结果使渗入元素在工件表面的浓度增高，于是在工件表面与心部之间出现了浓度差，促使渗入元素的原子不断向工件的纵深迁移。为了区别于工件表面以外介质中的外扩散，将这种扩散称为内扩散，习惯上称为扩散。当渗入元素的数量超过其在基体中的溶解度极限时，将发生反应扩散，形成新相。

A 扩散过程的宏观规律

在化学热处理中，渗入元素可与基体形成间隙固溶体或置换固溶体。渗入元素的原子在工件基体内部扩散的宏观规律，可以菲克定律来描述。菲克第一定律的方程为

$$J = -D\frac{\mathrm{d}C}{\mathrm{d}x} \tag{5-1}$$

式中 J——扩散通量，表示单位时间内通过垂直于扩散方向 z 的单位面积的扩散物质量；

D——扩散系数；

C——体积浓度。

负号表示扩散方向与浓度梯度方向相反。

菲克第一定律可直接用于处理稳态扩散问题，此时浓度分布不随时间而变化，然而化学热处理中，浓度分布是随时间而变化的，属于非稳态扩散，可用菲克第二定律来处理。

当扩散系数 D 与浓度 C 无关时，菲克第二定律的数学表达式（一维的）为

$$\frac{\partial C}{\partial t} = D\frac{\partial^2 C}{\partial x^2} \tag{5-2}$$

当工件近似平面，渗入元素在表面的浓度 C_s 保持恒定，且工件的原始成分为 C_0 时，化学热处理可按半无限长棒的扩散过程来处理，获得第二方程的高斯误差函数解

$$\frac{C(x,t) - C_0}{C_s - C_0} = \left[1 - \mathrm{erf}\left(\frac{x}{2\sqrt{Dt}}\right)\right] \tag{5-3}$$

式中 $\mathrm{erf}\left(\frac{x}{2\sqrt{Dt}}\right)$——高斯误差函数；

$C(x,\ t)$——经时间 t 后距表面为 x 处的浓度。

从上式可以看出，当浓度 $C(x,t)$ 一定时，可以导出扩散层厚度（x）与扩散时间（t）之间关系的方程

$$x^2 = KDt \tag{5-4}$$

上式说明在工件表面浓度保持恒定的条件下扩散层厚度与时间的平方根成正比，称为抛物线规律。抛物线规律会由于工件表面浓度不固定而被破坏（例如在周围介质活性很大时，C_s 可增加），因此扩散层厚度与时间的关系除上述抛物线规律外，还有直线关系和对数关系。

将扩散系数与温度的关系式 $D = D_0\exp(-Q/RT)$ 代入式（5-4），则有

$$x^2 = KD_0t\exp(-Q/RT) \tag{5-5}$$

当时间 t 为一定值时

$$x^2 = K'D_0\exp(-Q/RT)$$

$$x^2 = A\exp(-Q/RT) \tag{5-6}$$

式中 D_0——扩散常数；

R——气体常数；

Q——扩散激活能；

T——温度；

A——与 K 和 D_0 有关的系数；

K——化学反应平衡常数；

K'——与化学反应平衡常数有关的常数。

上式说明扩散层厚度与温度间呈指数关系。可见，当温度升高时，扩散层浓度呈指数增长。因此，在制定热处理工艺时，宜尽可能选择较高的加热温度。

渗层的形成速度通常用渗入元素在基体中的扩散系数来表征。因此，凡影响扩散系数的因素均影响渗层形成速度，如钢在介质中快速加热（感应加热或电接触加热）要比在普通炉内加热达到同样温度下的渗速快几倍；又如在工件的尖角处表面浓度、层厚及浓度分布均与其他部位不同等。

B 反应扩散

渗入元素渗入工件基体后，随着其在表面浓度的增加，伴随着形成新相的扩散称为反应扩散或相变扩散。反应扩散新相形成的过程有两种情形。一种是在扩散温度下金属表面与介质组分直接发生化学反应而形成化合物，而新相的形成是反应元素相互间化学键力作用的结果，它可以较快地在金属表面形成极薄的化合物层。该化合物层将活性原子与工件基体隔开，新相长大使活性原子扩散通过所形成的化合物层。另一种情形是渗入元素首先要达到在固溶体中的极限溶解度，然后再形成新的化合物相，该相在相图中与饱和的固溶体处于平衡状态。

在化学热处理中，能否发生反应扩散可根据渗入元素和基体的相图来判断。图 5-2 为 A-B 二元相图。当扩散温度为 t_1时，B 渗入 A 内并形成 α 固溶体，随着时间的延长，扩散层厚度逐渐增大，渗层表面的含 B 量连续提高。当扩散时间为 τ_1时，渗层的厚度达到 O_1，表面含 B 的浓度达到 w_a，即表层 α 固溶体达到饱和平衡浓度。当炉气中活性 B 原子的浓度高（ $>w_a$），吸收 B 原子的速度大于其扩散速度时，渗层表面含 B 浓度会大于 w_a并达到 w_b，则在渗层的表面会形成 β 固溶体。此后，随着 B 原子的不断被吸收，β 固溶体表面含 B 浓度还会不断提高。此时在扩散层内的相和 B 元素的浓度变化如图 5-3 所示。

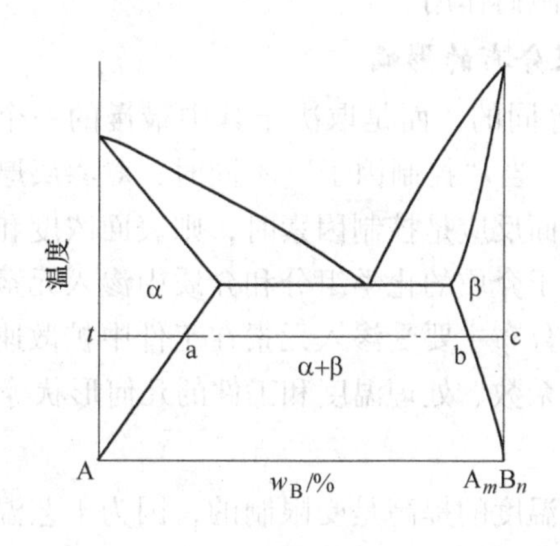

图 5-2 A-B 二元相图

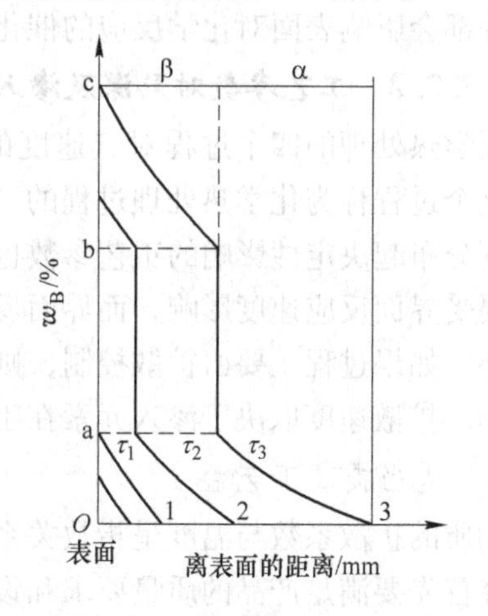

图 5-3 扩散层中的相和 B 元素浓度的变化

反应扩散的基本特征之一是反应扩散时在两个相区内都存在着浓度梯度，高浓度新相是在低浓度相达到饱和浓度之后才能形成的，在相界面上浓度突变，界面处各相的浓度对应于相图中相的平衡浓度。反应扩散的另一特征是在二元系扩散过程中，扩散层中不会出现两相区。

5.2.2 化学热处理质量控制

化学热处理后工件质量指标包括表面浓度、层深、沿层深浓度分布和渗层组织等。

5.2.2.1 影响化学热处理工件表面浓度的因素

化学热处理后的工件的表面浓度主要取决于介质中渗入元素的化学势、加热温度和时间、工件的表面状态等因素。

A 介质中渗入元素的化学势

化学热处理可以看作是恒温、恒压过程，介质中某一组元之所以能够通过工件表面渗入工件内部，是因为该组元在介质中的化学势大于它在工件表面内的化学势。一旦该组元在介质中和在工件表面的化学势相等，过程就达到动态平衡。但介质中过高的化学势往往是不必要的，甚至是有害的，会引起渗层出现不正常的组织。例如在过高的碳势下渗碳后，会使工件表面碳浓度太高，出现网状或粗块状碳化物，同时淬火后会出现过量的残余奥氏体使硬度低于正常值。介质中某元素的化学势取决于介质的组成和温度；工件表面上某元素的化学势则取决于其化学成分和温度。

B 处理温度

化学热处理中工件表面渗入元素浓度的改变是通过该元素的渗入实现的，同时渗入元素的活性原子又是通过介质在工件表面的催化作用下所进行的界面反应形成的，而温度对反应速率的影响是很大的。温度对渗入元素的原子由表面向心部的扩散也会产生影响。当由介质进入工件表面的渗入元素原子数量恒定时，扩散速度大小会影响工件表面的浓度。

C 工件的表面状态

工件表面是否有锈、油污、氧化膜，或是否进行过其他表面处理，即表面是否洁净或活化等都会影响表面对化学反应的催化或产生机械阻碍作用。

5.2.2.2 工艺参数对层深及渗入元素沿层深分布的影响

化学热处理的四个过程对其速度的影响不是等同的，而是取决于其中最慢的一个过程，这个过程称为化学热处理过程的“控制因子”。当“控制因子”不同时，对渗层厚度和浓度分布起决定性影响的工艺参数也不同。当界面反应是控制因素时，则表面浓度和层深主要受界面反应速度影响，而界面反应速度取决于介质的化学组分和介质中渗入元素的化学势。如果过程主要由扩散控制，则层深及浓度分布主要受渗入元素在工件中扩散速度的影响。扩散速度取决于渗入元素在工件中的扩散系数、处理温度和工件的几何形状等。

A 适当提高工艺温度

物质的扩散系数与温度呈指数关系增长，然而温度的提高是受限制的，因为工艺温度的选择首先要满足产品的质量要求和设备的承受能力。例如钢渗碳时，温度高，加之时间长，钢的晶粒会粗大，使零件的脆性增大，渗碳后热处理工艺复杂，还会降低设备的使用寿命。

B 采用多元共渗工艺

目前生产中广泛使用共渗工艺，某些共渗工艺不仅可以提高渗层的形成速度，而且可以改善或提高渗层的性能。例如，氮碳共渗与单一渗氮比较，具有渗速快和渗层脆性小的优点；铬铝共渗与单一渗铬比较，具有渗速快和渗层厚且不易剥落的优点。

5.2.2.3 化学催渗

化学催渗法是在渗剂中加入催渗剂，促使渗剂分解，活化工件表面，提高渗入元素的渗入能力。例如在渗氮时先向炉内添加少量的 NH_4Cl，其分解产物可清除零件表面的钝化膜，使零件表面活化。再如采用 NH_3 气进行气体渗氮时，向炉气中添加适量的氧气或空气，由于氧和氨分解气中的氢结合成水蒸气，有效地降低了氢气的分压或相对提高了炉气中活性氮原子的分压，即提高了渗氮炉气的活性，从而加速了渗氮过程。

5.2.2.4 物理催渗

物理催渗是工件放在特定的物理场中（如真空、等离子场、机械能、高频电磁场、高温、高压、电场、磁场、辐照、超声波等）进行化学热处理，可加速化学热处理过程，提高渗速。

A 等离子态化学热处理

利用等离子物理技术，发展起来的辉光离子渗氮、渗碳、碳氮共渗等工艺，在提高渗速和渗层质量方面已获得良好的结果。

B 流态粒子炉内通入渗剂进行化学热处理

例如20CrMnTi 钢在950℃的沸腾床中碳氮共渗 2h，获得 1 ~2mm 厚的共渗层，比一般气体渗碳快 3 ~5 倍。

C 真空化学热处理

真空作用下，工件表面净化，吸附于工件表面的活性原子浓度大为提高，从而增加了浓度梯度，提高了扩散速度。例如真空渗碳提高生产率 1 ~2 倍，渗层深度可达 7mm。

5.2.3 化学热处理渗层的组织特征

5.2.3.1 纯金属渗入单一元素时的渗层组织

纯金属的渗层犹如基体金属与渗入元素在表层组成了一个二元合金，基体金属与渗入元素的二元相图可作为分析渗层组织的依据。

A 形成无限固溶体的渗层组织

如果基体金属和渗入元素之间可以无限固溶，那么渗层由单相的二元固溶体组成，呈等轴状晶粒，渗入元素在固溶体中的浓度由表及里逐渐减少。渗入元素在表面所能达到的浓度主要取决于介质的活性、工艺参数和金属的表面状态等因素。

B 渗入可形成固溶体并具有异晶转变相图元素的渗层组织

图 5-4 为 A-B 二元相图。基体金属为 A，渗入元素为 B。当在线 2 所示的温度扩散时，渗入元素 B 溶入基体金属中首先形成 α 固溶体。随着渗入元素 B 在表面的浓度增长到 $\alpha+\gamma$ 的二相区时，从表面开始生成 γ 相，并沿扩散方向长大，长成与扩散方向一致的柱状晶。从扩散温度冷却到室温，γ 相又发生相变重结晶 $\gamma\rightarrow\alpha$，重结晶将破坏 γ 相的柱状晶形态，最后得到等轴的 α 晶粒。当在线 5 所示的温度扩散时，渗入元素 B 溶入基体金属中首先形成 γ 固溶体，渗入元素浓度在表面增长，将发生 $\gamma\rightarrow\alpha$ 的重结晶，表面形成 α 相的柱状晶。由于表面非同时形核，柱状晶的尺度将有差别，但都沿着扩散方向分布。从扩散温度再冷却到室温时，表面柱状 α 晶粒将不再发生相变重结晶而保留到室温。这种柱状晶很容易经腐蚀后在金相显微镜下观察到。

C 渗入可形成有限固溶体并有中间相相图元素的渗层组织

图 5-5 为渗入元素 B 与基体金属 A 形成有限固溶体并有中间相的相图和渗层组织的关

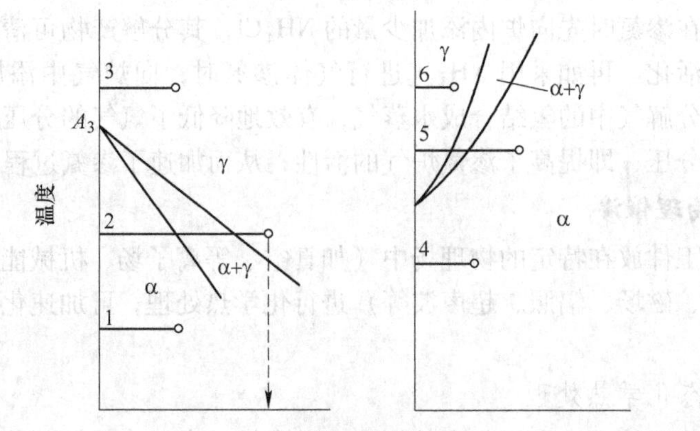

图 5-4　渗入元素与基体金属形成固溶体并具有异晶转变的相图

系。当温度为 t 时，α 固溶体中 B 的最大固溶度为 C_2；β 固溶体中的含 B 量则由 C_5 变化到 100% B。在 α 固溶体与 β 固溶体之间有一中间相 A_mB_n，此中间相在温度 t 时的含 B 量由 C_3 变化到 C_4。如果介质的活性足够强，随着处理时间的延长，表面 B 元素的含量将逐次增高，渗层组织也将相应地发生变化，如图 5-5b 所示。经 τ_4 时间后获得的渗层组织如图 5-5c 所示。

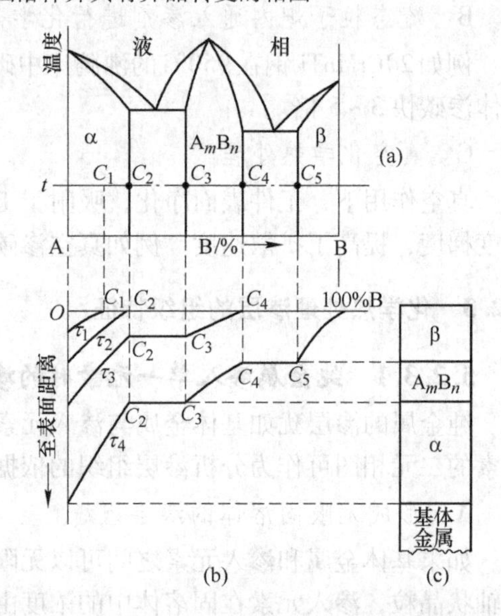

图 5-5　渗入元素与基体金属形成有限固溶体

从图 5-5b 中可以看出，当渗层中出现不同相区的分层时，渗入元素浓度分布曲线将在两个相区交界处发生突变，这说明两相区之间界限分明，不存在两相共存的过渡区。但需指出，上述结论仅适用于单一渗入元素对纯金属进行化学热处理时所得渗层的情况。

根据以上分析可以认为，单一元素渗入纯金属时所得的渗层，按其组织结构可以分为两大类：第一类是固溶体型的渗层。这类渗层可能只有一个单相的固溶体相层，当渗入元素 B 与基体金属 A 组成无限固溶的二元相图，或虽组成有限固溶相图，但表面含 B 量并未超过其固溶度时，将形成这种渗层。如果 A 与 B 组成两端均为有限固溶体却又无化合物的二元相图时，渗层分成了两个分层，外层为含 B 量较高的 β 固溶体，内层为含 B 量较低的 α 固溶体。第二类是化合物型的渗层。这一类型的渗层常在化合物相层以内或以外还存在一个固溶体的分层。虽然化合物相层一般不可能很厚，但对渗层的形成以及渗层的性能往往起重要作用。

5.2.3.2　渗层组织

A　钢进行化学热处理时碳的活动

某种元素渗入钢的表面后，随着表面成分的变化，钢中固有的两个基本元素（铁和碳）也势必有某种活动，钢在化学热处理过程中，碳的重分配有如下三种情况。

第一种情况：当钢中含有中等的碳量，渗入元素为非碳化物形成元素铝、硅或硼，而且渗入元素的表面浓度足以形成各种金属化合物相层（如 Fe_2Al_5、Fe_3Si、Fe_2B、FeB 等）时，由于这些化合物中都不能固溶碳，故在其相层下将出现一层富碳区，如图 5-6a 所示。

第二种情况：当钢中含有中等以上的碳量时，渗入元素为强碳化物形成元素（如铬、钨、钼、钒、锆、钛等）时，渗层的外层将为碳化物层，而在此相层之下将出现一贫碳层，如图 5-6b 所示。

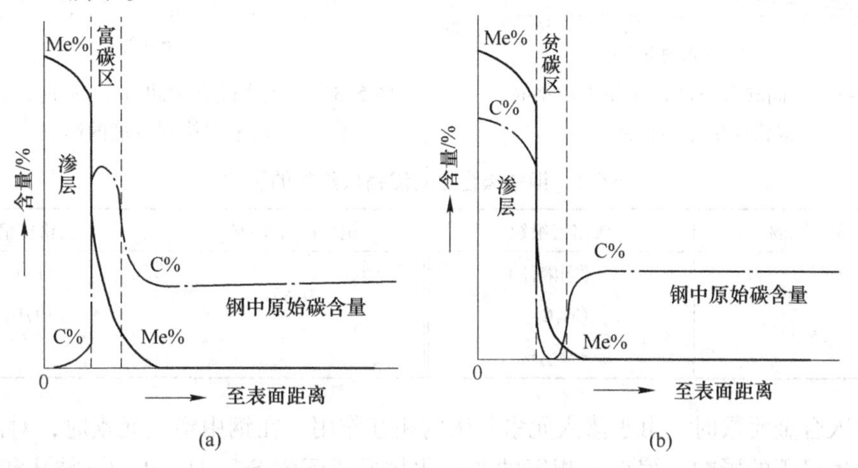

图 5-6 钢经化学热处理后，渗层中碳元素的重分配示意图

第三种情况：不论钢中碳含量高低，如渗入元素为锰、镍、钴时，由于这些元素与铁的性质十分相近，故碳的重新分配不明显。

钢在进行二元共渗时，如果共渗的两个元素都是强碳化物形成元素（例如铬钨共渗或铬钒共渗），则在外表层的碳化物相层下面仍将有一个贫碳层；如果共渗的两个元素都是非碳化物形成元素（例如铝硅共渗），则在外表层的金属化合物或固溶体相层下面，将有一个富碳层。如果共渗的两个元素一个是强碳化物形成元素，另一个是非碳化物形成元素，情况更为复杂。

B 钢的成分对渗层形成的影响

钢中碳含量不仅影响到渗层的增厚速率，而且直接影响着渗层中相的类型。以渗铬为例，纯铁渗铬所得的渗层常为单相 α 固溶体，因为当铁中铬含量达到 12.5% 时，即可封闭 γ 相区。此固溶体的晶粒生长方向与表面相垂直，晶粒呈柱状，渗层深度可达 25 ~ 120μm。当铁中碳含量增加到 0.10%~0.12% 时，铬的扩散强烈地被抑制，渗层的增厚速率大为减慢。当钢中碳含量为 0.16%~0.20% 时，渗铬层的增厚速率达一极小值（见图 5-7），这时已形成比较完整的碳化物层。

当钢中碳含量超过 0.2% 时，进一步增加碳含量，渗铬速率将逐步加快，这是由于碳含量增高为碳化铬相的形成提供了便利条件。直到钢中碳含量达到 0.7%~0.8% 时，渗铬层的增厚速率达一极大值。如果钢中的碳含量超过这一界限，进一步增加，又会使渗铬层的增厚速率减慢，见图 5-8。

钢中碳含量不仅影响到渗层的增厚速率，而且直接影响到渗层的相组成。仍以渗铬为例，随钢中碳含量的变化，对应的渗铬层组织见表 5-1。

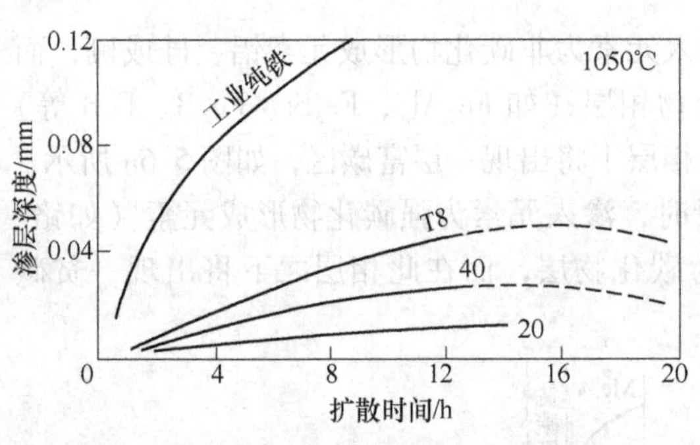

图 5-7　不同碳含量的钢在粉末渗铬时渗铬层的增厚曲线

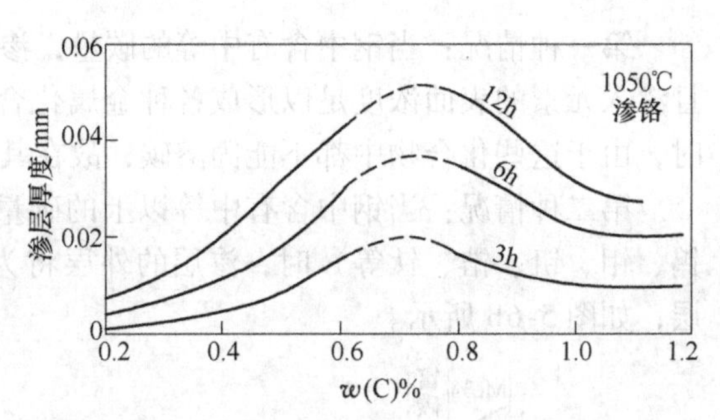

图 5-8　当钢中碳含量超过 0.2% 时，碳含量对粉末渗铬层厚度的影响

表 5-1　钢中碳含量对渗铬层组织的影响

钢中碳含量/%	渗铬层组织	钢中碳含量/%	渗铬层组织
0.03	α（固溶体）	0.85	$Cr_{23}C_6$ Cr_7C_3
0.25	$Cr_{23}C_6$ $\alpha+Cr_{23}C_6$		

钢渗入合金元素时，由于渗入元素与碳的相互作用，在钢中渗入元素时，对渗层成分和组织产生显著的影响；缩小 γ 相区的非碳化物形成元素 Si、Al、P、Cu 渗入钢表面后，产生 α 相区，从而将碳从表层挤向内层，在内层出现富碳区，表层为贫碳区。扩大 γ 相区的 Ni、B 也有类似的作用。当碳化物形成元素 Cr、V、Ti、W、Nb 等渗入钢件表面后，又强烈地将碳拉到表面，甚至在表面形成很薄的碳化物外壳，表面出现富碳区，而内侧出现贫碳区。当同时渗入碳化物形成元素和非碳化物形成元素时，渗层组织可以根据两种元素渗入表面先后顺序的不同而改变。

影响渗层组织的因素有很多方面。一是渗入元素和被渗金属的物理、化学特性以及同时渗入基体金属元素的数目和基体的化学成分。二是扩散渗入的温度和时间不同，渗层的组织可能不同；渗后的冷却速度不同，渗层的组织可能不同。此外，渗剂活性的强弱和金属表面的状态等对渗层的组织也有重大的影响。

5.3　钢的渗碳

渗碳是将低碳钢工件放在富碳气氛的介质中进行加热（温度一般为 880～950℃）、保温、使活性碳原子渗入工件表面，从而提高表层碳含量，使工件的表面被碳所饱和而获得高碳的渗层组织。对于在交变载荷、冲击载荷、较大接触应力和严重磨损条件下工作的机器零件，如齿轮、活塞销和凸轮轴等，要求工件表面具有很高的耐磨性、疲劳强度和抗弯强度，而心部具有足够的强度和韧性，采用渗碳工艺则可满足其性能要求。

5.3.1　对渗碳层的技术要求

渗碳件在经淬火和回火后，其组织和性能满足技术要求的前提是必须使工件具有合适的表面碳浓度、渗层深度及碳浓度梯度。

5.3.1.1 表面碳含量对力学性能的影响

渗碳件的表面碳含量通常控制在0.85%~1.05%。若含量过高则表面形成大块或网状碳化物，造成渗层的脆性增大而易在工作中发生剥落，同时残余奥氏体量增加，降低了工件的疲劳强度；若表面碳含量过低则会使淬火后表面硬度不足，回火得到了硬度较低的回火马氏体，达不到所要求的高硬度和高耐磨性，为了综合考虑表面碳含量对渗碳件力学性能的影响，渗碳时将其控制在一定范围内。一般情况下低碳钢0.9%~1.05%；镍铬合金钢0.7%~0.8%；低合金钢0.8%~0.9%。

渗碳层的碳含量对疲劳强度的影响见表5-2。可以看出，疲劳强度随碳含量的增加而升高，在0.93%附近具有最大值，随后随碳含量的增加而降低。

表5-2　18CrMnMo钢渗碳层中不同碳含量对疲劳强度的影响

渗碳层碳含量/%	0.8	0.93	1.15	1.42
疲劳强度/MPa	85.3	92.1	82.3	66.6

如图5-9所示，对18CrMnTi钢渗碳后进行磨损试验，结果表明随着碳含量的增大，耐磨性有明显的提高。表面碳含量对抗弯强度及扭转强度的影响如图5-10、图5-11所示，随表面碳含量的增高，试样抗弯强度下降，而渗碳层的碳含量在0.8%~1.05%范围内，具有较高的扭转强度。

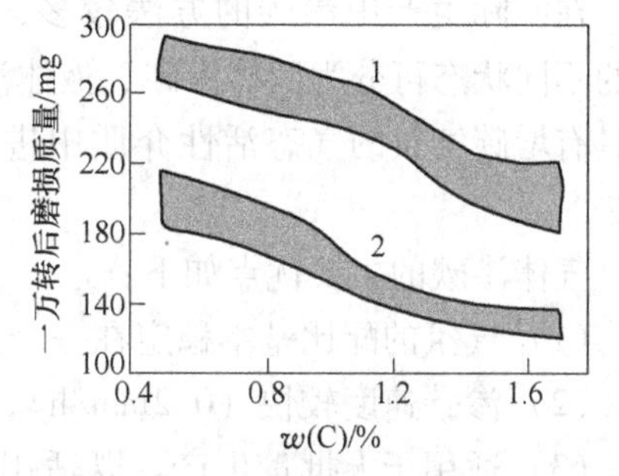

图5-9　表面碳含量对18CrMnTi钢耐磨性的影响
1—上样品；2—下样品

5.3.1.2 渗碳层厚度对力学性能的影响

渗碳层中碳含量由表及里逐渐降低，渗碳层厚度对工件的力学性能有很大影响。渗碳层厚度的增加会使渗碳时间延长。当气氛控制不稳定时，

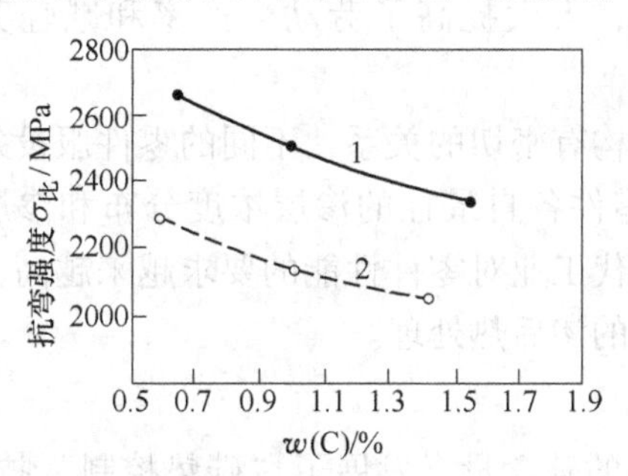

图5-10　表面碳含量对抗弯强度影响
1—12Cr2Ni4钢，渗层厚度1.0mm；
2—18CrMnTi钢，渗层厚度1.25mm

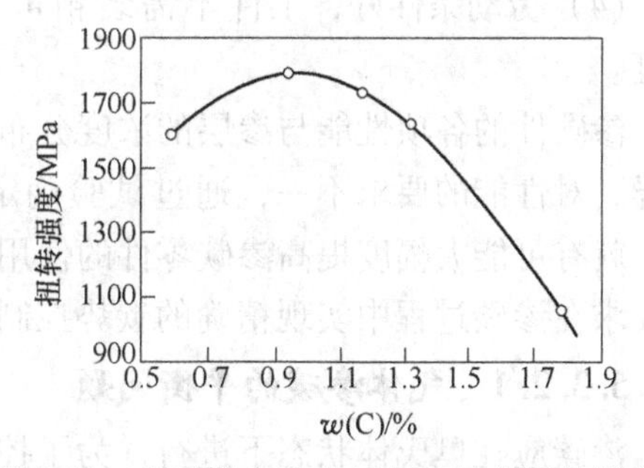

图5-11　表面碳含量对18CrMnTi钢扭转强度影响（0.6%时为切断，其余为正断）

层厚的增加往往伴随着表面碳含量的增加，对表层组织和性能会产生不良影响，同时对内应力的分布也会产生不利的影响，故渗碳层厚度必须选择适当。在实际生产中综合考虑各种性能，总结出渗碳层厚度（渗碳层总厚度）和零件的断面尺寸有一定比例关系

$$\delta = (0.1 \sim 0.2)R$$

式中　δ——渗碳层厚度；

　　　R——零件半径。

同时，某些零件的最佳渗碳层厚度，可通过多次试验找出规律。渗碳层厚度应根据工件的尺寸、工件条件和渗碳钢的化学成分决定，通常制定工艺的原则为：大工件渗碳层2～3mm，小截面及薄壁零件的渗碳层厚度小于其零件截面尺寸的20%。但对于特殊工件不受此限制，如对大型轴承渗碳层厚度达4～10mm，渗层太薄、脆性大会引起表面压陷和剥落；渗层太厚影响零件的抗冲击能力。图5-12所示为Cr-Mn-Mo钢的冲击值随渗碳层厚度的增加而下降。

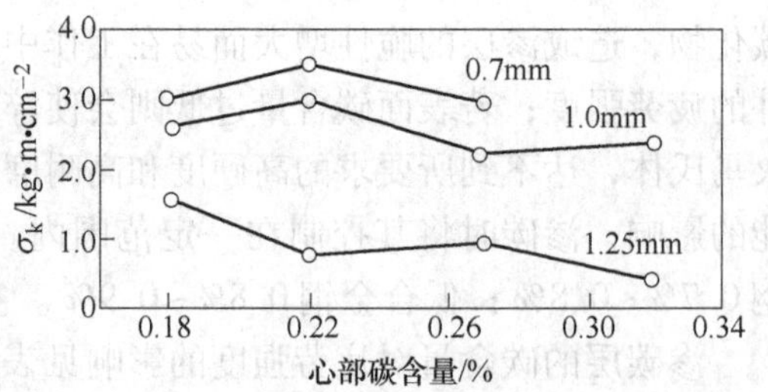

图5-12 渗碳层厚度对Cr-Mn-Mo钢冲击值影响

5.3.2 气体渗碳

在实际生产中渗碳的方法较多，根据介质的不同状态可分为固体渗碳、液体渗碳及气体渗碳三种，应用最多的为气体渗碳，它是在具有增碳气氛的气态活性介质中进行的渗碳工艺，是目前应用最广泛、最成熟的渗碳方法。

气体渗碳的主要优点如下：

（1）气氛的配比基本稳定在一个范围内，并可实现气氛控制，产品质量容易控制。

（2）渗碳速度较快（0.2mm/h），生产周期短，约为固体渗碳时间的1/2。

（3）适用于大批量生产，既适用于贯通式连续作业炉（如振底式、旋转罐式、输送带式、推杆式、转底式等），又适用于周期式渗碳炉（如井式、卧式和旋转罐式），可实现连续生产及渗碳作业的机械化和自动化。

（4）劳动条件好，工件不需装箱可直接加热，大大提高了劳动生产率和减轻劳动强度。

渗碳件的各项性能与渗层的浓度分布及组织结构有密切的关系，不同的零件服役条件各异，对性能的要求不一，通过试验确定每一种零件各自最佳的渗层浓度分布和渗层组织，就有可能大幅度提高渗碳零件的使用寿命。现代工业对零件性能的要求越来越高，这就要求在渗碳过程中实现精确的碳势控制并做合理的渗后热处理。

5.3.2.1 气体渗碳的平衡问题

渗碳应在奥氏体状态下进行，为了控制渗碳层的碳含量，发展了“碳势控制”技术。“碳势”是指与气相平衡的钢中的碳含量。碳势控制技术以化学热力学为理论依据，而且传统的碳势控制方法局限于按照某一反应的平衡常数计算气相的碳势，其中C_{p1}是用红外仪进行碳势控制的依据，C_{p2}是用氧探头进行碳势控制的依据。为了解气体渗碳过程与平衡状态偏离的程度，可研究炉气碳势的实测值C_g与C_{p1}或C_{p2}之间的关系[3,4]。研究结果表明，在实际生产条件下，渗碳反应与理论的平衡条件都有一定偏离，但在很大程度上仍然受其制约。在同一渗碳条件下，C_{p1}和C_{p2}与实测值之间的偏差是有规律的，可用数理统计的方法求出特定渗碳条件下的修正式，碳势修正式因渗碳炉的炉况和渗剂种类等因素而异，必须针对具体生产条件下的测试结果，统计出相应的修正式，才能实现精确的碳势控制。

5.3.2.2 气体渗碳碳势控制

微型计算机多因素碳势控制是一种比较完善的方法，具有良好的适应性，用氧探头（或CO_2红外仪）及CO红外仪进行多因素控制，在一定温度下同时控制3种气体成分就可以实现精确的碳势控制。

在碳势控制技术中，碳活度通常以石墨为标准态，也就是以饱和碳的γ-Fe为标准态。在渗碳温度下Fe-C系的成分、饱和蒸气压与活度之间的关系如图5-13所示。

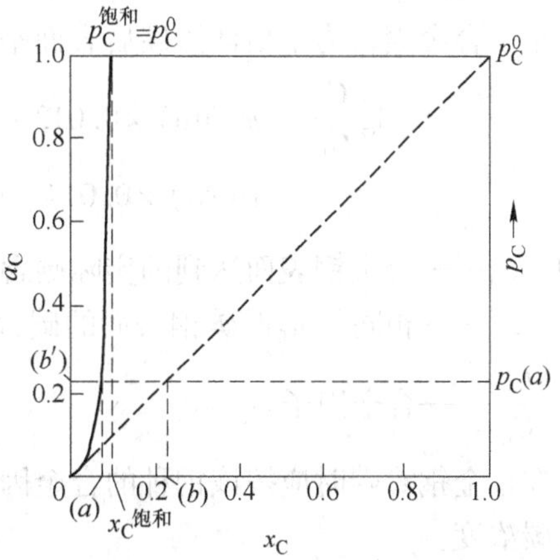

图5-13　Fe-C系内碳的活度、饱和蒸气压与碳摩尔分数之间的关系示意图

例如，成分为$x_C=(a)$的γ-Fe，碳的饱和蒸气压为$p_C(a)$。相当于在一个假定是完全互溶，并符合拉乌尔定律的假想的Fe-C系中，形成$x_C=(b)$时的饱和蒸气压。如果在作图时使图的纵轴和横轴相等，则Ob长度等于Ob'，于是从Ob'可读出碳活度，即$x_C=(a)$时$a_C=(b')$。用这种方法计算的a_C是以纯石墨为标准态，并按拉乌尔定律修正的碳活度。a_C可以表示为

$$a_C=\gamma x_C \tag{5-7}$$

式中　γ——活度系数。

由于在热处理生产实践中习惯上采用质量分数，故a_C又可以表示为

$$a_C=f_C[\%C] \tag{5-8}$$

式中　f_C——浓度单位采用质量分数时的活度系数。f_C的大小与温度及$[w(C)]$有关，根据实测数据可得以下经验公式：

$$\lg f_C=\frac{2300}{T}-2.24+\frac{181}{T}[w(C)] \tag{5-9}$$

钢中各种合金元素都对碳的活度系数有影响。对于含单一合金元素的合金钢可按以下经验公式计算碳的活度系数：

$$\lg f_C=\frac{2300}{T}-2.24+A[\%C]+B[w(Me)] \tag{5-10}$$

式中，系数A和B见表5-3。

表5-3　经验公式（5-10）的系数A和B [5]

合金系	A	B	适用范围		
			C含量/%	Me含量/%	T/K
Fe-Ni-C	$183/T$	$1.92/T+2.9\times10^{-3}$	0~1	0~25	1073~1473
Fe-Si-C	$[179+8.9w(Si)]/T$	$62.5/T+0.041$	0~1	0~3	1121~1420
Fe-Mn-C	$181/T$	$-21.8/T$	0~1	0~15	1123~1420
Fe-Cr-C	$179/T$	$-(102/T-0.033)$	0~1.2	0~12	1121~1473
Fe-Mo-C	$182/T$	$-(56/T-0.015)$	0~1.2	0~4	1121~1473
Fe-V-C	$179/T$	$-117/T$	0~1.2	0~2	1121~1473

$$\lg f_{C} = \left(0.228 - \frac{180}{T}\right)w(C) - \left(0.009 - \frac{31.4}{T}\right)w(Ni) + \left(0.108 - \frac{175}{T}\right)w(Cr) - 2.12 + \frac{2215}{T} \tag{5-11}$$

至于合金钢，为了估计渗碳后表面平衡碳含量，可采用下列经验公式：

$$\lg \frac{C_{a}}{C_{C}} = w(Mn) \times 0.013 - w(Si) \times 0.005 + w(Cr) \times 0.040 - w(Ni) \times 0.014 + w(Mo) \times 0.013 \tag{5-12}$$

式中　C_a——合金钢表面达到的实际碳含量；

C_C——相同的 a_C 时碳钢表面的碳含量；

$\frac{C_a}{C_C}$——合金因子。

在合金钢渗碳时应按该钢种的合金因子修正碳势的计算值，才能正确控制合金钢渗碳层的碳浓度。

5.3.3　气体渗碳工艺参数的选择

5.3.3.1　渗碳介质的选择

生产中使用气体渗碳剂按原料存在的物态分为两类：一类为液体介质，可直接滴入高温渗碳炉内，经热分解后产生渗碳气体，使工件表面渗碳；另一类是气体介质，如天然气、煤气、液化石油气及吸热式可控气氛，直接通入高温渗碳炉内渗碳。

在渗碳过程中，按介质的作用不同分为渗碳剂和稀释剂两种。选择渗碳剂应必须具有如下特性：

(1) 渗碳剂应具有足够活性，渗碳能力强，渗碳剂活性的大小常用碳当量来表示。它是指形成 1mol 碳原子所需要的该物质的质量，碳当量越大，则该物质的渗碳能力越弱，反之则越强。

(2) 应具有良好的稳定性，杂质少。选用的渗碳剂和稀释剂不需严格控制就能保持炉内气氛成分基本稳定，在渗碳过程中具有恒定的渗碳能力，易于控制和调节，从而得到良好的渗碳效果。同时渗碳剂中含有硫的成分要低，否则会降低渗层碳含量，也会与炉具、电热元件形成共晶体，缩短其使用寿命。

(3) 渗碳剂碳氧比值要大于1（指分子式中碳氧的原子比($x(C)/x(O)$)）。当比值大于1时，在高温下除分解出大量的 CO 和 H_2外，还有一定的活性碳原子，可以作渗碳剂。碳氧比越大，分解出的活性碳原子越多，渗碳能力越强；当比值小于1时，其分解产物主要为 CO 和 H_2，气氛中活性碳原子不多，可选做稀释剂。

(4) 渗碳剂裂解后应产气量高，不生成大量的炭黑，因为沉积在工件表面上的炭黑会影响渗碳速度和质量。足够的产气量不仅可维持炉内正压，加速炉气循环，而且可尽快排除炉内的废气，有利于渗碳。渗碳剂分解后，若产生炭黑过多，会影响到渗碳的质量和速度。一般将炭黑含量控制到 0.4% 以下，几种常见渗碳剂分解后的产气量与产生炭黑的数量见表 5-4。常用的渗碳剂有煤油、苯、甲苯、甲醇、乙醇和丙酮等。

表 5-4 几种常见渗碳剂分解后的产气量与产生炭黑的数量

渗碳剂名称	产气量/$m^3 \cdot L^{-1}$	单位体积的渗碳剂产生炭黑的数量/$g \cdot cm^{-3}$
苯	0.42	0.60
焦苯	0.58	0.54
异丙苯	0.64	0.51
煤油	0.73	0.39
合成煤油	0.80	0.28
甲醇	1.48	—

5.3.3.2 渗碳温度

根据 $Fe-Fe_3C$ 状态图可知，钢的加热温度越高，碳在奥氏体中的溶解度越大。如在 800℃时仅为 0.99%，而在 1100℃时，碳在奥氏体中溶解度为 1.86%，当渗碳温度 $T_1 > A_{c3}$时，表面碳含量较高，渗层较深，而当 $T_1 < A_{c3}$时，表面碳含量较低，渗层较浅。通常的渗碳温度为 920～950℃，此时渗碳钢是处于全部奥氏体状态，由于 γ-Fe 的溶碳能力较 α-Fe 大，因此在强渗介质中，时间相同、渗碳温度不同，结果也不同，如图 5-14 所示。

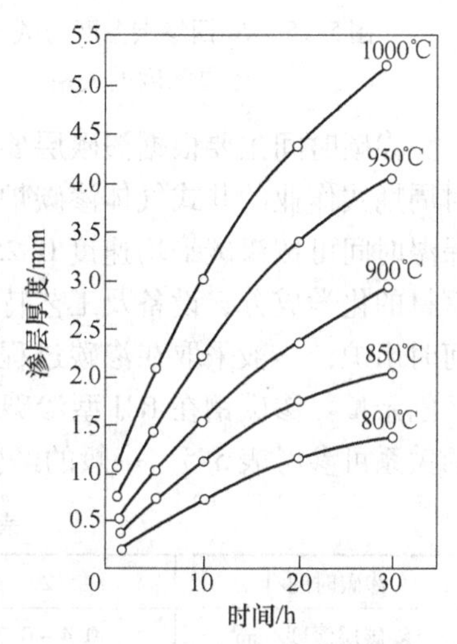

图 5-14 渗碳层厚度与渗碳时间和温度的关系

从图中可知，只要炉气提供足够的活性碳原子，钢铁表面会不断吸收碳原子，在提高温度的前提下，会使表面碳含量增强，使渗层加厚。温度越高则渗碳层越厚，因此当渗碳层厚度要求一定时，提高渗碳温度，可缩短渗碳时间，从而提高生产效率。试验表明，在井式渗碳炉中渗碳时，渗碳温度由 920～930℃提高到 940～950℃时，渗碳速度增加 20%～25%。

渗碳温度对碳含量及渗层深度的影响见图 5-15，在表面碳含量和渗碳时间一定时，提高渗碳温度可使渗碳层内碳含量的变化趋于平缓，对于提高接触疲劳强度、增强渗层与基体结合的牢固性很有益处。

渗碳温度的提高还可使工件表面吸收碳原子的能力增强，加快了碳原子的扩散，从而增加渗碳层厚度。

渗碳温度的提高，虽然可加快渗碳速度，缩短生产周期，但过高的温度会引起奥氏体晶粒粗大，增加零件变形，降低设备和夹具寿命，同时为了确定提高渗碳温度是否会使成本降低还必须考虑加热升温时间和用重新加热和淬火取代直接淬火所需的成本。故在实际生产中，一般选用的渗碳温度为 920℃左右。

5.3.3.3 渗碳保温时间

渗碳保温时间主要取决于要求的渗碳层厚度，它是影响渗碳温度的主要参数，在渗碳剂渗碳能力一定的条件下，渗碳层厚度是温度和时间的函数，在相同的渗碳温度下，渗碳层厚度随着时间的延长而增加，渗碳层的厚度与时间呈抛物线关系。如图 5-16 所示，渗碳初期速度较快，曲线较陡，随时间的延长，渗碳速度减慢，渗碳层中碳浓度梯度逐渐减小。

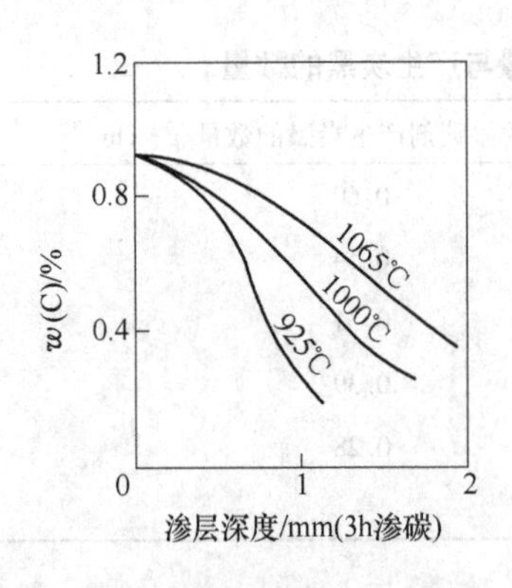

图 5-15 20 钢渗碳温度与碳含量及渗层深度的关系

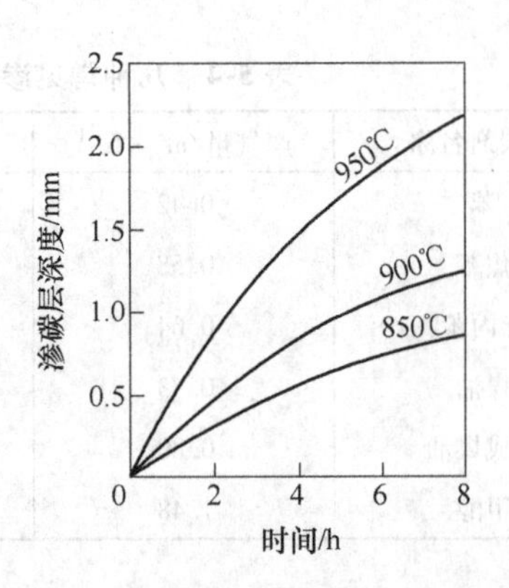

图 5-16 渗碳时间和渗碳层深度的关系

渗碳时间主要根据渗碳层要求而定，生产中，常根据渗碳平均速度来计算保温时间。对周期式作业的井式气体渗碳炉，渗碳温度为920℃，渗碳剂为煤油，对20CrMnTi的渗碳保温时间可按渗碳平均速度0.25mm/h来计算，同时也应考虑渗碳温度、渗碳介质活性、钢材的化学成分、设备及工艺特点等影响因素。为了在生产中准确地确定保温时间，判定何时出炉，一般采取在渗碳过程中检查试验棒的方法。渗碳层的厚度为技术要求厚度加上磨削余量。渗碳钢在RJJ型渗碳炉中用煤油作渗碳剂，于900℃左右渗碳，时间与渗碳层的关系可参考表5-5。一般的经验公式为渗碳速度 $\alpha = 0.2$mm/h。

表 5-5 渗碳层深度与时间的关系

渗碳时间/h	2	4	6	8
渗碳层深度/mm	0.4～0.7	0.7～1.0	1.0～1.3	1.2～1.5

5.3.3.4 渗碳剂流量的选择

渗碳剂的流量直接关系到介质的供碳能力。滴入适当的渗碳剂，使零件表面的分解气体不断地更新，产生活性碳原子，因此确定渗碳剂的流量时，应使供给的碳原子与吸收的碳原子相适应。在渗碳过程中，深层的厚度和表面浓度随着渗碳剂的消耗量增大而增大。若流量太大，分解的活性碳原子来不及被吸附，将形成炭黑沉积在工件表面上，或被吸附后来不及扩散，使渗层表面碳含量太高，造成表面网状渗碳体和残余奥氏体增多；流量太小，表面碳含量小，渗碳速度低，影响渗碳质量和生产效率。

从以下几个方面考虑渗碳剂流量：

（1）装炉量的大小或工件渗碳部位面积的大小。渗碳面积越大则吸收的碳量越多，渗碳剂流量应适当加大，保证渗碳剂有充分的供碳能力。

（2）碳势的高低。对碳势的要求越高，渗碳剂的流量应越大，其流量应根据渗碳不同阶段的碳势要求来调整。

（3）渗碳件的化学成分。若钢中有减慢渗碳速度的合金元素，则会增加残余奥氏体的数量，还会增加渗碳层网状碳化物，因此渗剂的滴量应当适当减小，防止工件表面形成炭黑。

（4）炉罐的容积以及工夹具的使用情况。一般新罐、新夹具初次使用时，应加大渗碳剂的供给量或进行预渗，炉罐与工卡具氧化严重时也应增加渗碳剂的流量，以免影响炉内碳势，也可对渗碳罐进行10~15h的预渗，对挂具和夹具采用2h预渗处理。

（5）工艺方法，采用小滴量气体渗碳工艺时，在排气阶段和强烈渗碳阶段应加大滴入量；用两种滴剂时，可用调整富化剂滴量的方法来改变炉内的渗碳气氛。在扩散阶段要适当降低碳含量，可采用小滴量或减小富化气的流量等措施。

（6）渗碳剂的种类。渗剂流量应根据渗碳剂当量进行调节，用易产生炭黑的渗碳剂时，其流量要控制在较低的数值范围内。同时渗剂的流量还与渗碳层的厚度要求、钢的化学成分有关。

目前生产中，广泛使用井式炉滴注式气体渗碳，如RJJ型井式渗碳炉中滴入渗碳介质进行气体渗碳。同时，吸热式气体渗碳、氮基气氛气体渗碳和直生式气体渗碳（又称超级渗碳）也在使用。

5.3.4 其他渗碳方法

渗碳按渗剂存在的状态可分为气态、液态和固态三种，除了气体渗碳外，近年来又有许多新的渗碳工艺在生产中得到广泛应用。渗碳工艺发展趋势是强化渗碳过程和提高渗碳质量，常见的方法有液体渗碳、固体渗碳、气体固体渗碳、液态床渗碳、离子轰击渗碳、真空渗碳、高频加热液体渗碳、感应加热气体渗碳、高压气体渗碳、火焰渗碳等。

5.3.4.1 液体渗碳法

液体渗碳是工件在熔融的液体渗碳介质中进行渗碳的工艺方法，该工艺具有加热均匀、渗碳速度快，便于直接淬火和局部渗碳等特点，但由于成本高，渗碳盐浴多数有毒，同时盐浴成分变化不易掌握，故不适合大批量生产。无毒液体渗碳有以下几种。

A 普通无毒液体渗碳

其配比为：75%碳酸钠+5%120目（0.122mm）金刚砂+20%氯化钠。碳酸钠为无水固体，为供碳剂。绿色金刚砂（含70%碳化硅）为还原剂，氯化钠只起助熔和加热作用，能增加盐浴流动性。在860℃的温度下，碳化硅将碳酸钠还原出活性碳原子，很快被奥氏体吸收并在工件表面扩散而形成渗碳层。渗碳后工件的碳含量自表面向里依次递减，渗碳层为0.7%~0.9%C，表面可达0.9%~1.2%C。

B “603”无毒液体渗碳剂

“603”原料配比为：10%氯化钠+10%氯化钾+80%木炭。混合后加水在800~900℃密封干燥后磨成100目（0.147mm）以下的细粉，含水量为15%~20%。“603”液体盐浴配方为30%~50%氯化钠+40%~50%氯化钾+7%~10%碳酸钠+10%~14%“603”+0.5%~1%硼砂。盐浴反应机理为碳酸钠的分解形成CO_2，然后与木炭作用形成CO，进行渗碳。“603”中木炭和碳酸钠在渗碳过程中都不断消耗，要不断加以补充，“603”每小时的补充量一般为盐浴总量的0.5%，碳酸钠补充量是“603”的1/4。

5.3.4.2 固体渗碳法

固体渗碳是将工件埋入装有渗碳剂的箱内，箱盖用耐火泥密封，然后放置于热处理炉中加热，待炉温升到奥氏体状态（800~850℃），保温一段时间，使渗碳箱透烧，再继续加热到900~950℃，保温一定时间后，取出零件淬火或空冷后再重新加热淬火。

5.3.4.3 气体固体渗碳法

气体固体渗碳是指气体渗碳过程中，向炉内加入一定量的碳酸钡，在渗碳温度下碳酸钡分解出二氧化碳，同渗碳炉内的炭黑反应，生成一氧化碳，可有效防止因渗碳剂供给量太多，造成渗碳炉内形成部分炭黑而减缓渗碳速度、降低工件表面渗碳均匀性所带来的弊端。同时也使活性碳原子增多，可加快渗碳的进行。例如，使用滚筒式炉对自行车用 $\phi 2 \sim 6$mm的钢球渗碳时，采用加入适量的碳酸钡，可使黏附在炉壁的炭黑发挥固体渗碳作用，强化了渗碳工艺，缩短了渗碳时间。

5.3.4.4 真空渗碳法

真空渗碳是在低于大气压力下的渗碳气氛中进行的渗碳过程。一般预热、渗碳和渗后热处理都在同一真空炉中进行。真空渗碳的特点是：

（1）渗碳温度高（980 ~ 1100℃），真空对零件表面有强烈的净化作用，有利于活性碳原子在表面的吸附，可加速渗碳过程。

（2）零件表面无脱碳，不产生晶界氧化，有利于提高零件的疲劳强度。

（3）可以直接将甲烷、丙烷或天然气等脉冲式通入渗碳炉内，渗碳无需添加气体装置。

（4）设备费用昂贵，碳势控制比较困难。

5.3.5 渗碳后的热处理

工件渗碳后要进行热处理，目的是：提高渗层表面的强度、硬度和耐磨性；提高心部的强度和韧性；细化晶粒；消除网状渗碳体和减少残留奥氏体量。常见的渗碳后热处理方法有以下几种。

5.3.5.1 直接淬火法

直接淬火法是指工件渗碳后随炉降温（或出炉预冷）到 760 ~ 860℃后直接淬火的方法，如图 5-17a 所示。随炉降温或出炉预冷的目的是为了减小淬火内应力与变形，同时，还可以使高碳的奥氏体中析出一部分碳化物，降低奥氏体中的碳浓度，从而减少淬火后残留的奥氏体，获得较高的表面硬度。

预冷的温度要根据零件的要求和钢的 A_{r1} 点的位置而定。

直接淬火适用于本质细晶粒钢制作的零件。如果渗碳时表面碳含量很高，预冷时沿奥氏体晶界析出网状碳化物，使脆性增大，则不宜采用直接淬火。

5.3.5.2 重新加热淬火

图 5-17b、c 为渗后重新加热淬火工艺。工件在渗碳后冷却到奥氏体完全转变，可能转变成铁素体/珠光体，或马氏体组织，接着重新将它加热到所希望的淬火温度，然后淬火，这种方法可以得到晶粒较细的组织。此外，也可以安排一次中间回火，也可进行一些切削加工，例如切除部分渗碳层。为了避免重复加热引起变形，可进行一次或几次预热。

5.3.5.3 回火

渗碳零件淬火后，接着在 150 ~ 250℃之间回火处理。回火后，可降低组织应力，而在最外层保持压应力。此外，回火改善了渗碳淬火零件的磨削性，降低磨削裂纹敏感性。

5.3.6 渗碳后的组织与性能

5.3.6.1 渗碳层的组织

在碳素钢渗碳时，当渗碳剂的碳势一定，在渗碳温度只可能存在单相奥氏体，其碳含

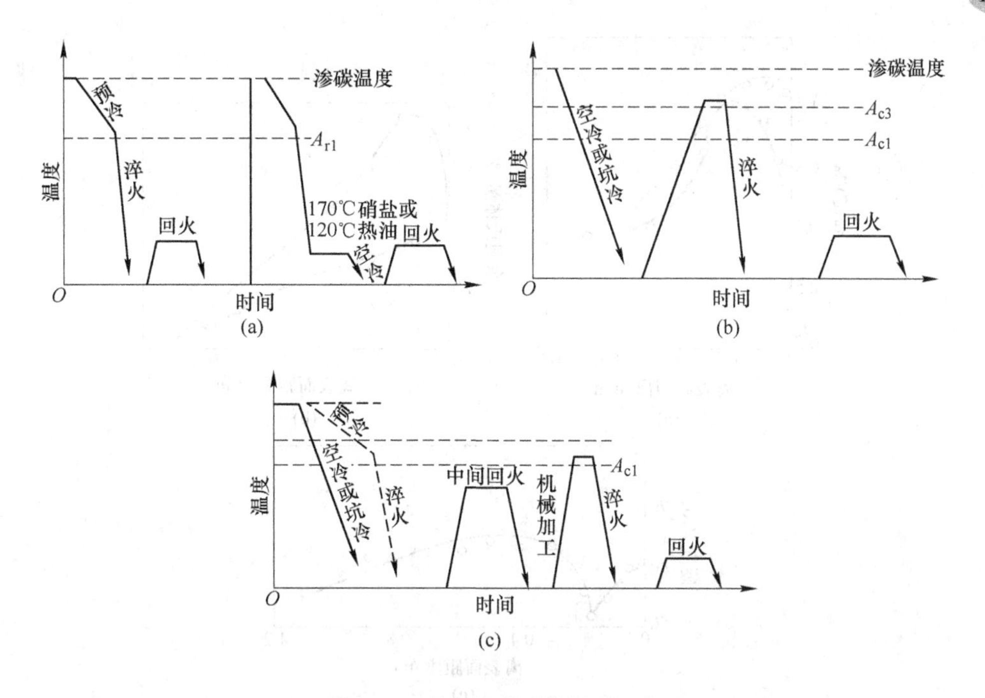

图 5-17 几种渗碳后热处理工艺

（a）直接淬火；（b）重新加热淬火；（c）带有中间加热工序的重新加热淬火

量分布曲线自表面相当于介质碳势所对应的含量向心部逐渐降低，如图 5-18a 所示。自渗碳温度直接淬火后，渗层组织无过剩碳化物，仅为针状马氏体加残余奥氏体，如图 5-18b 所示。残余奥氏体量自表面向内部逐渐减少，如图 5-18c 所示，渗层硬度符合淬火钢硬度与碳含量的关系，在高于或接近于含碳 0.6% 处硬度最高，而在表面处，由于残余奥氏体较多，硬度稍低，如图 5-18d 所示。

合金钢渗碳时，渗层组织可以根据多元状态图及反应扩散过程进行分析。

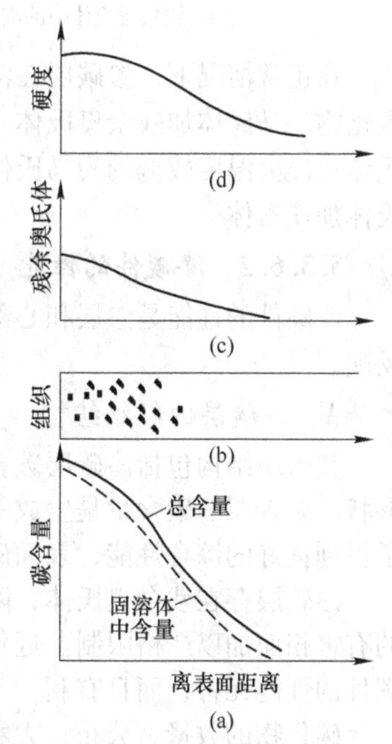

图 5-18 碳素钢渗碳后渗层碳含量分布及组织示意图

图 5-19 所示为 20CrMnTi 钢 920℃ 渗碳 6h 直接淬火后的渗层碳含量、残余奥氏体量及硬度沿截面的变化。这里看到一个特殊现象，即在离表面 0.2mm 处奥氏体中碳含量最高、残余奥氏体量最多、硬度最低，除此以外，愈靠近表面，奥氏体中碳含量愈低，相应地残余奥氏体量减少，硬度提高。出现这一现象跟剧烈形成碳化物有关。这种钢中含有 Ti、Cr 碳化物形成元素，但含量比较少，而且合金元素的扩散又极缓慢，在时间较短的渗碳过程中，很难看出它们的扩散重新分布，但由于它们的存在，在渗碳过程中，一旦碳的浓度达到奥氏体的饱和极限浓度，则强烈地析出合金渗碳体，其剧烈程度甚至表面渗剂提供碳原子都来不及，因而出现奥氏体中碳浓度低于该温度下平衡浓度的现象。

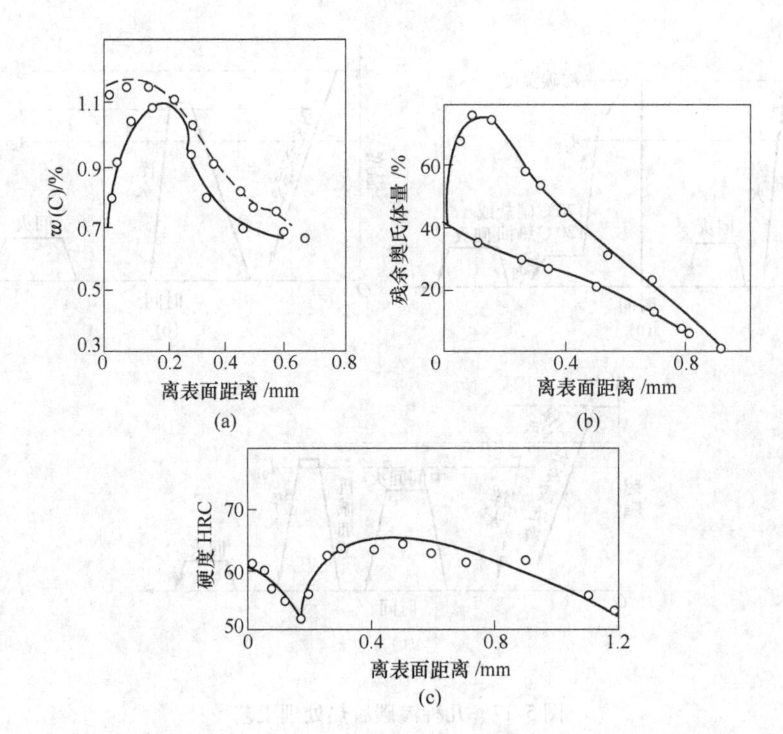

图 5-19 20CrMnTi 钢 920℃渗碳 6h 直接淬火后的渗层的成分、组织及硬度[6]

(a) 渗层奥氏体中的碳含量的分布；(b) 渗层中残余奥氏体量；(c) 渗层硬度分布

在正常情况下，渗碳层在淬火后的组织从表面到心部依次为：马氏体和残余奥氏体加碳化物→马氏体加残余奥氏体→马氏体→心部组织。心部组织在完全淬火情况下为低碳马氏体；淬火温度较低的为马氏体加游离铁素体；在淬透性较差的钢中，心部为屈氏体或索氏体加铁素体。

5.3.6.2 渗碳件的性能

渗碳件的性能是渗层和心部的组织结构及渗层深度与工件直径相对比例等因素的综合反映。

A 渗碳层的组织结构

其组织结构包括渗碳层碳含量分布曲线，基体组织，渗碳层中的第二相数量、分布及形状。渗碳层的碳含量是生成一定渗层组织的先决条件，一般希望渗层浓度梯度平缓。为了得到良好的综合性能，表面碳含量控制在 0.9% 左右。

渗碳层存在残余奥氏体，降低材料的硬度和强度。过去常把残余奥氏体作为渗碳层中的有害相而加以严格限制。近年来的研究表明，渗碳层中存在适量的残余奥氏体不仅对渗碳件的性能无害，而且有利。

碳化物的数量、分布、大小、形状对渗碳层性能有很大影响。表面粒状碳化物增多，可提高表面耐磨性及接触疲劳强度。但碳化物数量过多，特别是呈粗大网状或条块状分布时，将使冲击韧性、疲劳强度等性能变坏。

B 心部组织对渗碳件性能的影响

渗碳零件的心部组织对渗碳件性能有重大影响。合适的心部组织应为低碳马氏体，但在零件尺寸较大、钢的淬透性较差时，也允许心部出现托氏体。

5.4 钢的氮化

5.4.1 概述

氮化是将活性氮原子渗入钢件表面层的过程，又称渗氮。钢的氮化在机械工业等领域应用十分广泛，与渗碳、中温碳氮共渗相比，具有许多优点。渗氮改变了表面的化学成分和组织状态，因而也改变了钢铁材料在静载荷和交变应力下的强度性能、摩擦性、成型性及腐蚀性。渗氮的目的是提高零件的表面硬度、耐磨性、疲劳强度和抗腐蚀能力，因此，普遍应用于各种精密的高速传动齿轮、高精度机床主轴和丝杠、镗杆等重载工件，在交变负荷下工件要求高疲劳强度的柴油机曲轴、内燃机曲轴、气缸套、套环、螺杆等，要求变形小并具有一定抗热耐热能力的气阀（气门）、凸轮、成型模具和部分量具等。

经过氮化处理后的工件具有以下特点：

（1）钢件经氮化后，其表面硬度很高并具有良好的耐磨性，这种性能可以保持至600℃左右而不下降。

（2）具有高的疲劳强度和耐腐蚀性。

（3）处理温度较低（450～600℃），所引起的零件变形极小，氮化后渗层直接获得高硬度，避免淬火引起的变形。

氮化的不足之处：

（1）生产周期太长，若渗层厚度为0.5mm，则需要50h左右，渗速太慢（一般渗氮速度为0.01mm/h）。

（2）生产效率低，劳动条件差。

（3）氮化层薄而脆，氮化件不能承受太大的压力和冲击。

为了克服氮化时间长的不足，进一步提高产品质量，人们又研究了许多氮化方法，如离子氮化、感应加热气体氮化、镀钛氮化、催渗氮化等，在不同程度上提高了效率，降低了生产成本，同时也为氮化技术的进一步推广和应用提供了保证，目前该项技术在节能、代替别的热处理技术方面具有明显优势。

5.4.2 气体氮化

所谓气体氮化是在气体介质中进行气体渗氮，由于其操作简单、成本低、产品质量稳定等，目前国内外普遍应用。

渗氮和渗碳在气相反应热力学和物质传递数学模型方面有许多类似之处，然而两者的渗层组织及强化机理不同，渗氮涉及多相反应扩散。钢中合金元素的种类和含量不同，渗氮工艺和应用范围都有很大的区别，需要分析渗氮层的形成规律及合金元素对渗层组织和性能的影响及氮势的控制。

5.4.2.1 铁氮状态图

由Fe-N状态图（图5-20）可见，铁和氮可以形成5种相。

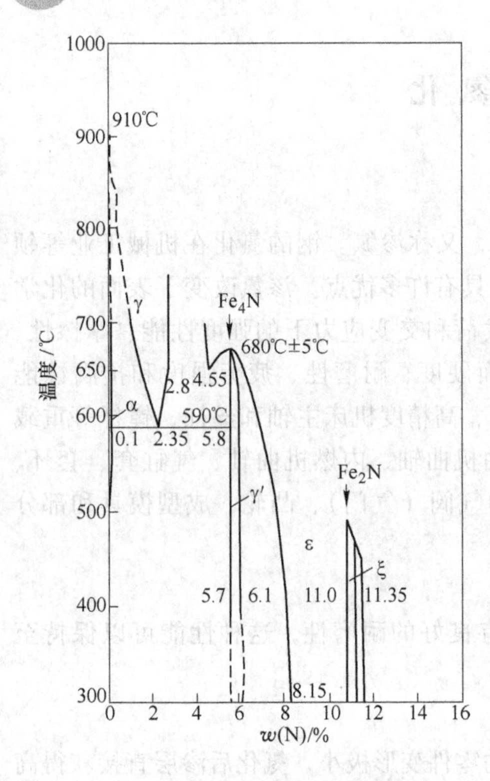

图 5-20 Fe-N 状态图

α 相是氮在 α-Fe 中的间隙固溶体。在 590℃时，氮的最大溶解度约为 0.1%（质量分数）。

γ 相是氮在 γ-Fe 中的间隙固溶体。γ 相在共析温度 590℃ 以上存在，共析点氮含量为 2.35%，在 650℃时氮的最大溶解度为 2.8%。

γ′相是以 Fe_4N 为基的固溶体，面心立方点阵，氮含量在 5.7%～6.1% 的范围内。γ′相在 680℃以上转变为 ε 相。

ε 相是以 Fe_3N 为基的固溶体，密排六方点阵。ε 相的氮含量变化范围很宽，在室温下，ε 相氮含量下限为 8.15%，随着温度升高，ε 相区向低氮方向扩散，至 650℃，氮含量下限只有约 6.4%，高于 650℃，ε 相区进一步向低氮方向发展。

ξ 相是以 Fe_2N 为基的固溶体，斜方点阵，氮含量为 11.0%～11.35%。ξ 相在约 500 ℃以上转变为 ε 相。

钢中加入合金元素能改变氮在 α 相中的溶解度。元素 W、Mo、Cr、Ti 和 V 是强氮化物形成元素，可提高氮在 α 相中的溶解度。例如，合金结构钢 38CrMoAl、35CrMo、18Cr2Ni4WA 等渗氮时，氮在 α 相中的溶解度为 0.2%～0.5%，而在工业纯铁中仅为 0.1%。

合金钢渗氮时，在 γ′相和 ε 相中，部分合金元素原子置换铁原子，有些合金元素，如 Al、Si 和 Ti，在 γ′相中溶解度较大，并且扩大了 γ′相区。试验表明，合金元素的溶入提高了 ε 相的硬度和耐磨性。

5.4.2.2 合金钢渗氮的组织和扩散层中的沉淀硬化

合金钢渗氮时除了表面可能形成化合物层之外，其扩散层较易腐蚀，比基体暗，而且硬度高。用透射电镜观察，可以看到扩散层出现超显微的沉淀物（图 5-21）。

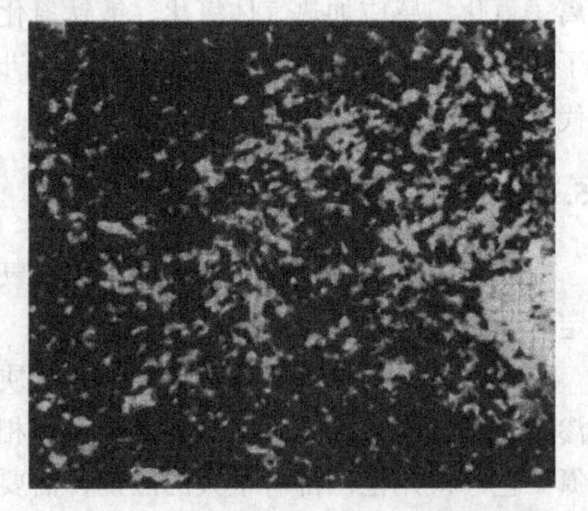

图 5-21 18Cr2Ni4WA 钢渗氮层超显微沉淀物的 TEM 明场像

当钢中含有与氮的亲和力较强的合金元素时，这些合金元素对扩散层的沉淀硬化过程的影响表现在两个方面。

（1）大约在 300℃ 以下置换型原子基本上不能扩散，只能通过淬火时效产生类似 α′或 γ′的沉淀，而不可能形成合金氮化物。

（2）随温度升高，合金元素活动能力逐渐增大，将直接参与沉淀过程。由于大多数稳定的合金氮化物（平衡相）的晶格类型或点阵常数与 α-Fe 基体相差较远，界面能较大，以致平衡相的沉淀需要很大的形核功和较大的临界晶核尺寸，需要有足够多的合金元素原子聚集在一起才有可能构成这种平衡相的点阵。在温度还不够高的情况下，平衡相沉淀是十分困难的，正因为如此，在铁合金和合金钢的渗氮过程中，扩散层中的沉淀过程将随着温度的变化而变化。文献［3］认为，铁合金渗氮时，沉淀过程的顺序通常是：

Ⅰ	→	$Ⅱ_a$	→	$Ⅱ_b$	→	Ⅲ
GP区		α型（bcc）		γ′型（fcc）		稳定型合金相
中间相		中间相		准平衡相		

常用的渗氮温度（约500℃）正处在氮原子能长程扩散而置换型原子只能短程扩散（几个原子间距）的“中间温度”范围，将发生置换型原子与氮原子的偏聚。

图5-22a表示在渗氮之前，合金原子处于无序分布状态，及至氮扩散至该处，由于这些合金原子与氮的亲和力较强，因而产生了使这些原先无序的合金原子和氮原子聚集在一起的趋势。限于在“中间温度”范围内合金原子的扩散能力，这种氮与合金元素的混合偏聚和有序化的过程只可能在若干个原子间距的小范围内实现。离得稍远一点的一些合金元素原子只能各自组成另外的“混合偏聚区”，如图5-22b所示。在偏聚区内合金原子取代了α-Fe点阵结点上的部分铁原子。在合金原子周围，氮原子处在点阵的间隙内。偏聚区呈薄片状，惯习面是基体的$\{100\}_\alpha$。在500℃左右，偏聚区只有一层原子厚度和几个原子间距的宽度，并不构成独立的结晶点阵，与基体完全共格。沉淀物的形成消耗了固溶体中的氮，但是由于氮的扩散能力很强，能够很快地从等活度的气体中转移到扩散层内，使该处的氮活度维持原先的水平，称为等活度时效。铁合金在渗氮温度下形成的等活度时效产物（混合偏聚区）的体积密度，大大超过一般固溶淬火时效产物的体积密度，因此，铁合金渗氮扩散层的强化十分显著（表5-6），并且这种混合偏聚区一旦形成就相当稳定，甚至在700℃加热几小时，仍能保持高硬度。

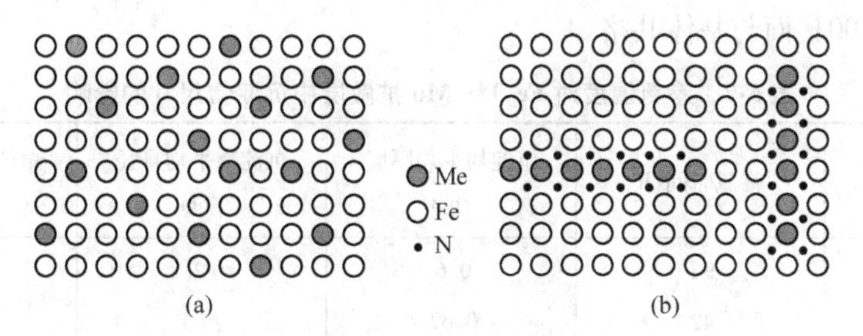

图5-22 混合偏聚前后的原子分布示意图

（a）偏聚前；（b）偏聚后

表5-6 铁合金渗氮的效果

合金（质量分数）	渗氮温度/℃	$\varphi(NH_3):\varphi(H_2)$	渗氮时间/h	氮含量$w(N)$/%	硬度增值(HV)
2.92% Mo	450	25:75	66	3.16	850
2.92% Mo	580	7:93	30	2.48	780
0.5% V	570	3:97	94	0.70	400
1.08% V	570	3:97	94	1.16	600

续表 5-6

合 金 (质量分数)	渗氮温度/℃	$\varphi(NH_3):\varphi(H_2)$	渗氮时间/h	氮含量 $w(N)$/%	硬度增值(HV)
2.260% V	570	3:97	94	2.70	900
0.69% Ti	580	8:92	48	1.20	450
1.11% Ti	580	8:92	48	2.41	600
2.42% Ti	580	8:92	48	4.60	825
1.30% Cr	450	19:81	240	1.18	450
1.30% Cr	570	10:90	35	1.46	400
2.54% Cr	570	6:94	18	2.51	600

随着温度的升高，置换型原子的活动能力逐步提高，偏聚区尺寸逐步增大，并且在垂直于圆盘平面的周边上产生了非共格。在这一阶段，沉淀物的晶体结构和 α''-$Fe_{16}N_2$ 相似，但只有 2~3 个原子层的厚度。温度进一步升高，将出现一个或几个中间相。在足够高的温度下长期时效，将得到平衡的氮化物相。

Wagner 与 Brenner 对 Fe-3% Mo 合金渗氮层的沉淀做了详细的研究。他们认为在 500℃ 的第一阶段沉淀，是形成点阵为 α''-$Fe_{16}N_2$ 的 GP 区，且与基体完全共格；随着温度的升高，圆盘状沉淀物的厚度增大较慢，而径向增大则比较快。在 550~600℃之间，可观察到沉淀物尺寸的急剧增长（表 5-7）。500℃渗氮，沉淀物成分相当于 $(Fe, Mo)_{16}N_2$，其中约有 20% 铁原子被钼原子取代，是与基体共格的薄片沉淀，沿 <100> 方向与基体有 10% 的错配。在 550~600℃渗氮，出现 $(Fe, Mo)_4N$，$(Fe, Mo)_3N$，$(Mo, Fe)_2N$，$(Mo, Fe)N$。在沉淀相中，大约有 4% 钼原子被铁原子取代。$(Mo, Fe)_2N$ 是一种半共格的厚片状沉淀，在 $\{100\}_\alpha$ 面与基体共格。

表 5-7　渗氮温度对 Fe-3% Mo 扩散层中沉淀物尺寸的影响

渗氮温度/℃	渗氮时间/h	沉淀物平均厚度/nm	沉淀物平均直径/nm	单位体积（cm^3）内沉淀物个数
500	94	0.6	约 2.8	1.4×10^{18}
550	42	0.67	约 4	3.8×10^{17}
600	12	1.3	约 8	2.0×10^{17}

常用渗氮钢渗氮时也将发生等活度时效，在 500℃渗氮时，38CrMoAl 钢可得到很大强化效果（1000~1100HV），在扩散层中形成单原子层的偏聚，与 α-Fe 完全共格。560℃渗氮，硬度降低到 900~950 HV，此时沉淀物尺寸长大到 500~1000nm，与基体半共格。

应用等活度时效沉淀硬化的机理，能正确阐明实际生产中的一些问题。例如，渗氮温度提高会使渗氮层硬度下降，如果采用二段渗氮方法，即在 500℃渗氮一定时间，然后升高到 550℃再渗氮一段时间，可以加速渗氮而硬度下降不多，这是因为在第一段渗氮时形成的细小沉淀物具有相对稳定性。反之，若温度偏高，已形成了较粗大的沉淀物，则随后即使降低温度渗氮，也无助于硬度提高。所以渗氮后的硬度与第一段渗氮的温度密切相关。渗氮钢的耐磨性比淬火的高合金钢及渗碳钢的耐磨性提高0.5~3倍。同时应当注意，渗氮层的硬度和耐磨性之间的关系是比较复杂的。逐层研究38CrMoAl钢和40Cr钢渗氮层的耐磨性表明，最大的耐磨性并不恰好出现在最高硬度处，而是出现在深度略深和硬度略低的地方。提高渗氮温度，硬度和耐磨性之间的不一致性更加明显，620℃渗氮的38CrMoAl钢和40Cr钢的耐磨性比520~560℃渗氮时要高，尽管前者硬度较低。

5.4.2.3 疲劳强度

碳钢和合金钢渗氮后，疲劳强度都明显提高，缺口试样尤为明显，横截面的尺寸愈小，或者结构上存在应力集中的因素愈大，则渗氮提高疲劳极限的作用愈明显。疲劳强度的提高不仅与渗氮扩散层的强化有关，而且与渗氮层内形成残余压应力有密切关系，渗氮后进行表面滚压可进一步提高疲劳极限10%~15%。渗氮温度愈高，疲劳极限的绝对值愈低，这与残余压应力的减小和心部软化有关，渗氮零件的校直以及过深的磨削（磨削深度大于0.05mm）都将降低其疲劳强度。

5.4.2.4 抗腐蚀性

钢渗氮后致密的化合物层在大气、潮湿空气、自来水、过热水蒸气和弱碱性溶液中有良好的抗腐蚀性，可以代替部分铜件或镀铬件，但渗氮层在酸性溶液中并不具有抗腐蚀性，这是因为ε相易溶解于酸，故不耐酸的腐蚀。渗氮层中ε相的抗腐蚀性能起主要作用。ε相过薄或ε相不致密均使抗腐蚀性能降低。

5.4.3 气体氮化工艺

气体氮化工艺的制定必须综合考虑各工艺因素对氮化过程的影响，温度、保温时间、保温阶段渗氮罐内渗氮介质的氮势（用分解率表示）直接影响到工件氮化层的硬度、深度及工件的性能，在生产中应加以控制。在生产实践中，根据材料的化学成分、技术要求、设备条件和生产特点的不同，一般采用的工艺有等温氮化（一段）、二段氮化和三段氮化。

为了改善渗氮层的脆性，需要正确掌握渗氮层的氮含量，发展了可控渗氮技术。渗氮工艺不断改进，如短时渗氮、脉冲渗氮和深层渗氮等。

5.4.3.1 氮化前的处理

氮化前应进行退火、调质处理或去应力处理。

经氮化后的工件要求表面有高硬度，并具有一定深度的氮化层，有时它本身是最后一道热处理工序。工件氮化前要有均匀而细致的组织（回火索氏体），以保证工件心部有比较高的强度和良好的韧性，因此氮化工件都必须进行调质处理。正确选择淬火和回火温度是工件调质处理是否合格的关键，如果淬火温度过高，奥氏体晶粒粗大，在氮化过程中形成的氮化物首先向晶界伸展，氮化物呈明显波纹状或网状组织，使氮化层脆性增大；如果淬火温度低或保温时间短，铁素体没有完全转变，碳化物熔解差，调质处理后会有游离铁素体出现，脆性大引起渗氮层脆性脱落。

由于车削零件时不可避免地会产生内应力，在氮化时它会增加零件的变形，因此对于形状复杂的重要零件在磨削前要进行稳定化处理，即去应力退火，才能保证零件氮化后变形量符合工艺的要求。一般的工艺550~600℃，保温3~10h，随后缓慢冷却。

5.4.3.2 气体氮化工艺的应用

以挤压模具和纺织机械用凸轮为例，介绍渗氮工艺的制定。材料选用38CrMoAl钢，由于工件的表面要承受一定的压力，故要求的渗层较厚，同时心部仍具有较高的强度，以满足工作需要。图5-23为其工艺曲线。

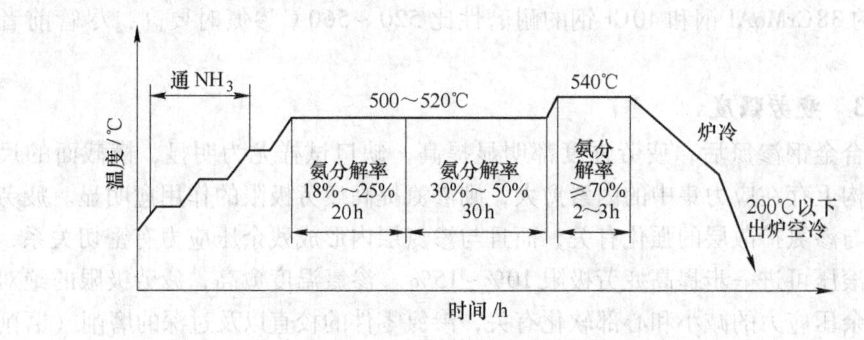

图5-23 模具及凸轮的气体氮化工艺曲线

5.4.4 离子氮化

利用高压电场在稀薄的含氮气体中引起的辉光放电进行氮化的一种化学热处理方法，称为离子氮化，又称辉光离子氮化和离子轰击氮化，它克服了常规气体氮化工艺周期长和渗层脆等缺点，具有以下优点：

（1）渗氮速度快，与普通气体渗氮相比，可显著缩短渗氮时间，渗氮层在0.30～0.60mm，氮化时间仅为普通气体渗氮的1/5～1/3，缩短了氮化周期。

（2）有良好的综合性能，可以改变渗氮成分和组织结构，韧性好，工件表面脆性低，工件变形小。

（3）可节省渗氮气体和电力，减少了能源消耗。

（4）对非渗氮面不用保护，对不锈钢和耐热钢可直接处理，不用去除钝化膜。

（5）没有污染性气体产生。

（6）可以低于500℃渗氮，也可以在610℃渗氮，质量稳定。

因此离子氮化在国内外得到推广和应用，其缺点是存在温度均匀性等问题。

离子氮化的渗层具有良好的综合力学性能，特别容易形成单一的γ′相，渗层表面十分致密，且具有较好的韧性，故采用气体氮化的零件均可采用离子氮化工艺，由于离子氮化工件形状对表面温度的均匀性影响较大，同一零件不同部位的形状不同，或不同形状的工件同炉氮化，会出现很大的温差，直接影响了表层的渗氮质量，故该工艺适合于形状均匀、对称的大型零件和大批生产的单一零件。

5.5 碳氮共渗

碳氮共渗是向钢的表层同时渗入碳和氮的化学热处理过程。碳氮共渗可以在气体介质中进行，也可在液体介质中进行。因为液体介质的主要成分是氰盐，故液体碳氮共渗习惯又称作氰化。

碳氮共渗的目的是对低碳结构钢、中碳结构钢和不锈钢等进行碳氮共渗，为了提高其表面硬度、耐磨性及疲劳强度，进行 820～850℃碳氮共渗；对于中碳调质钢则在 570～600℃温度进行碳氮共渗，可提高其耐磨性及疲劳强度，而对于高速钢在 550～560℃碳氮共渗的目的是进一步提高其表面硬度、耐磨性及热稳定性。

根据碳氮共渗温度的不同，可以把碳氮共渗分为三种：高温（900～950℃）、中温（700～880℃）和低温（500～600℃）。高温碳氮共渗以渗碳为主，现在已经很少应用；中温碳氮、低温碳氮共渗使碳、氮同时渗入工件层，大多用于结构钢耐磨工件；低温碳氮共渗最初在中碳钢中应用，以渗氮为主，主要是提高其耐磨性及疲劳强度，而硬度提高不多（在碳素钢中），故又谓之软氮化。

5.5.1 碳和氮同时在钢中扩散的特点

同时将碳和氮渗入钢中，在渗入的过程中，至少是三元系状态图问题，故应以 Fe-N-C 三元状态图为依据。但目前还很不完善，还不能完全根据三元状态图来进行讨论。在这里重点介绍 C、N 二元共渗的一些特点。

（1）共渗温度不同，共渗层中碳氮含量不同。氮含量随着共渗温度的提高而降低，而碳含量则随着共渗温度的升高，先增加，至一定温度后反而降低。渗剂的增碳能力不同，达到最大碳含量的温度也不同，如图 5-24 所示。

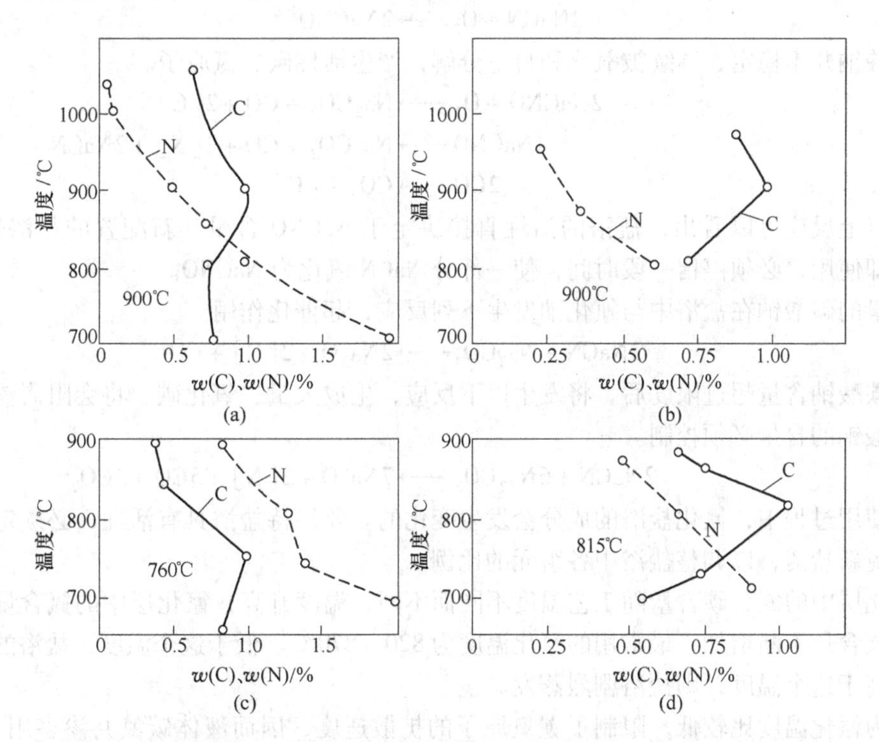

图 5-24　碳氮元素含量与共渗温度的关系[6]（在深度为 0.075～0.15mm 表层内）

（a）在 50% CO + 50% NH_3 中共渗；（b）23%～27% NaCN 盐浴中；

（c）50% NaCN 盐浴中；（d）30% NaCN + 8.5% NaCNO + 25% NaCl + 36.5Na_2CO_3 盐浴中

（2）碳、氮共渗时碳氮元素相互对钢中溶解度及扩散深度有影响。由于 N 是扩大 γ

相区的元素，且降低 A_{c3} 点，因而能使钢在更低的温度下增碳。如氮元素渗入浓度过高，在表面会形成碳氮化合物相，因而氮又阻碍了碳原子的扩散。碳降低氮在 α、ε 相中的扩散系数，所以碳减缓氮的扩散。

（3）碳氮共渗过程中碳对氮的吸附有影响。碳氮共渗过程可分为两个阶段：第一阶段，共渗时间较短（1～3h），碳和氮在钢中的渗入情况相同；若延长共渗时间，出现第二阶段，此时碳继续渗入而氮不仅不从介质中吸收，反而使渗层表面部分氮原子进入到气体介质中去，表面脱氮，分析证明，这时共渗介质成分有变化，可见是由于氮和碳在钢中相互作用的结果。

5.5.2 液体碳氮共渗

液体碳氮共渗是采用含氰化物的盐浴作为共渗介质，利用氰化盐分解产生的活性碳、氮原子渗入到金属的表层，因此液体碳氮共渗也称氰化。

液体碳氮共渗的渗剂通常由 KCN（NaCN）、K_2CO_3（Na_2CO_3）以及 KCl（NaCl）三种物质组成，其中 KCN 是产生活性碳原子，NaCl 和 Na_2CO_3用来控制盐浴的熔点及调节流动性。生产中常用的液体碳氮共渗盐浴成分 30% NaCN + 40% Na_2CO_3 + 30% NaCl。熔点为 605℃，使用温度在 760～870℃之间。

加热时，NaCN 与空气和盐浴中的氧作用，产生氰酸钠：

$$2NaCN + O_2 \longrightarrow 2NaCNO$$

氰酸钠并不稳定，继续被氧化和自身分解，产生活性碳、氮原子。

$$2NaCNO + O_2 \longrightarrow Na_2CO_3 + CO + 2[C]$$

$$4NaCNO \longrightarrow Na_2CO_3 + CO + 2[N] + 2NaCN$$

$$2CO \longrightarrow CO_2 + [C]$$

由以上反应可以看出，盐浴的活性直接决定于 NaCNO 含量。新配置的盐浴熔化后，不能立即使用，必须停留一段时间，使一部分 NaCN 氧化为 NaCNO。

适量的碳酸钠在盐浴中与氰化钠发生下列反应，起催化作用。

$$2NaCN + Na_2CO_3 \longrightarrow 2Na_2O + 2[C] + CO$$

当碳酸钠含量超过限度后，将发生以下反应，生成大量二氧化碳，将会阻碍渗碳，因而对碳酸钠的含量必须控制。

$$2NaCN + 6Na_2CO_3 \longrightarrow 7Na_2O + 2[N] + 5CO + 3CO_2$$

在使用过程中，氰化盐浴的成分会发生变化的。要保持盐浴具有活性，必须定期添加新盐，更新盐浴，以调整盐浴中各组元的比例。

氰化层中的氮、碳含量随工艺温度不同而不同，温度升高，氰化层中的氮含量不断下降，而碳含量不断增加。最常用的氰化温度为 820～870℃。低于这个温度，盐浴的流动性太差；高于这个温度，则盐浴剧烈蒸发。

因为氰化温度比较低，限制了碳氮原子的扩散速度，因而液体碳氮共渗多用于浅层，深度一般不超过 0.60mm，时间不超过 3h。能够准确控制薄渗层的深度，乃是液体碳氮共渗的一大特点。

氰盐剧毒，因此，使用和保管必须特别注意，要有严格的安全措施，所有设备、工件及废盐、废水必须解毒处理。经氰化处理后的工件，在 5%～10% Na_2CO_3水溶液中煮 10～

15min，然后放入2%的沸腾磷酸溶液内，再在10%硫酸亚铁或硫酸铜溶液中多次洗涤，使附着在工件表面上的氰盐全部消除。最后再经热水洗涤，并在冷水中冲刷。

为了解决氰盐的剧毒与价格昂贵的问题，国内研制了以尿素和碳酸盐为原料的无毒液体碳氮共渗剂，其反应原理如下：

$$3(NH_2)_2CO + Na_2CO_3 \longrightarrow 2NaCNO + 4NH_3 + 2CO_2$$

其中氨气继续分解，产生氮原子；氰酸钠则分解出活性氮原子和一氧化碳。这种盐浴成分的稳定性比较差，经常需要调整。采用的原料虽然无毒，但反应的产物NaCN是有毒的，仍应注意消毒。

5.5.3 气体碳氮共渗

目前气体碳氮共渗所采用的介质分为两大类：第一类，渗碳介质加氨气；第二类，含有碳氮元素的有机化合物。

第一类，提供碳的渗碳剂是以丙烷富化的吸热式气体；氮由氨气提供。碳氮共渗时，将上述两种气体按比例同时通入炉罐，发生渗碳和渗氮反应：

$$NH_3 + CH_4 \longrightarrow HCN + 3H_2$$

$$NH_3 + CO \longrightarrow HCN + H_2O$$

生成的HCN（氰化氢）在工件表面分解产生活性碳氮原子：

$$2HCN \longrightarrow H_2 + 2[C] + 2[N]$$

活性碳氮原子被工件表面吸收并向内部扩散，形成共渗表层。调整和控制炉气中的碳势与氮势，就能控制渗层的质量。

第二类，直接滴注含有碳氮元素的有机液体，如三乙醇胺、尿素的甲醇溶液等。

三乙醇胺是一种暗黄色黏稠液体，在高温下发生热分解反应：

$$(C_2H_4OH)_3N \longrightarrow 3CO + NH_3 + 3CH_4$$

但三乙醇胺也存在缺点，黏度大、流动性差，管道容易堵塞。为此，必须采用大口径的滴液管并增设冷却水套。也可以先将三乙醇胺裂化（840～860℃），再通入工作炉，或者采用乙醇稀释（三乙醇胺与乙醇1:1）后再使用。

尿素 $(NH_2)_2CO$ 的甲醇溶液（最大溶解度为20%）也可以作为共渗介质，直接滴入炉内。

尿素和甲醇在高温下分解反应：

$$(NH_2)_2CO \longrightarrow CO + 2H_2 + 2[N]$$

$$CH_3OH \longrightarrow CO + 2H_2$$

目前以三乙醇胺、甲醇及尿素的混合液为共渗剂，其配比为：三乙醇胺1L＋甲醇1L＋尿素360g，共渗时发生如下反应：

$$N(C_2H_4OH)_3 \longrightarrow CH_4 + CO + HCN + 3H_2$$

$$CH_4 \longrightarrow 2H_2 + [C]$$

$$2CO \longrightarrow CO_2 + [C]$$

$$2HCN \longrightarrow H_2 + 2[C] + 2[N]$$

5.5.3.1 共渗温度

提高共渗温度使共渗介质的活性和扩散系数增加，有利于共渗速度的加快。

共渗温度还影响渗层的碳氮浓度，渗层的氮含量随着温度的升高而下降。渗层的碳含量随温度升高而增加，增加到一定值后又将降低，表层的碳浓度在900℃出现最大值，这是因为CO是弱渗碳剂，温度过高，活性碳原子供应不足造成的。因此，高温碳氮共渗，以渗碳为主；低温碳氮共渗，以渗氮为主。

表层氮浓度随共渗温度升高而降低的原因有：一是共渗温度愈高，氨分解速度就愈快，大量的氨在与工件表面接触之前就分解完毕，从而使工件获得活性氮原子的概率减少；二是从Fe-C-N状态图可知，氮在奥氏体中的溶解度在高于650℃后随温度升高而降低；碳在奥氏体中的溶解度却随温度升高而增加，碳的渗入又进一步降低氮在奥氏体中的溶解度；三是随着温度的升高，氮原子向渗层内部扩散速度加快，而表层的活性氮原子又不足，从而使渗层表面中的氮含量下降。

共渗温度还会影响淬火后表面残余奥氏体的量。钢种不同，淬火后最低残余奥氏体量的对应温度也不同。共渗温度超过这个温度，渗层中碳含量过高，残余奥氏体量就会增加；低于这个温度，表层的氮含量过多，残余奥氏体也过量。此外，共渗温度高，工件变形较大。

因此，在选择共渗温度时要综合考虑共渗速度、渗层质量与变形量等因素。目前碳氮共渗温度一般选择在820～880℃范围内。温度太高，渗层中氮含量太少，基本属于渗碳，而且容易过热，工件变形较大。温度太低，不仅共渗速度减慢，而且表层的氮含量又会过高，在渗层中容易形成脆性的高氮化合物，使渗层变脆。

5.5.3.2　共渗时间

共渗时间的长短主要取决于共渗层深度、共渗温度和钢种。此外，共渗剂的成分和流量以及装炉量也有一定的影响。温度确定后，渗层深度与时间呈抛物线规律，即：

$$X = K\sqrt{\tau}$$

式中　X——渗层深度，mm；

τ——共渗时间，h；

K——常数。

共渗系数K与共渗温度、共渗介质和钢种有关，可以通过实验测得，然后根据所要求的共渗层深度利用上式计算出共渗时间。表5-8列出常用钢种的K值。

表5-8　常用钢种的K值

钢　种	K值	共渗温度/℃	共 渗 介 质
20Cr	0.30	850～870	氨气0.05m^3/h，液化气0.1m^3/h
18CrMnTi	0.32	850～870	保护气，装炉后20min内5m^3/h
40Cr	0.37	860～870	20min后0.5m^3/h
20	0.28	860～870	液化气0.15m^3/h，其余同上
18CrMnTi	0.315	840	氨气0.42m^3/h，保护气7m^3/h
20MnMoB	0.345	840	渗碳气（CH_4）0.28m^3/h

实际生产中，工件出炉前必需观察试棒，检查渗层深度。

5.5.3.3　碳氮共渗后的热处理

碳氮共渗比渗碳的温度低，一般可以采用共渗后直接淬火加低温回火。共渗层中含碳氮的奥氏体比渗碳后的奥氏体更稳定，因此选择冷速较慢的淬火介质。一般零件采用油淬，也可以采用分级淬火，在180～200℃的热油或碱浴（63% KOH +37% NaOH）中停留10～15min，然后空冷至室温。淬火后低温回火，回火温度大约为180～260℃。有时为了减少残余奥氏体的含量，可以在直接淬火后，低温回火前进行冷处理。

5.5.3.4 碳氮共渗层的组织与性能

A 共渗层的组织和性能

共渗层的组织取决于渗层中碳氮浓度及其分布情况和钢种。

一般中温碳氮共渗直接淬火后表面金相组织为含碳氮的马氏体、少量的碳氮化合物和残余奥氏体，向里组织基本不变，但残余奥氏体量增加，心部组织决定于钢的成分与淬透性，具有低碳或中碳马氏体或贝氏体等组织。

渗层中的碳氮化合物的相结构与共渗温度有关，800℃以上，基本上是含氮的合金渗碳体Fe_3(C、N)；800℃以下由含氮渗碳体Fe_3(C、N)、含碳ε相$Fe_{2\sim3}$（C、N）及γ′相组成。化合物的数量与分布决定于碳氮浓度及钢材成分。

处理后工件的硬度取决于共渗层组织。马氏体与碳氮化合物的硬度高，残余奥氏体的硬度低。氮增加了固溶强化的效果，共渗层的最高硬度值比渗碳高。但是，共渗层的表面硬度却稍低于次层。这是由于碳氮元素的综合作用而使M_s点显著下降，残余奥氏体增多。

碳氮共渗还可以显著提高零件的弯曲疲劳强度，提高幅度高于渗碳。这是由于当残余奥氏体量相同时，含氮马氏体的质量体积大于不含氮的马氏体，共渗层的压应力大于渗碳层。

B 碳氮共渗层中的组织缺陷

碳氮共渗后，如果碳氮含量过高时，渗层表面会出现密集粗大条块状的碳氮化合物，使渗层变脆。如果共渗层中碳氮化合物过量并集中于表层壳状，则脆性过大，几乎不能承受冲击，再喷丸及碰撞时就可能剥落。产生这种缺陷的主要原因在于共渗温度偏低，氨的供应量过大，过早地形成化合物，碳氮元素难以向内层扩散，这是必须防止的缺陷。如果氮含量过高时，表面还会出现空洞，在未腐蚀的金相试样上能清楚地看到这种缺陷。碳氮共渗的组织缺陷还可能存在，残余奥氏体量过多，影响表面硬度、耐磨性与疲劳强度。

5.5.4 氮碳共渗（软氮化）

为了缩短氮化周期，并使氮化工艺不受钢种的限制，近一二十年间在低温氰化的工艺基础上发展了软氮化工艺。软氮化实质上是以渗氮为主的低温碳氮共渗，钢中除了氮原子的渗入，同时，还有少量的碳原子渗入，其处理结果与前述一般气体氮相比，渗层硬度较低，脆性较小，故称为软氮化。

软氮化方法分为气体软氮化和液体软氮化两大类。目前国内生产中应用最广泛的是气体软氮化。气体软氮化是在含有碳、氮原子的气氛中进行低温氮、碳共渗，常用的共渗介质有尿素、甲酰胺和三乙醇胺，它们在软氮化温度下发生热分解反应，产生活性碳、氮原子。活性碳、氮原子被工件表面吸收，通过扩散渗入工件表层，从而获得以氮为主的碳氮共渗层。Fe-C-N系的共析温度约为565℃，在此温度时，氮在α-Fe中具有最大溶解度，所以气体软氮化温度常为560～570℃，氮化时间常为2～3h，因为超过2.5h，随时间延长，氮化层深度增加很慢。

5.5.4.1 软氮化层组织和性能

由于共渗温度低，碳在 α 相中的溶解度仅为氮在 α-Fe 中溶解度的 1/20。因此，钢经软氮化后，表面最外层可获得几微米至几十微米的白层，它是由 ε 相、γ′相和含氮的渗碳体 $Fe_3(C, N)$ 所组成，次层为 0.3～0.4mm 的扩散层，它主要是由 γ′相和 ε 相组成。

化合物层的性能与碳、氮含量有很大关系。碳含量过高，虽然硬度较高，但接近于渗碳体性能，脆性增加；碳含量低，氮含量高，则趋向于纯氮相的性能，不仅硬度降低，脆性反而提高。因此，应该根据钢种及使用性能要求，控制合适的碳、氮含量。氮碳共渗后应该快冷，以获得过饱和的固溶体，造成表面残余压应力，可显著提高疲劳强度。氮碳共渗后，表面形成的化合物层也可显著提高抗腐蚀性能。

5.5.4.2 软氮化的特点

软氮化具有以下特点：

(1) 共渗温度低，时间短，工件变形小。

(2) 工艺不受钢种限制，碳钢、低合金钢、工模具钢、不锈钢、铸铁及铁基粉末冶金材料均可进行软氮化处理。工件经软氮化后的表面硬度与氮化工艺及材料有关。

(3) 能显著地提高工件的疲劳极限、耐磨性和耐腐蚀性。在干摩擦条件下还具有抗擦伤和抗咬合等性能。

(4) 由于软氮化层不存在脆性 ξ 相，故氮化层硬而具有一定的韧性，不容易剥落。

因此，目前生产中软氮化已广泛应用于模具、量具、高速钢刀具、曲轴、齿轮、气缸套等耐磨工件的处理。

气体软氮化目前存在问题是表层中铁氮化合物层厚度较薄（0.01～0.02mm），且氮化层硬度梯度较陡，故重载条件下工作的工件不宜采用该工艺。另外，要防止炉气漏出污染环境。

5.6 渗 金 属

渗金属是使一种或多种金属原子渗入金属工件表层的化学热处理工艺。根据所用渗剂聚集状态不同，可分固体法、液体法及气体法。

将金属工件放在含有渗入金属元素的渗剂中，加热到一定温度，保持适当时间后，渗剂热分解所产生的渗入金属元素的活性原子便被吸附到工件表面，并扩散进入工件表层，从而改变工件表层的化学成分、组织和性能。与渗非金属相比，金属元素的原子半径大，不易渗入，渗层浅，一般需在较高温度下进行扩散。金属元素渗入以后形成的化合物或钝化膜，具有较高的抗高温氧化能力和抗腐蚀能力，能分别适应不同的环境介质。

5.6.1 固体法渗金属

固体法渗金属最常用的是粉末包装法，把工件、粉末状的渗剂、催渗剂和烧结防止剂共同装箱、密封、加热保温扩散而得。渗剂是含有渗入元素的各种铁合金粉粒，如铝铁粉、铬铁粉等，它们提供铝或铬原子。用氧化铝粉、高岭土或耐火黏土作为烧结防止剂，用以防止渗剂和工件黏结。催渗剂一般用 NH_4Cl。金属元素在 γ-Fe 中的扩散速度比碳的扩散速度慢得多，因此，为了获得一定深度的渗层，渗金属的加热温度要更高点（一般

950～1050℃）和较长的保温时间。这种方法的优点是操作简单，无需特殊设备，小批生产应用较多。此法可以渗铬、渗铝、渗钛、渗锌、渗钒等。缺点是生产效率低，劳动条件差，渗层有时不均匀，质量不容易控制等。

固体渗铬，渗剂为0.107～0.053mm（100～200目）铬铁粉（含Cr 65%）（40%～60%）+ NH_4Cl（12%～3%），其余为Al_2O_3。工件埋入装有渗铬剂的渗箱内，箱盖用耐火泥密封，然后放置于热处理炉中加热，加热到1050℃的渗铬温度时，渗剂与工件发生如下反应：

$$2NH_4Cl \longrightarrow HCl + H_2 + N_2$$
$$HCl + Cr \longrightarrow CrCl_2 + H_2$$

当$CrCl_2$与被渗工件表面接触时，通过发生化学反应，在被渗工件表面沉积出活性Cr原子，并向工件内部扩散。反应为：

$$CrCl_2 \longrightarrow Cr + Cl_2$$
$$CrCl_2 + H_2 \longrightarrow Cr + HCl$$
$$CrCl_2 + Fe \longrightarrow Cr + FeCl_2$$

5.6.2 液体法渗金属

液体渗金属可分两种，一种是盐浴法，另一种是热浸法。目前最常用的盐浴法渗金属是日本丰田汽车公司发明的T. D. 法。它是在熔融的硼砂浴中加入被渗金属粉末，工件在盐浴中被加热，通过悬浮在熔盐中的欲渗入金属原子与被渗金属相互作用形成渗层，或者渗剂中反应还原出的金属原子在工件表面吸附、扩散渗入工件表面。例如渗钒：把欲渗工件放入（80%～85%）$Na_2B_4O_7$ +（20%～15%）钒铁粉盐浴中，加热到950℃保温3～5h，即可得到一定厚度（几个微米到20μm）的渗钒层。

该种方法的优点是操作简单，可以直接淬火；缺点是盐浴有密度偏析，必须在渗入过程中不断搅动盐浴。另外，硼砂的pH值为9，有腐蚀作用，必须及时清洗工件。

热浸法渗金属是较早应用的渗金属工艺，典型的例子是渗铝。其方法是：把渗铝零件经过除油去锈后，浸入780℃ ±10℃熔融的铝液中经15～60min后取出，此时在零件表面附着一层高浓度铝覆盖层，然后将工件放到加热炉内，加热到950～1050℃温度下保温4～5h，让表层的铝原子渗入到工件表层。为了防止零件在渗铝时铁的熔解，在铝液中应加入10%左右的铁。铝液温度之所以如此选择，主要考虑温度过低时，铝液流动性不好，且带走铝液过多。温度过高，铝液表面氧化剧烈。

5.7 渗 硼

将钢的表面在高温下渗入硼元素以获得铁的硼化物的工艺称为渗硼。渗硼能显著提高钢件表面硬度（1300～2000HV）和耐磨性，以及具有良好的红硬性及耐蚀性和抗氧化性，故获得了很快的发展。

5.7.1 渗硼的方法

渗硼可根据渗剂不同分为固体渗硼、气体渗硼、膏剂渗硼、电解盐浴渗硼和非电解盐浴渗硼五种。但由于气体渗硼采用的乙硼烷或三氯化硼气体，乙硼烷不稳定且易爆炸，三氯化硼有毒，因此未被采用。现在生产上主要采用的是固体渗硼和盐浴渗硼。

5.7.1.1 固体渗硼

目前最常用的渗硼剂是：5% KBF_4 +5% B_4C +90% SiC + Mn-Fe。其中 B_4C 是提供活性B原子，KBF_4是催渗剂，SiC 是填充剂，Mn-Fe 则起到使渗剂渗后松散而不结块的作用。如此渗硼后冷至室温开箱时，渗剂松散，工件表面无结垢等现象，无需特殊清理。将这些物质的粉末和工件匀装入耐热钢板焊成的箱内，工件以一定的间隔（20～30mm）埋入渗剂内，盖上箱盖，在900～1000℃的温度保温1～5h后，出炉随箱冷却即可。

5.7.1.2 盐浴渗硼

盐浴渗硼常用硼砂作为渗硼剂和加热剂，再加入一定的还原剂，如 SiC，以分解出活性硼原子。为了增加熔融硼砂浴的流动性，还可加入氯化钠、氯化钡或盐酸盐等助熔盐类。其反应为：

$$Na_2B_4O_7 + SiC \longrightarrow Na_2O \cdot SiO_2 + CO_2 + O_2 + 4[B]$$

生成的活性硼原子被工件表面吸附，扩散到内部与 Fe 形成 Fe_2B 或 FeB。

常用的盐浴成分有下列三种：

（1）60% 硼砂 +40% 碳化硼或硼铁；

（2）（50%～60%）硼砂 +（40%～50%）SiC；

（3）45% BaCl +45% NaCl +10% B_4C 或硼铁。

盐浴渗硼同样具有设备简单，渗层结构易于控制等优点，但有盐浴流动性差，工件粘盐难以清理等缺点。为了降低盐浴的熔点、改善盐浴的流动性和提高渗硼的速度，在盐浴中加入了氯化钠、碳酸钠等中性盐。一般盐浴渗硼温度采用950～1000℃，渗硼时间根据渗层深度要求而定，一般不超过6h。因为时间过长，不仅渗层增深缓慢，而且使渗硼层脆性增加。

5.7.2 渗硼后的热处理

对心部强度要求较高的渗硼件，在渗硼后还需进行热处理。由于 FeB 相、Fe_2B 相和基体的膨胀系数相差较大，在热处理工程中，基体发生相变，而硼化物不发生相变，因此渗硼层容易出现微裂纹和崩落现象，这就要求热处理时尽可能采用较缓和的淬火介质，并且淬火后应及时进行回火。

5.7.3 渗硼层的组织性能

从铁硼系相图（图5-25）可知，硼在

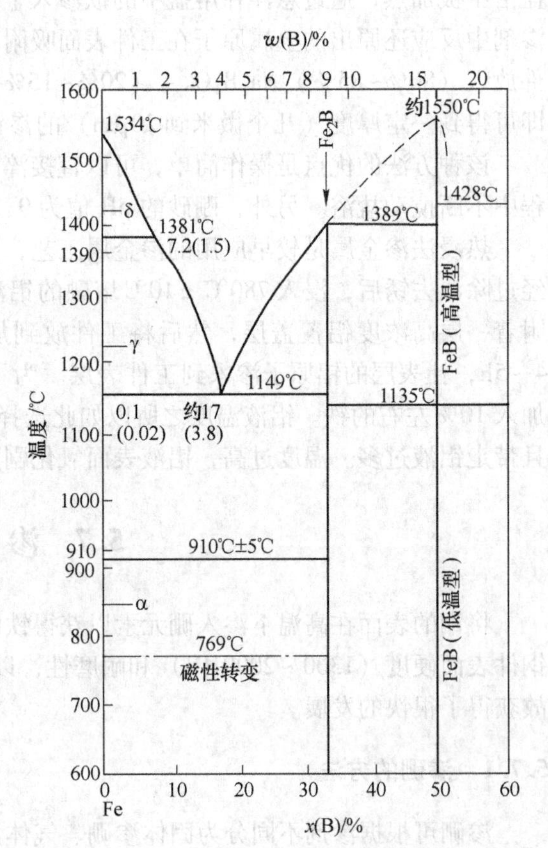

图5-25 铁硼系平衡相图

α-Fe 和 γ-Fe 中的溶解度都很小，因此硼渗入到工件表面后，很快就形成硼化物 Fe_2B，再进一步渗入 B 则形成硼化物 FeB。随着硼原子的渗入，硼化物不断长大，并逐渐连接成致密的硼化物层。在渗硼的过程中，随着硼化物的形成，钢中的碳被排挤至内侧，因而紧靠硼化物层将出现富碳区，其深度比硼化物层厚得多，称扩散区。硅在渗硼过程中也被硼挤而形成富硅区。硅是铁素体形成元素，在奥氏体化温度下，富硅区可能变为铁素体，在渗硼后淬火时不转变成马氏体，因而紧靠硼化物层将出现软带（300HV 左右），使渗硼层容易剥落。因此，渗硼层组织自表面至中心只能看到硼化物层，如浓度较高，则表面为 FeB，其次为 Fe_2B，呈梳齿状楔入基体，过渡区和基体见图 5-26。当渗硼层由 FeB 和 Fe_2B 两相构成时，在它们之间将产生应力，在外力（特别是冲击载荷）作用下，极易产生裂缝而剥落。

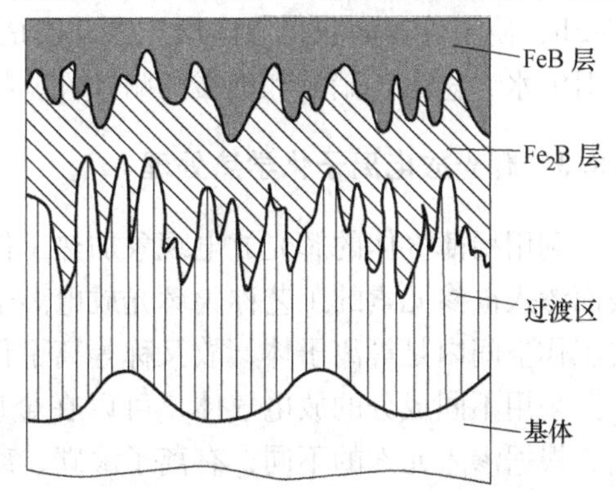

图 5-26 渗硼后典型组织形态示意图

渗硼后的工件具有比渗碳、碳氮共渗高的耐磨性，较高的抗氧化及热稳定性，又具有较高耐浓酸（HCl，H_3PO_4，H_2SO_4）腐蚀能力及良好的耐 10% 食盐水、10% 苛性碱水溶液的腐蚀，但耐大气及水的腐蚀能力较差。

5.8 其他化学热处理

5.8.1 渗硫

渗硫，也有称硫化，在含硫介质中加热，使工件表面形成以 FeS 为主的化合物层的化学热处理工艺。渗硫的主要目的是使摩擦时不会产生“咬合”现象，即改善了零件的抗“咬合”能力，降低了摩擦系数，使能在不提高表面硬度的条件下增加耐磨性。

目前，按照渗硫温度不同，可以分为高温渗硫（850～930℃）、中温渗硫（500～600℃）及低温渗硫（180～220℃）。渗硫的方法主要有 3 种，分别是：液体渗硫、固体渗硫和气体渗硫。

低温电解渗硫生产周期短，设备简单。因此，低温电解渗硫应用很广。

低温电解渗硫工艺：渗硫的浴液是由 KSCN（75%）与 NaSCN（25%）组成，加热到 180～190℃，KSCN 与 NaSCN 离子化，其反应为：

$$KSCN \longrightarrow K^+ + SCN^-$$

$$NaSCN \longrightarrow Na^+ + SCN^-$$

电解渗硫时，正极与工件相接，负极与坩埚相接，电极上发生的反应为：

阴极反应： $$SCN^- + 2e \longrightarrow S^{2-} + CN^-$$

阳极反应： $$Fe \longrightarrow Fe^{2+} + 2e$$

$$Fe^+ + S \longrightarrow FeS$$

阳极反应生成的 FeS 就沉积在工件的表面。

5.8.2 渗硅

将钢铁制件放入含硅的介质（如硅铁粉或含有四氯化硅的气体）中加热，新生的活性硅渗入钢铁表层，使其表面具有耐热性和耐酸性。

固体渗硅的渗剂主要是由硅铁粉、NH_4Cl 和少量的石墨组成，加热到 1050℃，保温到 3～5h，使工件表面获得渗硅层。渗硅层是 Si 在 α-Fe 中的固溶体，呈柱状组织。渗硅层具有对海水、盐酸、硝酸和硫酸的耐蚀性，特别对盐酸的耐蚀性更强。

5.8.3 辉光放电离子化学热处理

利用稀薄气体的辉光放电现象加热工件表面和电离化学热处理介质，使之实现在金属表面渗入欲渗元素的工艺称为辉光放电离子化学热处理，简称离子化学热处理。因为在主要工作空间内是等离子体，故又称等离子化学热处理。

采用不同成分的放电气体，可以在金属表面渗入不同的元素。和普通化学热处理相同，根据渗入元素的不同，有离子渗碳、离子渗氮、离子碳氮共渗、离子渗硼、离子渗金属等，其中离子渗氮已在生产中广泛地应用。

思 考 题

5-1 什么是化学热处理，主要目的是什么？

5-2 什么是碳势，如何测量碳势？

5-3 何为渗碳，渗碳的目的是什么，主要用于哪些钢？

5-4 画出 38CrMoAlA 钢制磨床主轴等温渗氮的工艺曲线，为什么要在最后进行退氮处理？

5-5 写出 20Cr2Ni4A 钢重载渗碳齿轮的冷、热加工工序安排，并说明热处理工序所起的作用。

参 考 文 献

[1] 唐殿福，卯石刚．钢的化学热处理 [M]．沈阳：辽宁科技出版社，2009.

[2] 齐宝森，陈路宾，王忠诚，等．化学热处理技术 [M]．北京：化学工业出版社，2005.

[3] 潘健生，胡明娟，等．气体渗碳的平衡问题与碳势控制方法的讨论 [J]．金属热处理学报，1992，13 (1)：14～21.

[4] 张伟民，胡明娟，等．用氧探头测量碳势的偏差与气体渗碳的平衡问题 [C] // 中国机械工程学会热处理分会第六届大会宣读论文，成都：1995 年 9 月．

[5] F. J. harvey：Metall. Trans. A，Vol. 9A，Nov. 1978

[6] 夏立芳．金属热处理工艺学 [M]．哈尔滨：哈尔滨工业大学出版社，1996.

6 热处理变形及控制

钢件热处理时，由于加热和冷却的不均匀，相变的不等时性，以及组织结构的不均匀性，必然会使钢件内部产生热处理应力，从而导致钢件的变形。本章根据不同类型的热处理应力作用，阐述热处理变形的一般规律。

6.1 热处理变形的一般规律

6.1.1 热歪扭和相变歪扭

零件热处理过程中经常产生变形、歪扭畸变及体积变化，通常称为热处理变形。除了热处理引起钢件微小的体积变化外，变形方式主要是歪扭或称翘曲，按照歪扭的成因，可分为：热歪扭和相变歪扭。

6.1.1.1 热歪扭（翘曲）

零件在加热和冷却过程中，由于内部温度分布不均匀而产生热应力。当此热应力超过材料在相应温度下的弹性极限时，则产生热歪扭。随着温度变化依次发生的塑性歪扭，在热处理后残留下来并形成永久变形。同时，残余应力还造成弹性歪扭。两者均称为热歪扭。

对弹性极限低和导热性差的材料来说，加热速度、冷却速度越大，则温度分布不均匀程度越大，热歪扭越严重。

6.1.1.2 相变歪扭（翘曲）

过冷奥氏体的转变均为一级相变，热处理时伴有比体积的变化，则必然产生体积变化的变形。图 6-1 是细珠光体组织的碳素钢钢棒加热奥氏体化后，在炉中冷却、油中冷却、水中冷却时测得的长度变化情况。可见，加热时在 A_{c1} 收缩；冷却时分别在 A_{r1}、A'_{r}、A''_{r}、A_{rm} 膨胀。加热并冷却后，结果：图 6-1a 几乎没有长度变化，图 6-1b 长度增加，图 6-1c 长度增加更大。

图 6-2 是 0.97% C 钢淬火为马氏体后，慢慢加热时的回火膨胀曲线[1]，在大于 100℃ 收缩（析出碳化物），230℃ 附近膨胀（残留奥氏体分解），300℃ 附近又发生收缩（正方度 $c/a \to 1$）。这是由于马氏体回火时，析出渗碳体，马氏体的正方度逐渐变为 1 的缘故。马氏体、渗碳体、铁素体的比体积不同，因而引起体积和尺寸变化。

除了热歪扭和相变歪扭外，还有自重变形和消除预先加工残余应力而发生的变形。自重变形是指钢材在炉中的放置、堆积、出炉方法不当时，因自重而产生的往往是非常大的变形，也是值得注意的。

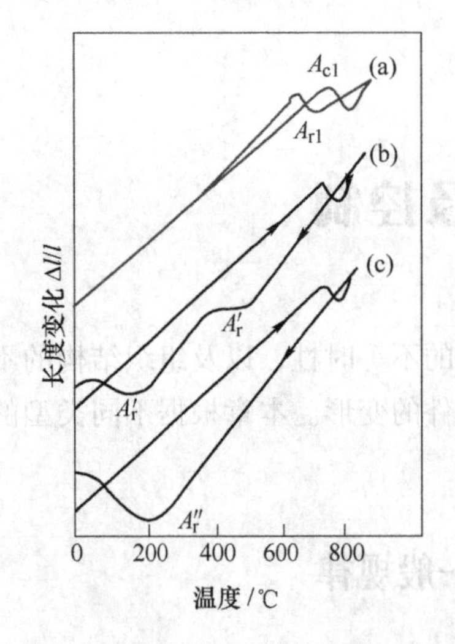

图 6-1　共析碳钢的冷却条件和长度变化[1]

（a）炉中冷却；（b）油中冷却；（c）水中冷却

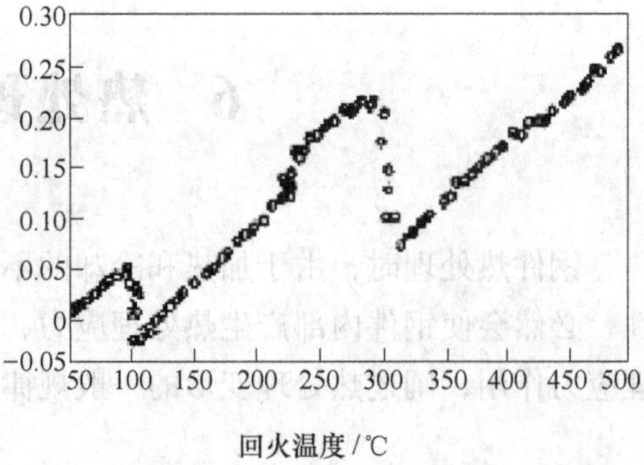

图 6-2　0.97% C 钢的回火膨胀曲线

6.1.2　歪扭（翘曲）变形的基本规律

6.1.2.1　热应力引起的热歪扭

钢件淬火过程中，由于截面各部分冷却速度不同，而造成温差，引起钢件的体积不均匀收缩，从而形成热应力。如果热应力超过钢件的屈服极限时，就会造成钢件的塑性变形。

热应力所引起的变形，往往使钢件趋向“腰鼓”形状，即直径涨大而长度缩小。淬火时，钢件从高温急剧冷却，钢件的表层要比其内部的冷却速度快而发生较激烈的收缩。钢件内部由于冷却较慢，其收缩较小，从而内部的阻碍则承受拉应力作用。此时，当拉应力超过其高温屈服强度时，表层即可发生塑性变形。

设外层温度比心部低 ΔT，钢件直径为 D，变形量为 ΔD，热膨胀系数为 λ，则变形量是：$\dfrac{\Delta D}{D} = \lambda \times \Delta T$，产生的热应力为 $\sigma = E \times \lambda \times \Delta T$。

钢的 λ 随温度的升高而增大，弹性模量 E 值则降低。如表层和心部的温差 ΔT = 500℃，$E = 15000\text{kg/mm}^2$，$\lambda = 0.000019/℃$，按上式可得出表层因急冷收缩受心部限制而产生的拉应力 $\sigma = 830\text{MPa}$，超过了钢件在该温度下的屈服极限（一般钢的高温屈服极限都低于此值），从而发生了涨大的拉伸塑性变形，结果引起表面凸起。在随后的冷却过程中，内部还要发生收缩，但却受到已冷却的外层的限制，所以内部呈现拉应力，表面受到压应力的作用，发生应力反转（已不能使其变形完全恢复），最终所发生的变形趋向于形成球形。对直径大于厚度的圆盘件，则厚度增大，直径缩小；长度大于直径的圆柱件，则长度缩小，直径增大。如果将钢件加热到 A_1 点以下的温度骤冷，由于不发生相变，则会因急冷而产生热应力。在反复加热和冷却条件下，就能由于热应力的作用使圆柱形钢件变成腰鼓状。因此，热应力引起的变形是受到冷却初期表层部分的塑性拉伸变形所支配，变形倾向趋于球形化。

变形的大小取决于内部应力和屈服强度之间的关系，高温强度较高的钢，其变形较小。对于这种变形来说，温度分布不均匀是主要原因，所以：

（1）冷却速度越快，变形越大；

（2）淬火加热温度越高，变形越大；

（3）钢件截面积越大，变形越大；

（4）钢的导热系数越小，变形越大。

凡属影响传热，妨碍温度均匀的加热和冷却因素，都会造成钢件变形（翘曲，几何形状的改变）。

奥氏体钢（如奥氏体不锈钢1Cr18Ni9Ti和高锰钢Mn13等）或铁素体钢（如铁素体不锈钢Cr25、Cr28等）淬火时，便能够产生这种单纯由于热应力所引起的变形。

6.1.2.2 组织应力引起的相变歪扭

淬火时钢中的过冷奥氏体向马氏体转变的过程中，由于马氏体的比体积比奥氏体的大，转变引起体积膨胀。由于淬火冷却初期钢件表层或截面较小的部分，其冷却速度快，使之首先冷却到M_s点以下发生马氏体转变，但钢件心部或较厚部分的转变略为滞后，这样造成了马氏体向奥氏体转变的不等时性。表层和冷却较快的部分，发生马氏体型相变引起外层和局部的体积膨胀，而钢件内部和冷却较慢的部分尚处于过冷奥氏体状态，此时会由于外层的膨胀而产生拉应力；外层膨胀受到内部限制而具有压应力，因而导致变形。对于立方体形件，各面倾向于凹入变形；长的圆柱状件，直径缩小，长度伸长；圆盘形件直径增大，厚度减小。

当进一步冷却时，中心部分的温度也降至M_s点以下，也进行A→M的转变，发生体积膨胀，从而给外层一种扩张作用，造成应力状态的反转，使外表层承受拉应力作用，心部受压应力作用。由于表层坚硬的马氏体外壳，钢的屈服极限极高，不易引起塑性的滑移变形，如内应力较大时则有形成淬火裂纹的危险。

因此，组织应力所引起的变形，表层膨胀时，将受到由于中心部分产生的拉应力而造成的塑性变形的支配。因相变而造成的体积增大，其规律是：

（1）奥氏体中的碳含量越多，体积膨胀越大；

（2）形成的马氏体量越多，体积膨胀越大。

6.1.2.3 热应力和组织应力综合作用下引起的变形

实际生产中，钢件的热处理应力一般是既有热应力，又有组织应力，以及组织不均匀所造成的附加应力。所谓淬火变形，就是这些应力的综合作用的结果（很少遇到因单纯的热应力或组织应力所造成的变形）。然而，究竟产生趋向于何种形式的变形，钢的淬透性和M_s点的位置具有重要的影响，此二者又取决于钢的成分等。对于具有一定成分的某种钢来说，M_s点又取决于其淬火温度，因为淬火温度的高低对高温奥氏体中碳含量及合金元素起决定作用。另外，淬火温度对热应力的大小和残余奥氏体量的多少也有重要影响。其他如冷却速度、工件形状、尺寸因素等对淬火应力、淬火变形有直接的影响。

对于屈服极限较高的钢件，未穿透淬火时，冷却的初期，表面冷却速度较快而发生较大的收缩，却因心部冷却较慢收缩较小而受到阻碍，从而使得表层具有拉应力，心部承受压应力作用，将引起表层的塑性拉伸变形。随后的冷却过程在心部温度下降较快造成应力反转前，心部发生了奥氏体→珠光体转变（有较小的体积膨胀），又进一步增大了表层的塑性变形。对于高碳钢来说，由于 M_s 点较低，屈服极限高，一般只发生冷却初期的热应力型的变形，亦即趋于球形化。

对于一般结构钢来说，M_s 点较高，屈服强度较低。因而，淬透性越好的钢，其表层相变引起的塑性拉伸变形就显著。就是说，是兼受热应力和组织应力的综合作用，产生以组织应力为主的变形。

对于淬透性良好的钢，进行穿透淬火时，冷却初期，即表层和心部都在 M_s 点以上时，表层急冷收缩受内部的阻碍而产生拉应力，心部受到压应力作用。当表层冷却至 M_s 点以下，发生马氏体转变而膨胀，却受到心部的限制，因而加速了应力反转，使心部受拉应力作用，并导致组织应力型的变形。当心部亦冷至 M_s 点以下时，心部马氏体转变时便发生再度的应力反转，使表层具拉应力，心部受压应力作用。

6.2 热处理时工件体积的变化

热处理时工件体积的改变也是一种变形。影响钢件体积变化的主要因素是由于相变所引起的比体积的不同而造成的。钢在退火、正火、淬火、回火等热处理中，都有体积的变化。

马氏体形成时的体积变化与马氏体中的碳含量有关，如表 6-1 所示。可以看出，钢中碳含量越多，则形成马氏体时的比体积变化越大（即膨胀量越大）。另外，钢中碳化物的分布也与变形有关，即碳化物的不均匀分布往往能够增大变形程度。钢件各种组织的比体积以及相变时的体积变化列于表 6-2 和表 6-3 中。

应当说明，热处理过程中体积变形规律与许多因素有关。上述情况仅是假定其他因素不变的情况下所出现的变形倾向。这种变形倾向使钢件的各个部分的各个线度方向都按一定规律增加和减小。

表 6-1 马氏体形成时的体积变化与碳含量的关系[2]

碳含量/%	体积变化/%	碳含量/%	体积变化/%
0.1	+0.0113	1.0	+1.557
0.3	+0.404	1.3	+2.376
0.6	+0.922	1.7	+3.781
0.85	+1.227	—	—

表 6-2 钢中各种相和组织的比体积（计算值）[2,3]

相和组织	碳含量/%	比体积（20℃）/$cm^3 \cdot g^{-1}$
铁素体	0~0.02	0.1271
渗碳体	6.67	0.130±0.001
ε-碳化物	8.5±0.7	0.140±0.002
马氏体	0~2	$0.1271+0.00265w(C)$
奥氏体	0~2	$0.1212+0.0033w(C)$
铁素体+渗碳体	0~2	$0.1271+0.0005w(C)$
低碳马氏体+ε-碳化物	0~2	$0.1271+0.0015(w(C)-0.25)$

表 6-3 组织变化时碳素钢的体积变化率 $\frac{\Delta V}{V_i}$ 和长度的变化 $\frac{\Delta l}{l_i}$ [1,3]

组 织 变 化	$\frac{\Delta V}{V_i}$/%	$\frac{\Delta l}{l_i}$
球化退火→奥氏体	$-4.64+2.21w(C)$	$-0.0155+0.0074w(C)$
奥氏体→马氏体	$4.64-0.53w(C)$	$0.0155-0.0018w(C)$
球化退火→马氏体	$1.68w(C)$	$0.0056w(C)$
奥氏体→下贝氏体	$4.64-1.43w(C)$	$0.0155-0.0048w(C)$
球化退火→下贝氏体	$0.78w(C)$	$0.0026w(C)$
奥氏体→铁素体+渗碳体	$4.64-2.21w(C)$	$0.0155-0.0074w(C)$

6.3 时 效 变 形

淬火组织中存在残留奥氏体时，在常温下放置，残留奥氏体将向马氏体转变，马氏体还要分解，其结果是发生体积变化，因而产生时效变形。因此，对于要求尺寸稳定的零件来说，为了防止时效变形，必须进行适当处理，如冷处理加回火时效。

残余奥氏体在冷处理时转变为马氏体（冷却到干冰的升华温度 -78.5℃，或者液体氮的沸点 -195℃，两者的效果都挺好）。淬火后，如果不立即进行冷处理，而在常温放置，将发生奥氏体稳定化，在其后的冷处理中，马氏体转变将受到抑制。将 1.0% C，1.5% Cr，0.20% V 的轴承钢，在 845℃油中淬火，残留奥氏体的量为 3.4%，以不同的时间在室温下放置后，进行冷处理，残留奥氏体的转化比例表示在图 6-3 中[2,3]。

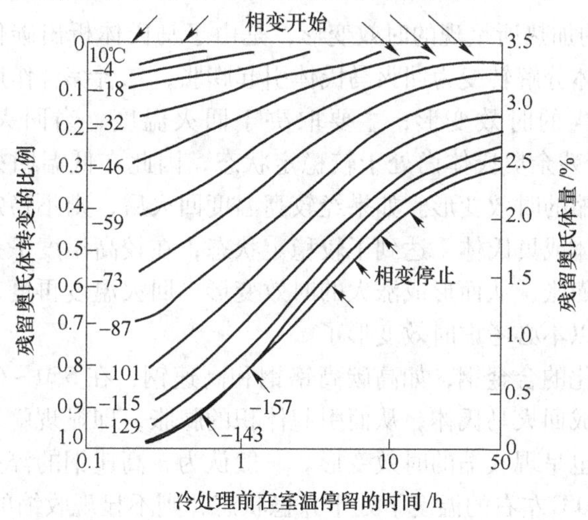

图 6-3 1.0% C，1.5% Cr，0.20% V 轴承钢在 845℃油中淬火，冷处理

淬火后的回火促进残留奥氏体的稳定化。将跟上述相同钢种的试样在不同奥氏体化温度油中淬火，不同温度下回火 1h 后，在 -195℃进行冷处理时，测得奥氏体转变量的结果，表示在图 6-4 中。

将同样的钢从 845℃淬火于油中（残留奥氏体 4%）在 20 ~ 260℃的温度下回火 1h，

将其在常温下放置，求出长度变化率，表示于图 6-4 中。

淬火后在 –195℃冷处理，而后进行与上述同样的回火，其结果在图 6-5 中表示出来。由于进行这种热处理，残留奥氏体几乎全部转变成马氏体，图 6-5 中的曲线，就回火温度来说，随着时效时间有规律地一起降低，这是马氏体分解所致。

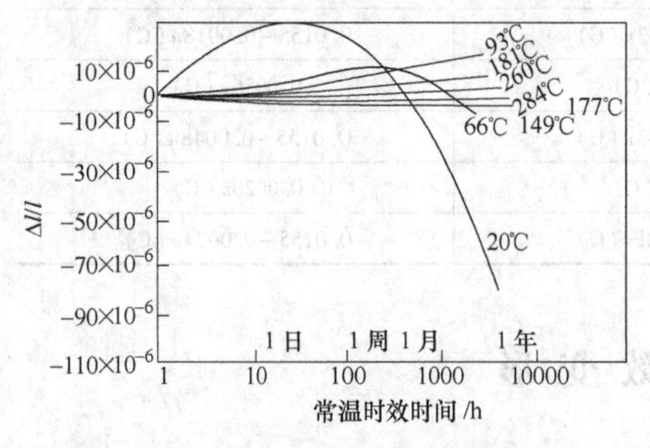

图 6-4 轴承钢零件 845℃油淬火后回火在室温时效时长度的变化

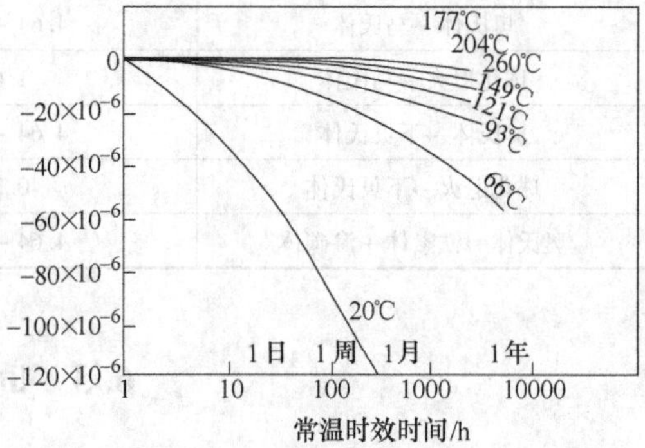

图 6-5 轴承钢零件 845℃油淬火、冷处理后回火在室温时效时尺寸的变化

如上所述，应用冷处理使残留奥氏体有了适量的转变，再进行回火，因而硬度不致过分降低，能防止时效变形。

低合金钢采用 800 ~ 850℃油冷或者盐浴淬火，高合金钢采用 950 ~ 1000℃油冷或空冷后，都在 150℃左右反复回火，因而使时效变化的稳定性加大。此外，依上述方法淬火后，冷处理并在 150℃左右回火，进行这种综合周期处理，在具备良好的尺寸稳定性的同时，还能保持高硬度。

从室温到 250℃的加热所呈现的时效变形，是由于马氏体析出碳化物形成回火马氏体引起收缩和残余奥氏体分解转变为回火马氏体引起膨胀，二者综合作用的结果。

回火后钢件所产生的时效变形，主要取决于回火温度。当回火温度较低时，如在 150℃的温度下，由于残余奥氏体尚处于较稳定状态，因此在低温回火后，由马氏体中析出碳化物，故引起收缩的时效变形。如果经较高温度回火后，则不稳定的马氏体已在较低温度分解成回火马氏体或贝氏体，达到了较稳定状态，在较高温度下残余奥氏体进一步发生分解，将造成体积膨胀，从而形成涨大的时效变形。回火温度再度升高时，当残余奥氏体分解完毕后，则可以不必考虑时效变形了。

对于具有二次硬化的合金钢，如高碳高铬钢和高速钢，在 550 ~ 600℃的温度回火时，残余奥氏体分解转变成回火马氏体，从而引起体积的膨胀，即显现膨胀的时效变形。但在常温或较低温度下，也呈现收缩的时效变形。一般认为，高速钢的淬火组织经回火后产生的回火马氏体，在 550℃左右的温度下处于介稳状态，则不显现收缩的时效变形。

对于时效硬化钢而言，主要是微粒质点的析出硬化，所以它的时效变形总是收缩的，而不呈现膨胀现象。

经冷处理的钢件，由于残余奥氏体转变为马氏体而引起膨胀，若继续在常温放置时，则引起钢中淬火马氏体的分解，而呈现收缩的时效变形。由于冷处理可促使残余奥氏体接近全部转变，所以处理后的钢，在放置和使用过程中产生的时效变形总是有收缩的倾向，而不显现膨胀。

6.4 热处理变形的原因

上述分析了内应力、热处理中的比体积变化、歪扭等，本节概括小结变形产生的原因。

引起热处理变形的因素颇多，总结起来，基本上有三点[4]：

(1) 固态相变时，各相比体积的变化必然引起体积的变化，造成零件胀与缩的尺寸变化；

(2) 热应力，包括急热热应力和急冷热应力，当它们超过零件在该温度下所具有的屈服极限时，将使零件产生塑性变形，造成零件的形状变化，即歪扭，或称为畸变；

(3) 组织应力也引起形状的改变，即相变歪扭。

一般来说，淬火工件的变形总是由于以上的两种或三种因素综合作用的结果。但究竟哪一个因素对变形的影响较大，则需要具体情况作具体的分析。

关于体积的变化已做了较详细的叙述。总的来说，体积变化是由相变时比体积的改变而引起的。马氏体的比体积比钢的其他组成相的比体积要大，热处理时钢由其他组成相转化为马氏体时，必然引起体积的增加。而奥氏体的比体积要比钢的其他组织比体积要小，在热处理时由其他组成相转变为奥氏体时，则引起体积的减小。

关于形状的变化，歪扭或称畸变，主要是由于内应力或者外加应力作用的结果。在加热、冷却过程中，因工件各个部位的温度有差别，相变在时间上有先后，发生的组织转变不一致，而造成内应力。这种内应力一旦超过了该温度下材料的屈服极限，就产生塑性变形，引起形状的改变。此外工件内的冷加工残余应力在加热过程中的松弛，以及由于加热时受到较大的外加应力也会引起形状的变化。

在热处理时可能引起体积变化和形状变化的原因见表 6-4。表中“体积变化原因”一栏未列入因热胀冷缩现象而产生的体积变化，钢由淬火加热温度到零下温度进行冷处理，均随温度的变化而有相应的体积变化，因热胀冷缩而引起的体积变化不均匀乃是热应力产生的原因，而且对变形有相当的影响。

表 6-4 热处理可能引起体积变化和形状变化的原因

热处理工艺	操作顺序	体积变化原因	形状改变原因
淬火	加热到奥氏体化温度并保温	奥氏体的形成，碳化物的熔解	残余应力的松弛，热应力、外加应力
	冷却	马氏体的形成，非马氏体转变产物的形成	热应力、组织应力
冷处理	过冷到0℃以下并保温和回温到室温	马氏体量增加	热应力、组织应力
回火	加热到回火温度并保温	马氏体的分解及转变，残留奥氏体分解	应力的松弛，热应力、组织应力
	回火冷却	残留奥氏体的转变	热应力，组织应力

6.5　热处理变形的控制

控制、减少、防止热处理变形是生产中长期以来十分重视的问题。生产经验证明，要减少并控制热处理畸变，不仅需要在热处理工艺和操作方面采取有效的措施，而且还要在零件生产各个环节严格要求及合理配合，才能取得满意的效果。

6.5.1　材料的选择

越是使用冷却能力强的冷却剂，冷却速度越不均等，则越容易产生较大内应力，引起工件变形。所以，选择淬透性好的钢，并以油冷、空冷实现硬化，则变形小。但是如无必要将内部淬硬时，选择淬透性小的钢，仅将其表面层淬火硬化，心部不淬硬，从而达到减小和控制变形的目的也是可以的。

马氏体的碳含量越高，尺寸变化和变形都越大。因此可根据需要，选择低碳马氏体加分散碳化物来提高硬度的钢种，同时有效地利用含有比体积小的残留奥氏体。但是这种场合，存在着硬度和时效变形问题。

具有带状组织的钢材淬火将出现方向性。用具有明显带状组织的低碳钢及低碳合金钢淬火，则顺纤维方向产生伸长的变形。模具钢和其他工具钢具有带状组织时，淬火则出现方向性，不容易均质化。这种合金工具钢淬火歪扭的方向性是由于含 C、Cr 非常多的 Cr12、Cr12W3、Cr12MoV 钢其膨胀在纤维方向大，原因是在延伸方向上排列着许多碳化物。

变形大小首先取决于钢材，因而选用钢材是否得当，对工件热处理时是否有较大变形有很大影响。例如，图 6-6 所示为 T10 钢制模具，淬火时型腔 *A* 处不易淬硬，需采用剧烈的冷却介质，但变形较大。改用高淬透性的 CrWMn 钢或 9Mn2V 钢制造，则可使变形在允许范围内[3]。

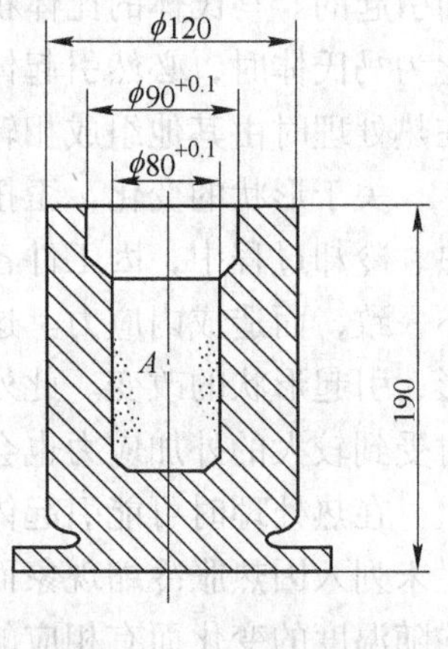

图 6-6　T10 钢制模具

6.5.2　冷却方式的选择

冷却方式对淬火变形有较大的影响，一般采用均匀冷却的方法。

相变引起的尺寸变化能够因钢材的合理选择而变小。但是，当钢种已选定时，则由此而产生的热处理尺寸变化是不可避免的。在实际淬火操作中，主要是因钢件各部位不同时发生相变而产生的变形、开裂及热歪扭。

为了缩小各部位马氏体化时间的间隔，采用在出现屈氏体组织附近的温度范围实行急冷，而在 M_s 点以下实行缓冷的方法较好。淬火冷却剂使用水时，在 M_s 点以下冷却速度较大，则变形大。要在 M_s 点以下实行缓冷，最好采用油中淬火，空气中冷却。水中急冷后，估计达到 M_s 点附近温度的时间，即从水中取出，移入油中，吹风冷却，空冷等。这里关键是控制淬火移入油中的时间。

等温淬火或者分级淬火对于减轻变形尤其有效。0.95% C，0.30% Si，1.20% Mn，0.50% W，0.5% Cr，0.20% V 的高碳工具钢，从 845℃冷却到 60℃的油中淬火，在 204℃

等温淬火及246℃等温淬火，将这些处理的零件均回火到63～64HRC后，测定尺寸变化，其结果表示在图6-7中。淬火液均剧烈搅动。从中可见等温淬火是非常有效的。同样，在等温淬火中有利于进行矫正歪扭[2,3]。

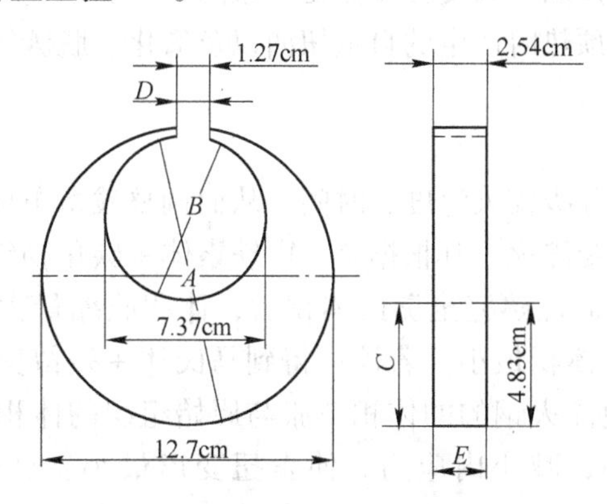

热处理方法	尺寸变化/cm				
	A	B	C	D	E
60℃油中淬火	210.82×10⁻⁴	241.3×10⁻⁴	203.2×10⁻⁴	609.6×10⁻⁴	76.2×10⁻⁴
204℃盐浴分级	132.08×10⁻⁴	152.4×10⁻⁴	127×10⁻⁴	0	25.4×10⁻⁴
246℃盐浴分级	114.3×10⁻⁴	76.2×10⁻⁴	2.54×10⁻⁴	-50.8×10⁻⁴	25.4×10⁻⁴

图6-7 油中淬火及等温淬火时的歪扭

冲裁模的尺寸精度要求很高，凸模和凹模的间隙配合严格，对于获得高质量冲压件非常重要，因此要严格控制冲裁模的热处理畸变。Cr12MoV钢的特点是淬火前后的比体积之差相差甚微，但是淬火冷却容易形成较大的内应力，引起畸变。为了减小畸变采用缓慢的冷却方式，两次分级等温，即加热到1030℃，然后在300～380℃等温（0.2～0.3min/mm），再取出转入160～180℃等温（0.2～0.3min/mm），后空冷至室温。

斜齿轮等零件由于要求齿面的精度，靠等温淬火也很难充分达到目的。对于这种零件要进行压床淬火。板弹簧进行压床淬火也能得到良好的效果。

高频淬火由于加热表层，整体变形小是其优点。同时正确地支撑零件，使用稳定的高频加热装置，以一定量的水，一定的方向，一定的时间进行喷射淬火，这样产生的歪扭也是稳定的。但这时同样要注意被硬化表面应均匀地进行冷却。齿轮进行高频淬火时，多数是将齿轮在感应圈中一面旋转，一面加热并喷水淬火。冷却水通常是向感应圈的中心喷射的。

高频淬火和火焰淬火中，采用将零件在卡盘中固定约束淬火变形的方法，或是将非硬化部浸泡在水中后再淬火的方法。将应硬化的部分浸在液体中（水中或油中），运用高电流密度进行高频加热，连续淬火，这种方法能使歪扭变形特别小。

6.5.3 加热方式

防止变形的途径主要是均匀加热、均匀冷却，做到缓冷、缓热。加热速度太快，会出现急热热应力而引起变形，尤其是大型工件，要控制加热速度。做到均匀加热，放慢加热速度（50～100℃/h），采用多次预热均能收到良好效果。

一般来说，在高频淬火时，加热时间较短，加热层较浅，因而产生的歪扭少。若采用预先整体预热，适当地选择加热温度分布也是有效的。

另外，还应注意防止预热时产生的自重扭曲以及氧化、脱碳等现象发生。

6.5.4　微畸变淬火

通过调节加热温度、分级淬火温度、时间，从而调整残留奥氏体量，达到微小的淬火变形的方法，即所谓微畸变淬火。其根据是：由铁素体＋碳化物组成的原始组织转变为马氏体时，体积膨胀最大，而加热完全奥氏体化后，体积收缩最大，这是由于马氏体的比体积最大，而奥氏体的比体积最小。若淬火得到马氏体＋残留奥氏体的整合组织，控制残留奥氏体量，则可以使淬火钢的的体积膨胀与原始组织的体积之差最小。这样就可达到淬火钢的体积畸变最小，减小内应力，使歪扭变形最小。这就是微畸变淬火的理论依据。

为了实现微畸变淬火：（1）调整淬火加热温度，通过控制奥氏体的成分来调节马氏体点（M_s），改变淬火后的残留奥氏体量，达到控制淬火钢件的体积变化最小；（2）调整分级等温停留温度和时间，实现过冷奥氏体的稳定化，调整淬火组织中的残留奥氏体量，并且减小淬火内应力，使歪扭变形最小。

各种钢件均可采用微畸变淬火工艺。以9SiCr板牙为例，奥氏体化温度为860℃，加热时间按30～45s/mm计算，然后在180℃等温30～45min，冷却到室温后，于200℃温度回火。

6.5.5　零件设计应考虑控制变形

工件设计时应尽可能地考虑到均匀对称，如增加工艺孔等，以便冷却时温度分布均匀，从而减少变形。图6-8所示为一模具，材料为T10A，硬度要求58～62HRC。采用碱浴冷却，则*A*处有软点；水淬油冷，则*B*处变形严重。后改为图6-8b所示结构，冷却易于均匀。这时采用碱浴淬火，获得了均匀的硬度，并克服了*B*处变形严重的缺点[3]。

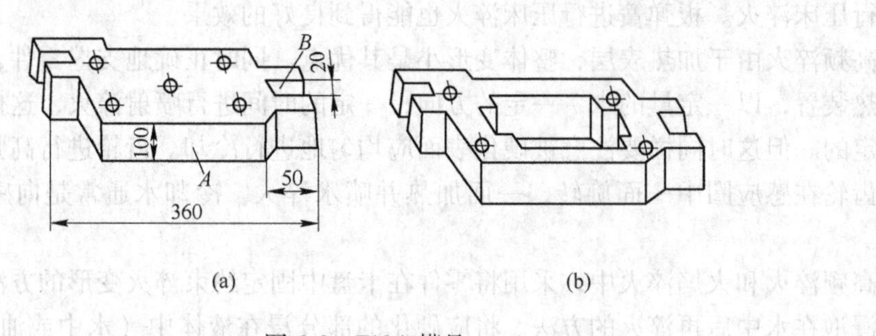

图6-8　T10A模具

6.6　变形的校正

零件变形的校正[4]按照施加外力的不同，可分为淬火过程中的校正和淬火后的校正。

在分级淬火过程中进行校正；进行压床淬火、滚压淬火等方法进行校正。例如斜齿轮等零件的压床淬火中，广泛使用淬火压床。将加热的齿轮放在下模中，以上模压齿面，同时以扩张器压内径，从下模往上模里通入淬火油，一面压床校正，同时发生马氏体转变。对于小齿轮轴等轴类零件采用滚压淬火机床。滚压法在汽车半轴的高频移动淬火中被采用，效果较好。

淬火后的校正，大多数是将工件回火后用压力机校正，在回火升温过程中加外力校正更为有效。因为在金属相变进行时，塑性变形非常容易，马氏体回火时的屈服点低，回火后施行校正，加很小的外力就能使其变形，弹回也小。

6.6.1 冷压校直法

工件在热处理过程中，由于热处理应力的作用而产生的零件弯曲变形，需在弯曲最高点施加外力，使零件发生塑性变形而压直。考虑到在外力作用下工件发生的变形有一部分是弹性变形，故需在校正时压过头 0.05mm 左右为好。硬度低于 40HRC 的碳素工具钢或合金工具钢的棒形或薄片形工件，都可以采用冷压校直法。硬度高于 40HRC 的工件，用此法校直比较困难，且硬度越高，越容易压裂。

6.6.2 烧红校直法

淬火低温回火后钢的硬度高、塑性差，采用冷压校直法容易折断，这时可采用氧-乙炔火焰，对工件弯曲最大处（系硬度要求不高的地方）加热，加热到一定程度，利用热塑性进行校直。烧红的部位一般在非切削刃部，例如锥柄钻头的颈部。烧红的温度为 900℃左右，趁热快速校正，在 600℃以上时可用较大压力，短时间加压，在 600℃以下时则用较小压力，长时间加压。

6.6.3 热点校直法

用氧-乙炔火焰热点在工件凸起部分，碳素钢以水冷却，合金工具钢或高速钢用油冷或空冷。工件热点区在火焰加热时，马氏体被回火，比体积变小，体积收缩；另外在冷却时还可能发生中温转变。总之，这些转变使热点区收缩，在水冷、油冷或自冷过程中还产生收缩热应力，因而使工件得到校直。这种校直方法大量应用于碳素钢、合金钢等工件。

凡是硬度在 40HRC 以上的工件，用冷压校直法有困难时多采用热点法。一般高硬度工件热点法效果较好。合金工具钢热点效果比碳素工具钢好。高合金工具钢热点时需防止开裂。

热点校直法必须在回火后进行，否则，因淬火残余应力很大，如再热点，可能导致裂纹。碳素工具钢热点后应水冷；对低合金钢可以油废纱覆盖热点区冷却或空冷。合金工具钢在高硬度区热点易引起开裂，因此应在硝盐中进行 180℃左右的预热。热点时亦应在热点区四周用火焰预热。热点后应做低温消除应力处理。合金工具钢热点后不宜进行发黑处理，因发黑后热点处容易引起裂纹。

热点区的目测温度约为 800～850℃。热点位置尽量选在工件非工作部位。

6.6.4 反击校直法

采用高硬度的钢锤，连续锤击工件的凹处，在表面产生压应力，使小块面积产生塑性变形以使锤击的表面向两端扩展延伸，从而得到少量的校直，此法适用于高硬度（50HRC以上）的细长刀具和偏平刀具，例如小铰刀、长直柄钻头、铰刀刀片及锯片铣刀回火后校直。锤子硬度为64～68HRC，平板硬度为40～50HRC即可。反击时从凹处最低点开始，有规则地向两端延伸，锤击点的位置对称于最低点，力量应均匀。未经回火的工件不能采用反击法，否则容易开裂。

与反击校直法相对应的有正击校直法。硬度一般应小于40HRC，用铜制榔头敲击凸起部分。对于≥4mm的直柄钻头，淬火后因含有较多的残余奥氏体，有一定塑性，可用正击法进行校直，但用力不宜过大。实际上正击校直法也是冷压校直法的一种特殊形式。

6.6.5 淬火校直法

钢在淬火冷却过程中，趁它还处于奥氏体状态时即进行热校直，因为奥氏体的塑性好，易于校直。这种校直法特别适用于淬透性好的高合金钢，如高速钢等。对于合金工具钢，如9WSi、CrWMn等也可采用此法，当在油中冷到200℃左右取出校直，或于200℃左右的硝盐中冷却后再取出校直。这种校直法在校直过程中内部组织转变不断进行，马氏体量不断增加，可能随时出现新的弯曲，因此必须反复验校，到100℃以下时，施力要缓，以防断裂。

6.6.6 回火校直法

高速钢淬火以后，其内部尚剩有25%左右的残余奥氏体，等温淬火后残余奥氏体更多。在回火冷却的过程中大部分残余奥氏体将发生转变。回火校直就是在回火后，趁钢尚有高的热塑性及易于变形的残余奥氏体尚存在时，进行校直。此法适用于高合金工具钢，尤其是高速钢等温淬火件，如梯形丝杠、细长铰刀等。回火校直法也可以在回火过程中进行，例如锯片铣刀淬火后用夹具压紧回火，回火出炉后再趁热加压，这样锯片铣刀的变形可以达到技术要求。

思 考 题

6-1 产生热歪扭和相变歪扭的原因是什么？

6-2 产生组织应力和热应力的原因是什么？

6-3 简述热处理过程中体积变形的规律。

6-4 什么是时效变形，为什么产生时效变形，怎么防止？

6-5 分析总结钢件热处理变形的原因。

6-6 阐述控制热处理变形的方法。

参 考 文 献

[1] 荒木透．鋼の熱處理技術［M］．朝倉書店，昭和 44 年，215～250.
[2] 荒木透，金子秀夫，三本木貢治，橋口隆吉，盛利貞．鋼の熱處理技術［M］．朝倉書店，1969（昭和 44 年）．
[3] 刘宗昌．钢件淬火开裂及防止方法［M］．2 版．北京：冶金工业出版社，2008.
[4] 刘宗昌，赵莉萍，等．热处理工程师必备理论基础［M］．北京：机械工业出版社，2013.

7　热处理开裂及防止方法

钢件在热处理生产中经常产生裂纹，其中最多的是工件淬火裂纹。无论是钢材还是零件，开裂使钢件报废，造成经济损失，因此热处理开裂是受到高度重视的问题。

7.1　热处理裂纹的类型

7.1.1　纵向裂纹

纵向裂纹是沿着工件的纵向，或随着工件的形状而改变开裂方向，此一般称为纵向裂纹，经常在长杆状工件上发生。纵向裂纹往往在完全淬透的工件上形成。由于冷却不均匀，工件表层和心部的马氏体相变不是同时进行的，心部后转变为马氏体组织，体积膨胀，使表层受到拉应力作用，当拉应力中的切向应力值超过钢的断裂强度时，便形成由表面裂向内部的纵向裂纹。图 7-1 所示为热处理各类裂纹的图解，其中纵向裂纹表层承受拉应力，心部是压应力状态[1,2]。

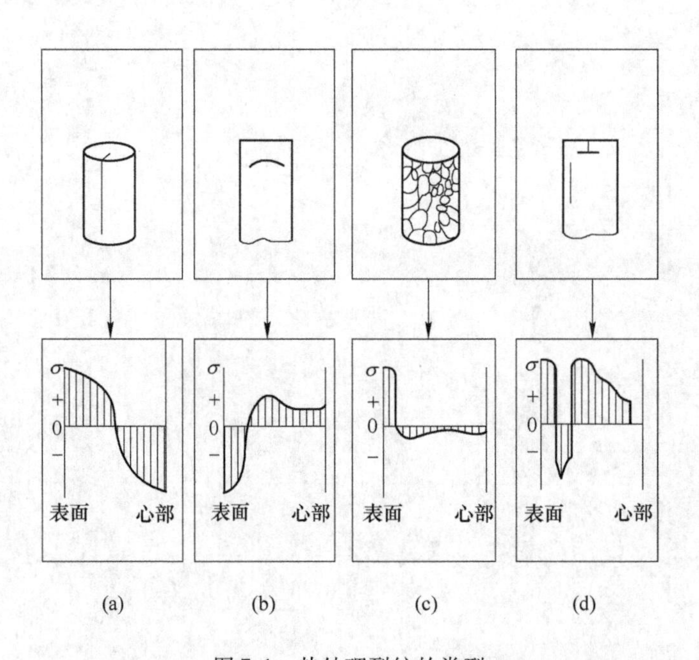

图 7-1　热处理裂纹的类型

（a）纵向裂纹；（b）内部弧裂；（c）网状裂纹；（d）剥离裂纹

当钢材沿着轧制方向分布着带状组织或带状夹杂物时，在切向拉应力作用下，易导致纵向裂纹。

7.1.2 横向裂纹、弧形裂纹

横向裂纹大多发生在轴类大锻件上，如轧辊、汽轮机转子等，其特征是垂直于轴线方向，由内部向外部延伸断裂，多数是没有淬透，心部处于拉应力状态，属于热应力型，如图7-1b所示。将1.0%C，0.2%V钢圆柱（直径18mm）加热到800℃，测得水冷淬火时的应力分布，如图7-2所示[3,4]。图中纵线表示心部和硬化部分的分界线。可见，在心部没有淬透时，心部承受拉应力，表层为压应力状态。

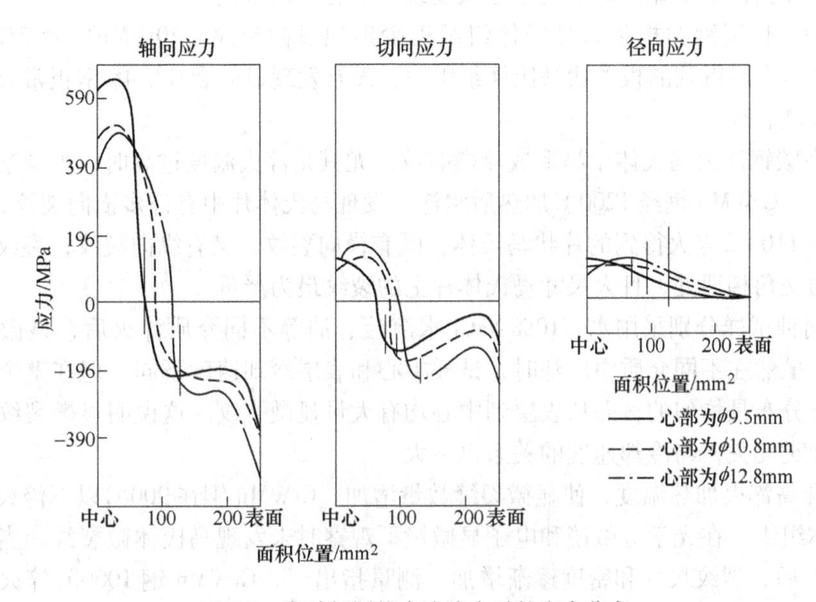

图7-2 高碳钢圆柱水冷淬火时的应力分布

弧形裂纹主要产生在工件内部，或者在尖锐棱角、孔洞附近等应力集中处，分布在棱角附近，有时会延伸到工件表面，这种弧形裂纹还可能蔓延到工件表面，这种裂纹往往在未淬透的工件或者渗碳淬火工件上产生。因表层马氏体组织比体积大，或表层渗碳后淬火得到的马氏体组织，比体积与心部未硬化的组织相比，体积膨胀较大，这种膨胀受到心部的牵制使表层处于压应力状态，而心部受拉应力，如图7-1b所示。弧形裂纹产生在拉应力部位。

7.1.3 表面裂纹和剥离裂纹

表面裂纹（表面龟裂）是分布在工件表面上很浅的裂纹，深度约0.01～2mm。当深度很浅时，裂纹在表面呈网状分布，如图7-1c所示，而深度在1mm以上时，则不一定呈网状。淬火后工件磨削易产生网状的磨削裂纹，某些热作模具，芯棒经长时间使用，会在表面形成网状的疲劳龟裂。

表面淬火工件、渗碳工件和某些模具，在接近表层极薄的区域，形成拉应力状态，如图7-1d所示，在拉应力向压应力过渡的极薄的区域形成裂纹，严重时剥落，即为剥离裂纹。

7.2 淬火马氏体显微裂纹

7.2.1 马氏体显微裂纹的形态

无论中碳钢、高碳钢淬火后都可能产生显微裂纹。将20CrMnTi、45钢、T10、T8、3Cr2W8V、CrWMn等钢加热到1000℃以上，保温后水淬或油淬，试样经磨制后浸蚀，在光学显微镜和扫描电子显微镜下观察显微裂纹的形态，结果是：

（1）中、低碳钢的板条状马氏体组织很少出现显微裂纹。20CrMnTi及3Cr2W8V钢1200℃加热淬火后得到的板条状马氏体组织中，没有发现显微裂纹。45钢正常温度下淬火也未发现显微裂纹。

（2）高碳钢淬火马氏体中易形成显微裂纹，尤其是淬火温度过高时，可观察到大量淬火显微开裂。CrWMn钢经1200℃加热后水淬，发现马氏体片中有许多横向裂纹，如图7-3所示。该钢1100℃淬火得到的片状马氏体，既有横向裂纹，又有纵向裂纹，裂纹多产生在马氏体片的交角相遇处，且大尺寸马氏体片上的裂纹最为严重。

（3）同种试样分别采用水、10% NaCl水溶液、油等不同介质淬火后，显微裂纹密度大体相同。虽然在不同介质中冷却时，试样中心和表层冷却速度不同，但在整个金相试样磨面上裂纹分布是均匀的，即从表层到中心均有大量显微裂纹。这说明显微裂纹的形成与淬火介质种类无关，与冷却速度的关系也不大。

（4）升高淬火加热温度，使显微裂缝数量增加。CrWMn钢在900℃以下淬火时，得到隐晶马氏体组织，在光学显微镜和电子显微镜下观察时未发现马氏体微裂纹。当淬火温度超过1000℃后，裂纹尺寸和密度逐渐增加。测量指出[5]，CrWMn钢1000℃淬火时最大裂纹密度为150根/mm^2；而1200℃淬火时裂纹密度为860根/mm^2；1270℃淬火时为2150根/mm^2。CrWMn钢经1100℃油中淬火到室温，马氏体组织粗大，裂纹密布，如图7-4所示。

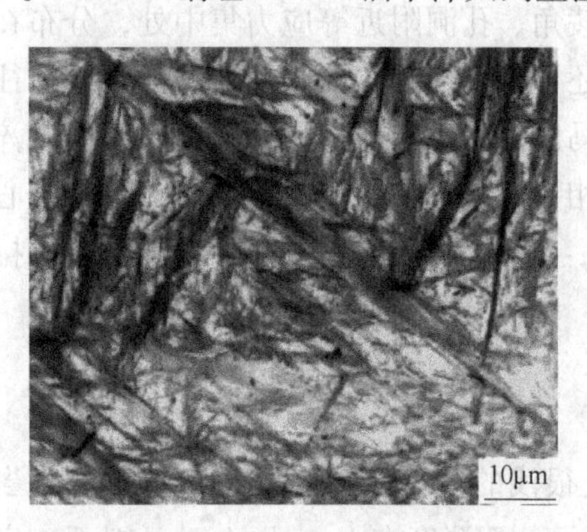

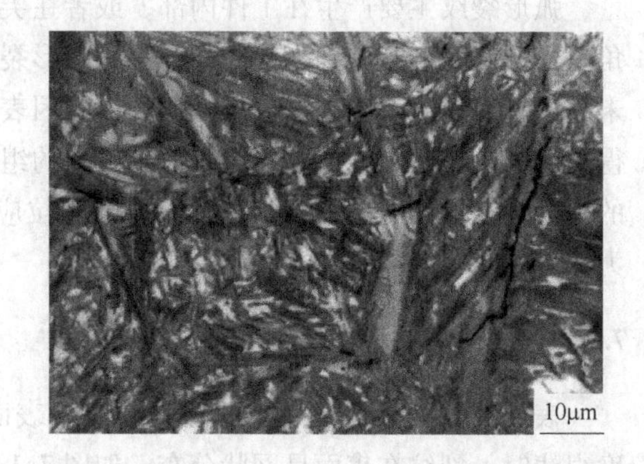

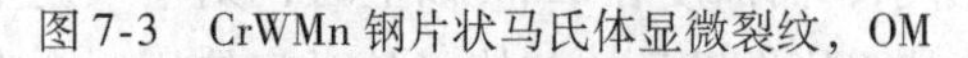
图7-3 CrWMn钢片状马氏体显微裂纹，OM

图7-4 CrWMn钢马氏体中大量显微裂纹，OM

淬火加热温度除影响奥氏体晶粒度外，还影响奥氏体中的固溶碳量。当奥氏体中碳含量相同时，随着奥氏体晶粒的减小，形成微裂纹的敏感度减小。从表7-1中可见，在高碳钢中，即使将奥氏体晶粒细化到9级，淬火马氏体中仍有显微裂纹。当奥氏体晶粒度相同时，随着奥氏体内固溶碳量的减少，马氏体中形成微裂纹的敏感度也减小[3,6]。

表 7-1　奥氏体固溶碳量和晶粒大小对裂纹形成的影响

固溶碳量 w(C)/%	奥氏体晶粒号数	形成显微裂纹敏感度/mm^{-1}
1.22	6	8.3
1.22	3	13.0
1.18	3	9.0
1.18	7	7.6
1.00	3	4.5
1.00	9	1.2

（5）马氏体显微裂纹实质上是真空的扁洞，无氧化，无污染，回火时可以焊合。如 CrWMn 钢 1100℃重复淬火后，裂纹密度为 1570 根/mm^2，而 180℃、回火 2h 降为 150 根/mm^2，焊合了 90%。但是，即使较高温度回火也难以消除显微裂纹。高温回火后仍有相当数量的显微裂纹。

7.2.2　马氏体显微裂纹形成机理

20 世纪 80 年代许多学者对淬火马氏体内的微裂纹进行了观察，并且探讨了马氏体微裂纹的形成机理[6~10]。认为：马氏体微裂纹多数在片状马氏体内产生，形成的原因是由于片状马氏体形成时互相碰撞，而片状马氏体又难以作相应的形变来松弛应力，因此在碰撞处形成高应力场，当应力足够大时就形成显微裂纹。所谓“撞击”并不贴切，实际上，马氏体片形成时体积膨胀，相互挤压，是显微裂纹的成因。当几个不同方向的马氏体片同时交接于一处时，会由于膨胀产生极高的应力场，马氏体片相互挤压、“撞击”而形成显微裂纹。

“撞击”观点和膨胀挤压的观点是从不同角度来解释马氏体片断裂的。铁基合金马氏体片长大速度极快，两片马氏体在极短的时间内交角相交长大，必相互碰撞，而这个相互碰撞与比体积增大有关。由于奥氏体向马氏体转变时比体积突然增大，交角生长的马氏体片必然瞬时“挤紧”（或称相撞），并产生应力场。通过对试验现象的观察分析，应用力学、断裂的能量理论，推导了马氏体片长大时的撞击速度、动能及应力等，从理论上探讨了马氏体片显微裂纹形成的原因。理论推导得出马氏体片“相撞”速度为 0.7×10^5cm/s，形成一片马氏体的时间约为 10^{-7}s，与马氏体长大速度实测值相吻合。从理论上导出钢中马氏体片撞击动能与马氏体片的尺寸成正比，因撞击而产生的正应力随马氏体片长度而增加[11]。

理论推导证明，马氏体片长大时互成一定角度，以高速、高能状态相“碰撞”，在交接处产生很高应力场。在高应力作用下，可能发生显微塑性屈服、变形或断裂。从位错观点看，由于高碳马氏体存在大量精细孪晶，孪晶可减少有效滑移系，从而使位错通过时呈“Z”字形，变形难以进行。

试验观察发现，马氏体片显微裂纹并非仅由于交角相撞所致，从图 7-5 高碳钢片状马氏体显微裂缝的形貌来看，马氏体片大都平行排列，但是仍然裂纹密布。

马氏体显微裂纹也常常沿着奥氏体晶界分布，晶界微裂纹的形成可能是马氏体片与晶界形成的高应力场所致。晶界裂纹的扩展可形成马氏体沿晶断口，形成石状断口。

7.2.3 显微裂纹对钢力学性能的影响

显微裂纹的存在无疑对淬火钢力学性能产生不利影响。已有的研究表明，显微裂纹是马氏体脆性的原因之一，显著地降低冲击韧性、强度极限和抗弯强度。

显微裂纹是马氏体脆性的重要原因。当淬火钢中存在显微裂纹时，在应力作用下，只要克服裂纹的临界扩展应力，就能以显微裂纹为核迅速扩展为宏观裂纹。

马氏体片交角相遇，产生第二类应力，此应力随马氏体片长度增大而升高。马氏体片愈粗愈长，产生的应力场愈大，导致马氏体塑变和断裂，从而消耗掉一部分应力。在微裂缝周围还会残留弹性应变，从而使微裂纹处于残余应力控制之下。当马氏体片较小，撞击应力不足以形成微裂纹时，应力场不能松弛而残留下来，形成显微局部残余应力。这种显微局部应力在原奥氏体晶界处和马氏体片交接处等微观区域内为最高。各局部区域的应力大小和方向是不相同的，如图 7-6 所示。

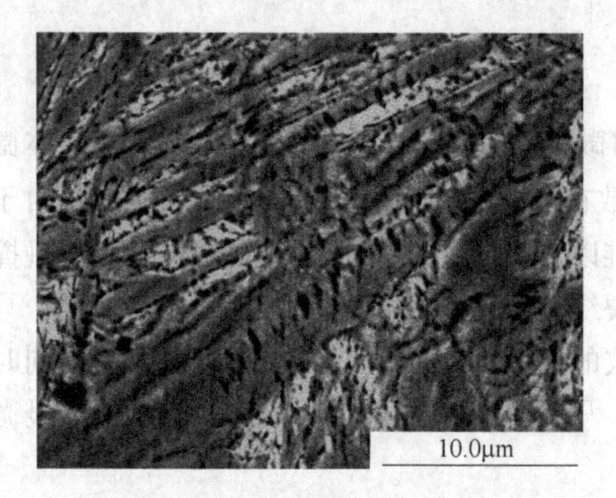

图 7-5 高碳马氏体淬火显微裂纹，SEM

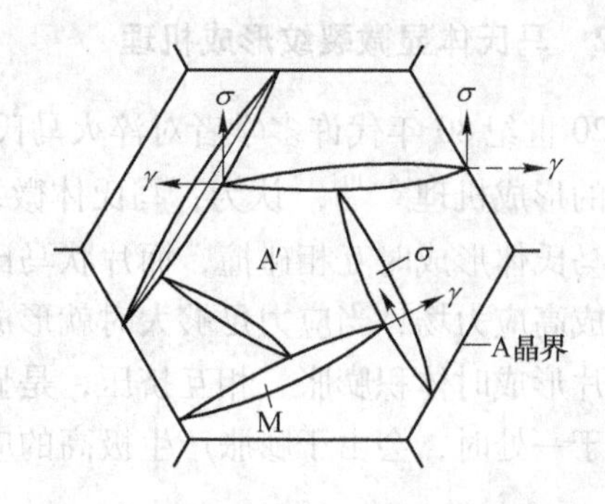

图 7-6 马氏体片微观应力示意图

试验表明，微裂纹会大大降低冲击韧性。采用 T12、CrWMn 等钢制成冲击试样，在1050℃加热淬火，得到较多的显微裂纹。另外，在1050℃加热，为防止出现显微裂纹，而采用分级淬火并带温回火。测定两种工艺处理后试样的冲击韧性，发现有微裂纹的试样的冲击值仅为无裂纹的1/3。表7-2 列举了显微裂纹对力学性能的影响[4]。

表 7-2 显微裂纹对力学性能的影响

热处理工艺	HRC	A_k/J	R_m/MPa	R_{eL}/MPa
1050℃ 加热 30min，180℃ 分级淬火，400℃回火显微裂纹较多	51	96	—	2873
1050℃ 加热 30min，180℃ 分级淬火 1min，带温400℃回火，无显微裂纹	44	272	1774	3109

显微裂纹使强度降低，这同淬火钢的“过早断裂”现象相符。而“过早断裂”与马氏体中的显微裂纹有关。0.3%C 钢不存在过早断裂现象，这是由于低碳板条状马氏体中没有显微裂纹的缘故；碳含量大于0.5%的淬火钢均出现“过早断裂”，断裂强度均低于钢的真实强度，这是由于存在显微裂纹或者存在较大的显微局部应力的缘故。显微裂纹还降低疲劳极限。

7.3　马氏体沿晶裂纹及形成机理

除了马氏体片中存在的显微裂纹外，在原奥氏体晶界上形成的沿晶裂纹是危害最大的，其发展将直接导致钢件的淬火宏观开裂，使产品报废。

7.3.1　马氏体沿晶裂纹和断口

采用T8、CrWMn、GCr15、40Cr、Fe-1.0C 合金等材料，冲击试验获得的断口在扫描电镜下观察其形貌。测定钢在900～1300℃各温度下的奥氏体实际晶粒度，结果表明奥氏体晶粒随淬火加热温度升高而不断粗化。试验钢经高温奥氏体化，然后淬火形成沿晶裂纹。图7-7a 所示为CrWMn 钢1100℃加热淬火，显微裂纹在奥氏体三角晶界（界棱处）上形成；图7-7b 所示为40Cr 钢于1200℃加热后水中淬火，由于奥氏体晶粒粗大而造成的马氏体裂纹沿着奥氏体晶界扩展，形成的沿晶断裂。

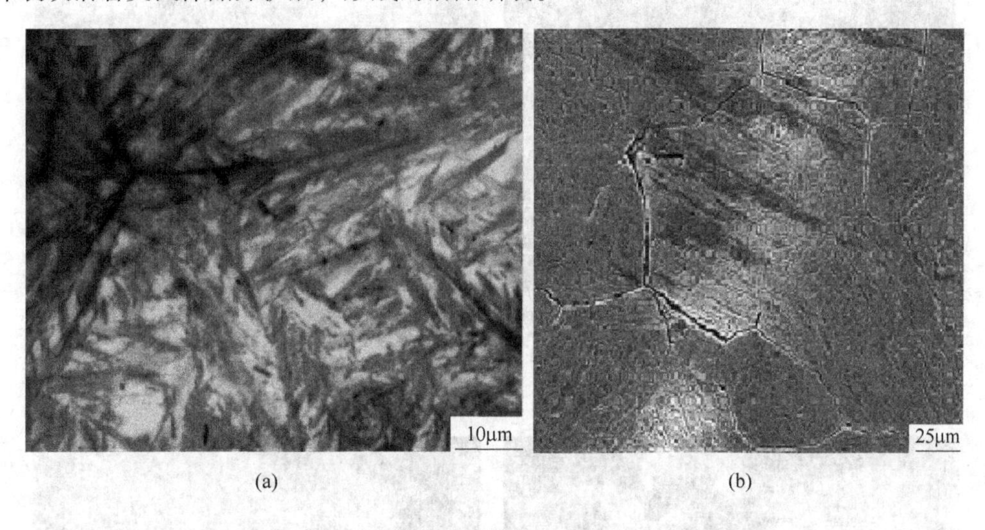

(a)　　(b)

图7-7　淬火马氏体的沿晶断裂，OM

各种淬火钢的沿晶断口在扫描电镜下观察表明，随淬火温度升高，沿晶断裂倾向变大，而穿晶准解理比例逐渐变小。图7-8 表明了CrWMn 钢断口形貌随淬火温度升高而变化的规律。800℃加热时奥氏体晶粒度为9 级，宏观断口为瓷状，微观上以准解理为主，还有少量沿晶断口；温度升高到900℃时，晶粒为6 级，断口基本上属沿晶断裂；待淬火温度升高到1200～1300℃时，沿晶断口呈粗大冰糖状。其他试验钢，均观察到同样的断裂倾向。

考察沿晶断裂的成因，在扫描电镜下从数十倍到数万倍连续观察断口形貌，发现断口平滑，未发现任何夹杂物作为断裂源。看来沿晶断裂并非杂质偏聚所致，而与马氏体相变产生的第二类内应力有关。

7.3.2　淬火马氏体沿晶断裂机制

在淬火马氏体中所观察到的石状断口与正常的过热断口有本质的区别。后者属延性沿

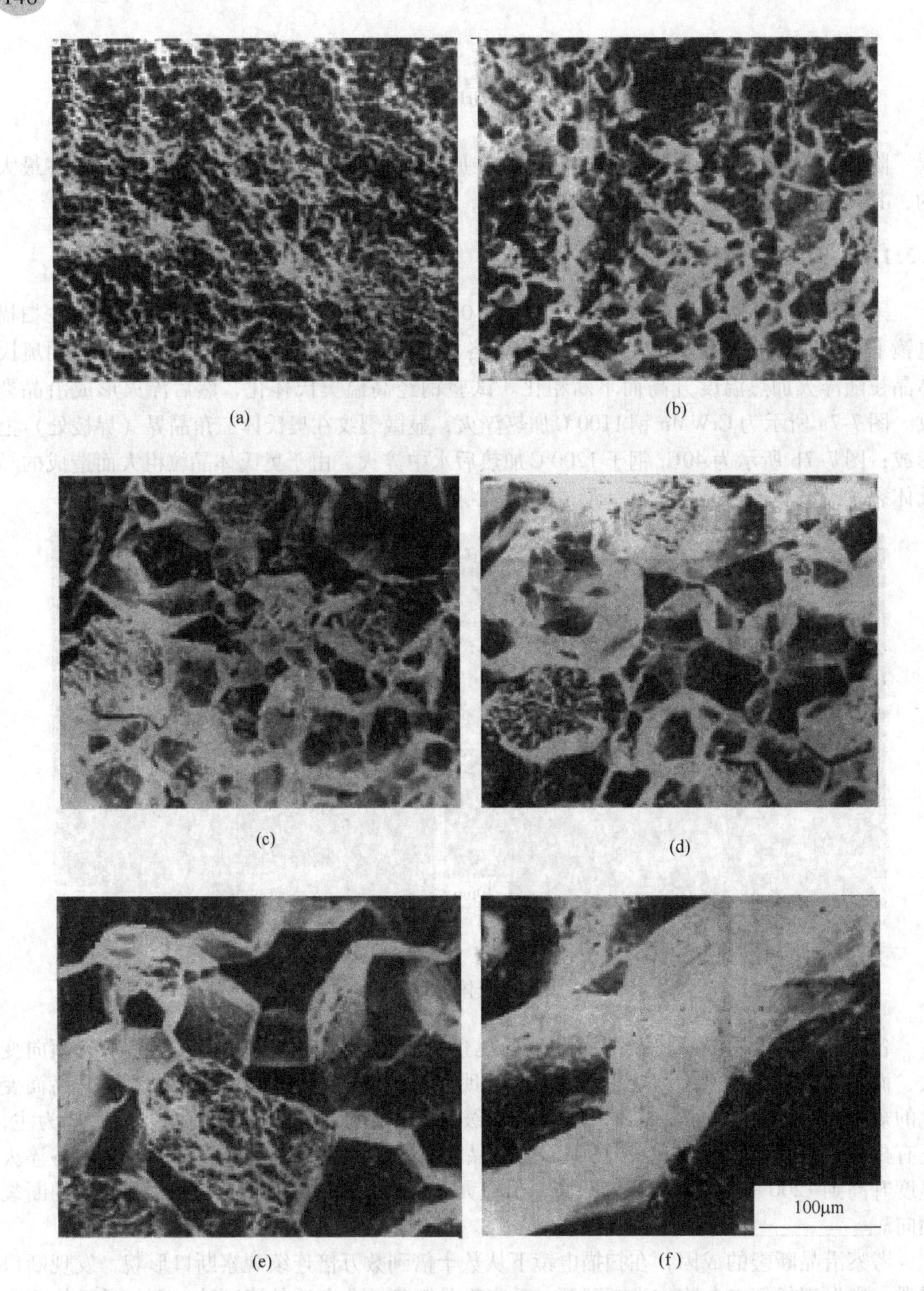

图 7-8 不同温度淬火的 CrWMn 钢的断口形貌，SEM
(a) 800℃；(b) 900℃；(c) 1000℃；(d) 1100℃；(e) 1200℃；(f) 1300℃

晶断裂，是以小球状 MnS 为源的沿晶韧窝状断口，而马氏体沿晶断口是脆性冰糖状。应用扫描电镜从低倍连续观察，晶界面光滑平整，基本上无塑性变形痕迹，未发现析出物，故马氏体沿晶断裂与析出物无关。

马氏体相变时，如以奥氏体晶粒为体积单元，马氏体片在晶内形成，不能穿越晶界，各个晶粒大小不等，晶内马氏体的相变不同步，必然在晶粒之间产生应力和应变，在晶界造成应力集中，这是马氏体沿晶断裂的重要原因[12]。

奥氏体转变为马氏体时，由于马氏体的比体积比奥氏体的比体积大，将发生体积膨胀。对一个奥氏体晶粒来说，当转变为马氏体时，马氏体片（或板条晶）一般不穿越晶界，相变体积膨胀只在晶粒范围内进行，而且具有方向性。马氏体相变的无扩散性、新旧相间的晶体学位向关系和 A-M 间的较大比体积差，决定了相邻晶粒间必产生应变、应力和应变能，进而造成应力集中乃至显微沿晶开裂。

成分均匀的高碳奥氏体晶粒中形成第一片马氏体时可横贯晶粒，并分割其晶粒，其长轴尺寸可接近晶粒直径，如图 7-9a 所示。该马氏体片的惯习面为 $\{225\}_\gamma$，典型应变方向 $[\bar{2}11]_\gamma$，$[01\bar{1}]_\gamma$，$[111]_\gamma$ 如图 7-9b 所示，显然第一片马氏体的生成会造成很大不均匀应变。

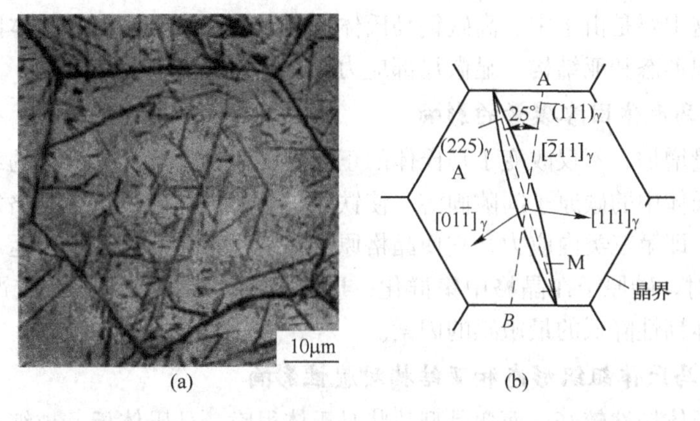

图 7-9 横贯奥氏体晶粒的马氏体片（a）及其位向示意图（b）

马氏体片沿惯习面长大，在各晶向上膨胀不均等，则产生应变能，形成晶粒内和晶粒之间的第二类内应力。由于相邻晶粒位向不相同，因而不同方向上应变不同，必在晶界处产生不协调的应力，甚至在界棱、界隅处产生应力集中。集中于晶界某处的应力会降低晶界强度，削弱晶界结合，直至在晶界处形成显微裂缝。这样，晶界上应力集中的区域和微裂缝在淬火宏观应力或外力作用下，就成为沿晶断裂源。这是淬火钢沿晶断裂的根本原因。

当淬火温度升高时，晶粒长大，奥氏体晶粒内成分也趋向均匀，缺陷减少，得到粗大马氏体，各晶向应变不均匀性变大，在晶界上产生较大应力和应力集中，有时在晶界处产生淬火微裂缝，导致沿晶断裂，即随淬火温度升高，沿晶断裂倾向变大。在淬火第一类内应力作用下，造成沿原奥氏体晶界扩展的沿晶裂纹和断口。

7.4 钢件淬火开裂机理

零部件淬火时经常因淬裂而报废，造成经济损失。一般认为工件淬火开裂是由于淬火冷却时产生的内应力超过了钢的断裂强度而引起的。实际上导致钢件淬裂的原因相当复杂。钢件淬火开裂的原因包括内部因素和外部条件。内部因素包括马氏体本质脆性和内应力的类型、大小、分布以及原始组织、冶金质量、钢的淬透性、淬透深度、脱碳等因素对钢的脆性和应力状态的影响。外部条件主要是热处理炉及工艺规范、淬火介质、零件尺寸和形状等对内应力、组织结构的影响以及附加外力的作用等。

钢的本质脆性是淬裂的根源，内应力及附加外力中的拉应力的大小、分布是淬火裂纹产生的条件。抓住这两条线索，掌握各种因素作用的本质、途径、规律性，并对具体零件的淬火裂纹进行具体分析、检测，就能弄清主要因素，次要因素，并确定防止措施，提高成品率[13]。

7.4.1 马氏体脆性是淬火开裂的主要原因

钢中马氏体一般来说韧性较差，随碳含量的增加，韧性急剧下降。低于0.4% C 的马氏体尚具有较好的韧性；高于0.6% C 的马氏体韧性变差，即使进行低温回火，冲击韧性值依然很低，这主要是由于中、高碳钢马氏体的固有脆性决定的。马氏体固有脆性取决于固溶碳量、组织形态和亚结构、显微局部应力及显微裂缝等因素。

7.4.1.1 马氏体固溶碳量的影响

随固溶碳量增加，不仅改变了马氏体的正方度，而且影响了马氏体的组织结构，使马氏体变脆。马氏体中的碳原子间隙固溶，使铁原子移离其平衡位置，晶格发生静畸变，形成畸变应力场，即第三类内应力，它使晶格原子间结合力降低。从位错运动角度看，碳含量高于0.25%时，碳原子在晶格中集群化，形成不对称的畸变偶极，它严重阻碍位错运动，是使马氏体韧性降低的最敏感的因素。

7.4.1.2 马氏体组织形态和亚结构对脆性影响

板条状马氏体韧性较好，而孪晶型片状马氏体很脆。马氏体板条越细小，断裂韧性值越高，“隐晶”马氏体比粗大的片状马氏体韧性好。位错马氏体中碳含量低，较接近体心立方结构，对韧性损害小。另外，位错亚结构较孪晶可动性大，能缓和局部应力集中，延迟裂纹形核，故韧性好。孪晶亚结构使有效滑移系统减少到原来的1/4。孪晶马氏体碳含量高，正方度大，其变形方式容易以孪生方式进行，这种变形方式易于诱发裂纹，故脆性大。

7.4.2 宏观内应力是钢件淬裂的应力条件

工件在加热和冷却过程中，会发生热胀冷缩的体积变化，以及因 A→M 转变时比体积的突然增大而产生的体积膨胀。马氏体形成时的体积变化，与马氏体中的碳含量有关。

由于热传导过程工件表面比心部先加热或先冷却，在截面上各部分之间产生温差，导致钢件表面和心部不能在同一时刻发生相变和体积变化。各部分体积变化的相互牵制便形成内应力，工件截面上温差越大，组织转变的不等时性越大，内应力也越大。在淬火过程中内应力是不断变化着的瞬时应力，即随温度变化和组织转变的进程而不断地改变其大小、方向、分布状态。淬火冷却后尚未松弛而残留下来的应力为残余内应力。

马氏体中的第二类、第三类内应力只是产生局部性的显微开裂和显微应力场，只有在第一类内应力作用下才能发展为宏观裂纹。因此，宏观内应力促成了淬火工件的宏观裂纹。

工件中的内应力包括四种基本应力，即急冷热应力、急冷相变应力、急热热应力以及表面硬化层与心部组织不同而产生的内应力。其中急冷热应力最终使表面受压，心部受拉，它难以引起工件开裂。急冷相变应力最终使表面受拉，心部受压，这种拉应力易导致工件淬火开裂[13,14]。

工件在正常加热温度下，虽然很少产生显微裂纹，但也常常产生宏观开裂。这种裂纹以穿晶断裂为主，沿晶断裂为辅，其根本诱因仍为马氏体相变不均匀应力、应变造成的。正常淬火温度下，奥氏体晶粒较细小，成分也不甚均匀，还可能存在未熔解的碳化物，尤其是高碳钢在两相区加热淬火时得到“隐晶”马氏体，限制了马氏体片的生长，马氏体片细小且位向混乱程度大，因而奥氏体晶粒范围内的胀缩不均匀性变小，不均匀应变应力也较小。这种不均匀应力既存在于晶内，又存在于晶界处，削弱结合。由于晶粒细小，晶界变形抗力大起主导作用，限制了沿晶断裂的发生，这时转向以穿晶断裂为主。

不均匀应力的拉应力集中的微区或存在显微裂缝的区域，在淬火宏观内应力或外加应力作用下，与显微不均匀拉应力相叠加，就会导致钢件淬火宏观开裂。

7.5 影响钢件淬火开裂的因素及控制措施

钢件淬火裂纹的形成原因包括内部因素和外部条件。内部因素主要是由马氏体的成分、组织结构等决定的本质脆性；外部条件主要是各种工艺条件、零件尺寸形状等。影响本质脆性的因素，如钢材的冶金质量、钢中的碳含量及合金元素、马氏体的组织结构、马氏体显微裂纹、原始组织状态等。影响宏观内应力的因素较为复杂，诸如淬透性、淬透深度、脱碳、表面硬化、工件尺寸和形状、加工质量及粗糙度、热处理工艺规范、加热及冷却设备、淬火后的回火与矫直等，影响因素十分复杂。只有认清各种因素作用的本质、规律性，并对具体零件的淬裂现象进行具体分析、检测，才能搞清主要、次要因素，并确定防止淬裂的措施。

7.5.1 钢材冶金质量的影响

不少冶金缺陷均可能单独与宏观或微观的内应力联合作用，形成淬火裂纹。这些冶金缺陷有宏观偏析、固溶体偏析、聚集的夹杂物、碳化物液析、网状组织、带状组织等。

7.5.1.1 宏观偏析的影响

钢在凝固过程中产生的内应力可能导致开裂，如0.3%C碳钢，形成凝固裂纹的倾向较大，是由于δ-Fe向γ-Fe相变过程中形成的。当裂纹形成后，裂纹向内部发展以致当裂纹与液相接触时，富集着杂质元素的钢液填入裂纹中，这样裂纹就变成了偏析线。

用于制造大型锻件的大钢锭中最易出现区域偏析。用具有宏观偏析的坯料制成的零件，尤其是形状复杂的工件，其淬火开裂的倾向性较高。这是由于各区域化学成分不同，M_s点不同，则马氏体转变的不同时性较大，造成较大内应力，易导致淬火开裂，因此不宜选择宏观偏析严重的钢材制造热处理工件。

7.5.1.2 固溶体偏析的影响

固溶体偏析是显微偏析，由枝晶偏析造成，这种偏析形成带状组织，如图 7-10 所示。具有枝晶偏析的钢材，经轧、锻热变形，枝晶干和枝晶间被延伸拉长，在加热时，形成成分不同的奥氏体带，带状区域化学成分差别较大，因而 M_s点不同，发生马氏体转变的时间先后不一，在显微局部区域出现很大的显微内应力。带状组织使钢的力学性能产生方向性，垂直于流线方向强度较低，可能使钢材沿流线方向产生淬火裂纹。这种钢材应当进行扩散退火，消除偏析和带状组织，再进行淬火。

7.5.1.3 夹杂物的影响

非金属夹杂物较多的钢材，在轧制之后，会形成明显的带状夹杂物，这种冶金缺陷将会大大提高淬火内应力分布的不均匀性，使淬火裂纹敏感性增加。图 7-11 所示为沿着夹杂物扩展的淬火裂纹。在亚共析钢中，铁素体-珠光体带状组织会使带状夹杂的淬火开裂倾向进一步增大。在富碳的条带中易出现导致微观裂纹的片状马氏体，增加淬火组织和内应力的不均匀性。

图 7-10 42CrMo 钢的带状组织

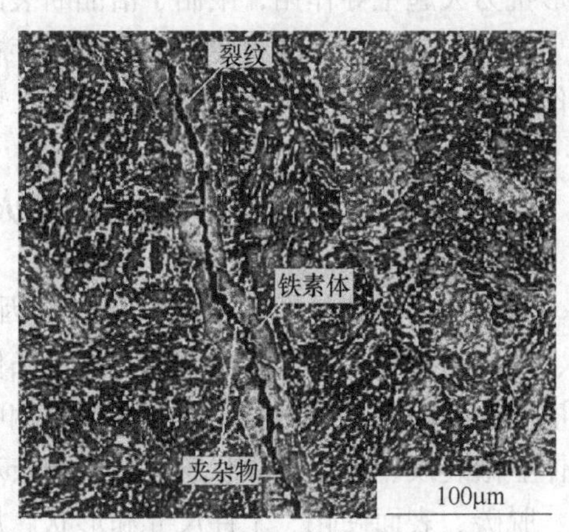

图 7-11 沿夹杂物扩展的淬火裂纹

7.5.2 化学成分的影响

7.5.2.1 碳含量的影响

马氏体中碳含量增加时，断裂强度降低。碳含量提高，马氏体中铁原子间结合力降低，弹性模量降低。弹性模量 E 的降低，钢的断裂强度值也随之降低。

碳含量增加，马氏体中的位错亚结构逐渐变为孪晶亚结构，淬火显微开裂倾向增加，即增加了马氏体的脆性，降低断裂强度。图 7-12 所示为碳含量对淬火钢断裂强度的影响。可见从中碳到高碳，淬火态钢的断裂强度值迅速降低，将增加钢件的淬裂敏感性[6]。对于过共析钢来说，继续增加碳含量对淬裂倾向的影响与淬火加热温度有关。如果加热温度在 A_{c1}~A_{cm}之间，奥氏体中的固溶碳量变化不大，并且有较多的未溶解的渗碳体或合金碳化物，淬火后得到马氏体基体上分布着粒状碳化物，这种整合组织的弹性模量要按两相整合后的体积比例的平均值计算。由于碳化物的熔点或分解温度较高，弹性模量较大，因此这种整合组织的模量 E 值可能有所增加，这时淬火钢的开裂倾向变化不大。然而，若将过共析钢加热到A_{cm}以上淬火，这时碳全部熔入奥氏体中，且奥氏体晶粒会粗化，淬火时转变为粗大针状（片状）马氏体组织，会增加显微局部应力，甚至形成显微裂纹。因此，高碳马氏体的断裂强度更低，更加脆化，增加了淬裂倾向。

钢中碳含量增加时M_s点降低。由图7-13可见，淬裂与不淬裂的倾向与M_s和碳含量有对应关系。从图可见，淬火开裂发生在0.4%C以上、M_s点在330℃以下的钢中。而碳含量低于0.4%C、M_s点在330℃以上的钢不容易产生淬火裂纹[4]。由此可见，为了避免零件淬裂，最好选用0.4%C以下的钢种。

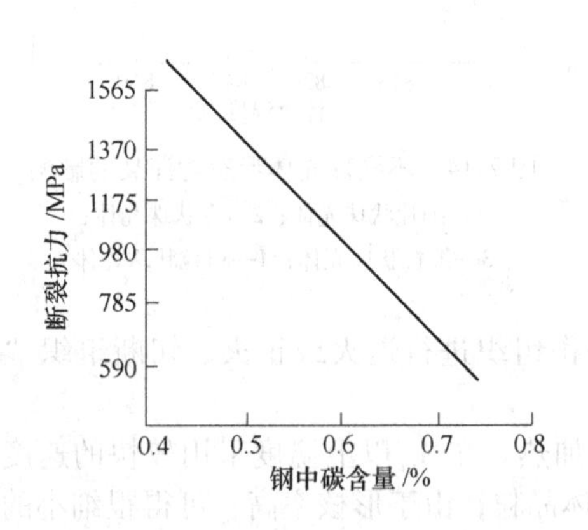

图7-12 碳含量对断裂强度的影响

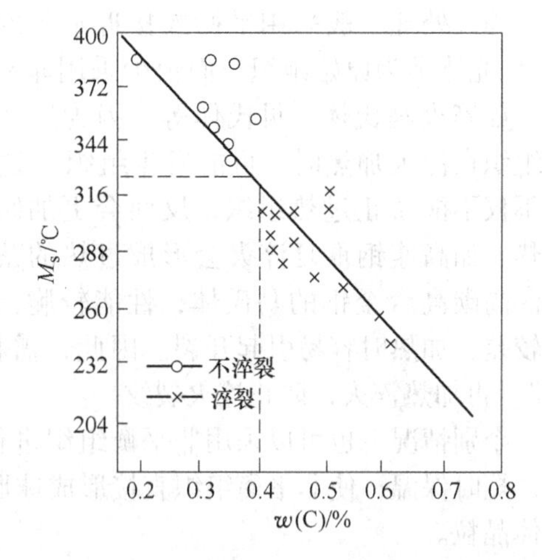

图7-13 淬裂的倾向与M_s和碳含量的关系

7.5.2.2 合金元素的影响

合金元素对淬裂的影响较为复杂，需综合分析。一般来说，淬透性好且M_s点低的钢一般淬裂倾向较大。降低M_s点最显著的元素是碳，其次是锰。Mn、Cr、V、Mo等元素与碳一样，随含量的增加而淬裂倾向变大。实际上含有Cr、Mn等元素的钢都是比较容易淬裂的钢。硼元素较为特殊，硼能有效地提高淬透性，使C-曲线右移，但不降低M_s点，因而硼钢对淬裂的敏感性较低。

合金元素较多时会降低钢的导热性，淬火时增加零件内外温差，加大相变的不等时性，因而增加内应力。有些合金元素，如钒、铌、钛有细化奥氏体晶粒的作用，减小过热倾向，因而淬火后得到的马氏体组织也被细化，这也有助于减小淬裂倾向。

7.5.3 原始组织的影响

7.5.3.1 珠光体形态的影响

珠光体分为粗片状珠光体、细珠光体、极细珠光体；还有点状珠光体、细粒状珠光体、球化体等。它们具有不同的淬火裂纹敏感性，如图7-14所示。图中纵坐标为淬火裂纹的点数，点数越多，淬裂倾向越大[4]。可见，粒状珠光体比片状珠光体淬裂倾向小。

珠光体组织越细，奥氏体形成速度越快。例如，760℃等温分解时，珠光体的片层间距从0.5μm减薄到0.1μm，奥氏体长大速度增加近7倍。可见细片状珠光体向奥氏体的转变速度比粗片状珠光体快。珠光体中碳化物的形状对奥氏体形成速度也有影响，片状珠光体相界面面积较大，渗碳体较薄，较粒状渗碳体易于熔解，所以奥氏体形成较快。那么，在相同的加热条件下，细片状珠光体完成奥氏体转变最快，并且晶粒先行长大，因而易于过热。这样淬火时得到较粗大的片状马氏体，无疑会增大淬裂倾向。

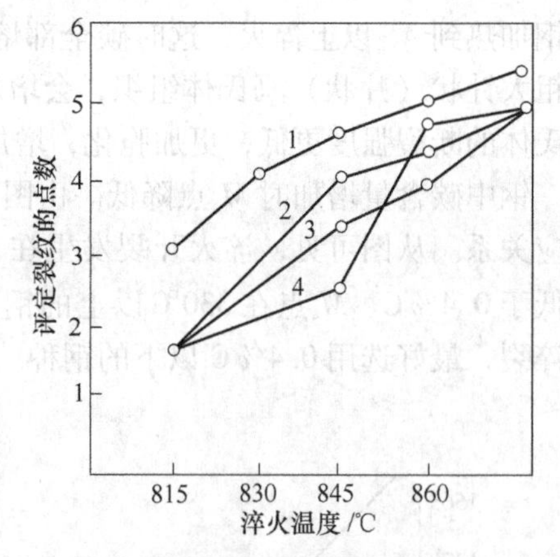

图 7-14 不同珠光体形态对淬裂的影响
1—细片状珠光体；2—点状珠光体；
3—细粒状珠光体；4—粗粒状珠光体

7.5.3.2 非平衡组织的影响

淬火处理一般采用平衡或接近平衡的铁素体-珠光体类为原始组织，而很少采用非平衡组织，如淬火马氏体、贝氏体等。因为这些非平衡组织在淬火加热时，可能发生组织“遗传”，这不仅不能矫正过热组织，反而会更加倾向于过热，如高速钢重复淬火会形成过热的萘状组织。高碳高合金钢的马氏体，性能较脆，导热性较差，加热时容易引起开裂。因此，需将非平衡组织进行退火或正火，切断组织“遗传”，再加热淬火，防止淬火裂纹。

个别情况下也可以采用非平衡组织进行淬火加热。在 A_{c1} 以上温度采用较快的速度加热，短时保温，使非平衡组织直接形成球形奥氏体晶粒，由于形核率高，可得很细小的奥氏体晶粒。

采用非平衡组织为原始组织不一定导致淬火开裂，改进工艺条件，对某些钢件也可以采用非平衡组织进行淬火，但要注意它对淬裂的影响。

7.5.3.3 碳化物不均匀性的影响

所谓碳化物不均匀性，主要指碳化物液析、碳化物带状、碳化物网状及碳化物颗粒的大小和分布不均匀等，它们可能成为断裂源，增加钢的淬裂倾向，这在高碳高合金的 Cr12 型钢及高速钢中表现最为突出。这类钢中大量的莱氏体共晶碳化物堆集于奥氏体晶粒周围，有时呈网状分布，如图 7-15 所示。在淬火加热条件下，碳化物堆集处碳和合金元素含量偏高，该处熔点低，易出现过烧。该处的奥氏体稳定性大，马氏体点低；而碳化物分布少的部位 M_s 点高，这样就导致了马氏体转变的不均匀性和不等时性。当碳和合金元素的富集区向马氏体转化时，低浓度区已完成马氏体转变而处于硬化状态，这就造成较大组织应力，因而增大淬裂倾向。碳素工具钢和低合金工具钢中二次渗碳体或过剩碳化物沿晶界呈网状分布时，裂纹经常沿碳化物网状扩展，淬裂倾向较大。网状碳化物要采用正火来消除。

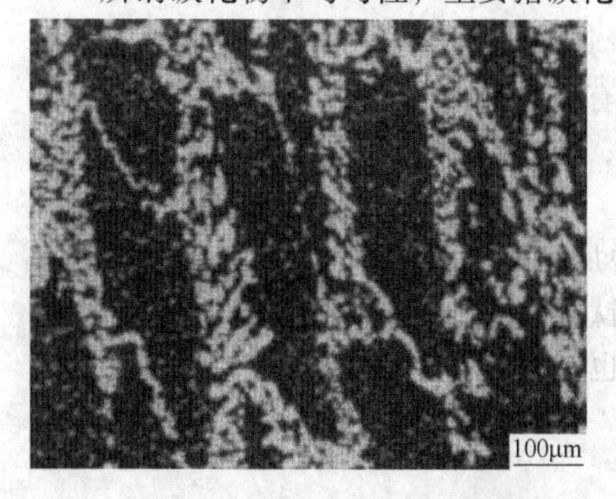

图 7-15 Cr12MoV 模具的网状碳化物

7.5.4 零件尺寸和形状的影响

7.5.4.1 钢件尺寸的影响

过细或过粗的工件一般不会淬裂，因存在一个淬裂的危险尺寸。细、薄工件淬火硬化到心部，由于表面和心部的马氏体转变在时间上几乎没有什么差别，即内外几乎同时淬火硬化，组织应力小，不容易淬裂。例如，针、小直径的冲子及剃须刀片一般是不发生淬裂的。过粗的零件难以淬火硬化，甚至连表层也得不到马氏体，主要呈现热应力，也难以出现淬火裂纹。

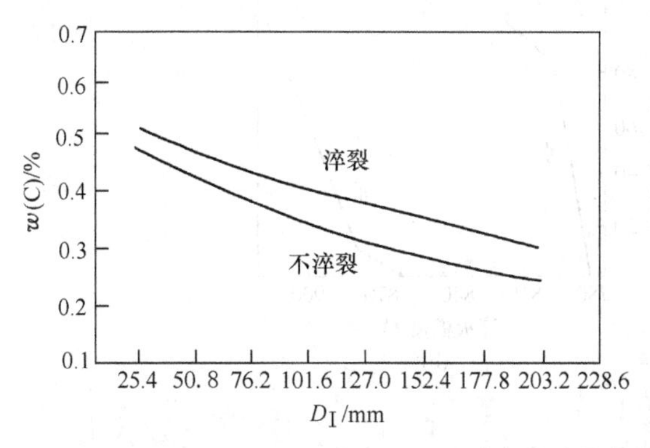

图 7-16 临界直径 D_I、碳含量与淬裂的关系

水中淬火时，临界直径是淬裂的危险尺寸[4]。临界直径是工件在一定的淬火介质中冷却时，心部恰好能够得到 50% 马氏体那样大小的直径。假设淬火介质的冷却强度值 H 为无穷大，淬火时其表面温度可立即冷却到淬火介质的温度，称此为理想淬火（急冷度 $H=\infty$）。此时淬透的（形成 50% 马氏体）最大直径，称为理想临界直径，用 D_I 表示。临界直径 D_I、碳含量与淬裂的关系如图 7-16 所示。从图中可见，碳含量低于 0.25% C 的钢，D_I 为 200mm 以下者不发生淬裂现象。高碳钢在各种 D_I 大小时均发生淬裂，碳含量中等的钢存在淬裂的临界尺寸。

7.5.4.2 工件形状的影响

淬火开裂与工件的形状有密切的关系，工件形状影响淬火应力的大小和分布。工件上的缺口、尖角、沟槽、孔穴及断面急剧变化的部位都是淬火内应力集中的地方，是淬裂的危险部位。

零件的尖角、棱角等部位在淬火时先被冷却，得到马氏体组织，而后冷却的心部形成马氏体时，体积膨胀，使尖角部分受到很大的拉应力，加上应力集中因素可使尖角部位的应力达到平滑部位应力的 10 倍，故易产生淬火裂纹。尖角、棱边处尽可能加工成圆角。

随着零件截面积不均匀（薄厚不均）性的增加，淬裂倾向加大。零件薄的部位在淬火冷却时先进行马氏体转变而硬化，随后，当厚的部位发生马氏体化转变时，体积膨胀，给薄的部位以拉应力，并在薄厚相连处产生应力集中，因而常出现淬火裂纹。与尖角、截面不均匀情况一样，零件上有槽口和盲孔时，也能产生应力集中，容易引起淬火开裂。

7.5.5 加热不当的影响

淬火加热温度愈高，淬裂倾向愈大。淬火温度升高，加热时间延长，使奥氏体晶粒长大，则淬火马氏体组织粗化、脆化，断裂强度降低，这是淬裂倾向增加的根本原因。

过共析高碳钢随淬火温度升高，奥氏体中的碳含量和合金元素量增加，从而增加了淬透性和可硬性，降低了马氏体点，这些也是增加淬裂倾向的因素。图 7-17 所示为淬火温度对工件淬裂数的影响[3,6]。从图可见，淬火温度升高，淬裂率直线增加。对于淬火裂纹敏感性较大的零件，应尽量选用较低的淬火加热温度。

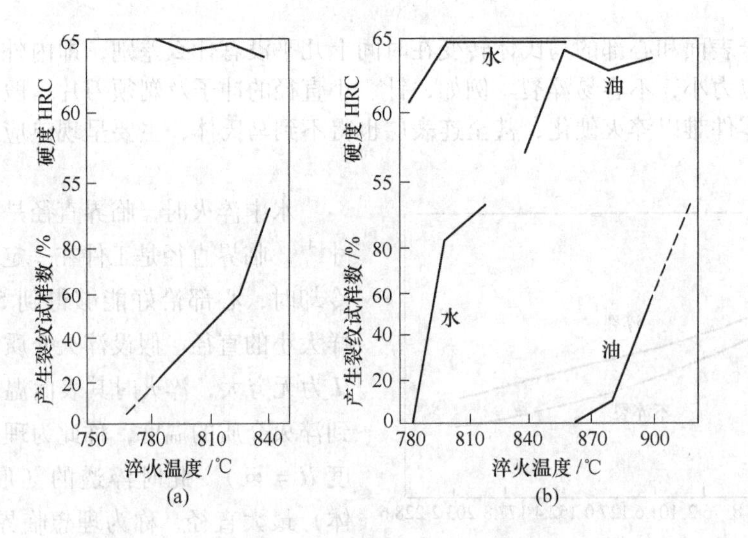

图 7-17　产生淬火裂纹试样数目与淬火温度间的关系

（a）T10 钢水淬；（b）9CrSi 钢水淬和油淬

7.5.6　淬火冷却方式的影响

7.5.6.1　临界区和危险区

淬火冷却时，在两个温度范围内必须注意控制冷却速度的快慢。其中一个区域是为了完全淬火硬化而需要快冷的临界区域，包括珠光体临界区和贝氏体临界区。不发生铁素体-珠光体反应的最小冷却速度，称为珠光体临界冷却速度。这种冷却速度可在珠光体钢中获得 100% 马氏体组织。不发生贝氏体转变的最小冷却速度，称为贝氏体临界冷却速度。在贝氏体型钢中以大于贝氏体临界冷却速度进行冷却时，可获 100% 马氏体组织。显然，为了使零件淬火硬化，在临界区应当急冷，如图 7-18 所示。

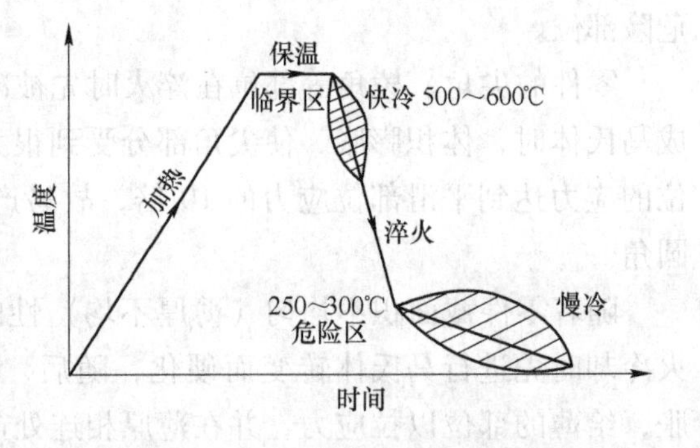

图 7-18　淬火临界区和危险区示意图

另一个区域是容易产生淬火裂纹危险的低温区。在这个温度区间发生奥氏体向马氏体的转变，体积膨胀，产生第二类畸变、第二类应力及宏观的热处理应力，可能导致淬火裂纹，因此称危险区。在危险区应当尽量慢冷，以缓和淬火内应力。因此，零件在淬火时，既要求淬火硬化，又要避免淬火裂纹，则在临界区应快冷，在危险区应慢冷，即采用先快后慢的冷却方式，普通碳钢尤其应当如此。水、油双液淬火就是采用先快后慢的冷却方式，是一种常用来防止淬裂的工艺方法，但是要特别注意零件在水中停留的时间。对于碳素工具钢，以每 3mm 有效厚度停留 1s 来计算；对于形状复杂的以每 4 ~ 5mm 有效厚度在水中停留 1s 来计算；大截面低合金钢可以按每 1mm 有效厚度停留 1.5 ~ 3s 来计算。如果水中停留时间过长，就可能产生淬火裂纹。

7.5.6.2 淬裂的危险时刻

实际上，一般钢件淬入水中冷却到约250℃以下的时刻才会开裂。这是由于在零件入水的开始阶段，过冷奥氏体是软韧的组织，受到应力时可以通过变形而使应力松弛，因此不会淬裂。而过冷奥氏体向马氏体转变时，组织从急冷收缩转为急冷膨胀，突然收缩接着突然膨胀，应力也急剧变化，当马氏体不能以变形方式松弛这种应力时，则将导致开裂。

此外，已淬火冷却到室温的零件，如不及时回火，在较低的温度下放置或过夜也会出现开裂，这种放置开裂当然也是在危险区的一种淬火开裂，称为放置开裂。

7.5.6.3 调整淬火应力，控制开裂

工件从高温急冷下来时产生较大的热应力，在表层呈现压应力状态，不致淬裂。而在危险区产生的相变应力，在工件表层形成的拉应力，则促发淬火裂纹，因此，是否发生淬裂取决于热应力和相变应力之和的大小及分布状态。若调节热应力和相变应力的比例，使热应力大于相变应力，就可以避免淬火开裂。水中淬火时容易产生淬火裂纹，是由于水冷时，在危险区冷却速度太快，增加相变应力成分，当相变应力大于热应力时，淬火开裂就可能发生。但是，如果采用比自来水冷却速度快的盐水淬火，盐水在高温区域具有比自来水大得多的冷却速度，约相当于自来水的10倍，而在危险区的冷却速度激减到低于自来水的冷却速度，因此认为盐水淬火反而比自来水淬火开裂倾向小，这是由于盐水淬火比自来水淬火热应力大的缘故。但盐水在低温区域的冷速仍然很大，仍然存在淬裂危险，为了减小相变应力，可以采用盐水-油、盐水-空气等双液淬火法，这样就增加了热应力的比重，从而防止淬裂[14]。

思 考 题

7-1 简述马氏体显微开裂的成因。

7-2 总结淬火开裂的原因和控制淬火裂纹的方法。

7-3 如何控制工件淬火的临界区和危险区?

7-4 掌握合金结构钢淬火开裂的危险时刻，如何调整其淬火应力?

7-5 钢材的冶金质量对热处理开裂有什么影响?

参 考 文 献

[1]《钢的热处理裂纹和变形》编写组．钢的热处理裂纹和变形［M］. 北京：机械工业出版社，1978.

[2] 夏立芳．金属热处理工艺学［M］. 哈尔滨：哈尔滨工业大学出版社，1986：50～60.

[3] 荒木透，金子秀夫，三本木貢治，橋口隆吉，盛利貞．鋼の熱處理技術［M］．朝倉書店，1969（昭和44年）：215～250.

[4] 刘宗昌．钢件的淬火开裂及防止方法［M］. 2版．北京：冶金工业出版社，2008.

[5] 刘宗昌，淬火显微裂纹及控制因素［J］，金属热处理，1981（3）：21～26.

[6] 大和久重雄．熱処理のトうブルと对策150问［J］. 工业新闻社（昭和57年）：8～57.

[7] Marder A R，Krauss G. Tarns，ASM.，1967（60）：651.

[8] Krauss G，et al. The microstructure and design of alloys［J］. 1973（11）：441.

[9] 刘宗昌．中高碳钢马氏体沿晶断裂成因的探讨［J］．包头钢铁学院学报，1983，1（2）：122～129.

[10] Liu Zongchang. Intergranular fracture of as-quenched martensite in high carbon steels［J］. ACTA Metalliurgica Sinica，1990，3A（1）：58～64.

[11] 刘宗昌．高碳钢马氏体长大速度的研究［J］．金属材料与热加工工艺，1981（2～3）：111～121.

[12] 刘宗昌．淬火高碳马氏体沿晶断裂机制［J］．金属学报，1989，25（4）：A294～297.

[13] 刘宗昌．钢件淬火开裂机理［J］．金属热处理，1990，8（总第156期）：3～5.

[14] 刘宗昌，赵莉萍，等．热处理工程师必备理论基础［M］．北京：机械工业出版社，2013.

8 热处理质量检验及控制

热处理后，根据需要，在工件生产的不同工序上，均需检验工件的热处理质量。第6、7两章分别阐述了热处理变形和开裂问题，是重要的质量检验内容。除此以外还有组织检测和性能检测等，如均质化退火后，检测液析碳化物是否消除、带状组织的级别等；锻件球化退火后，检测硬度和球化级别；调质处理后，不仅检测硬度，还要检测各项力学性能、金相组织等。根据检测结果确定产品质量，或检测缺陷以进一步改进工艺，确定控制质量的措施。

钢材和零部件热处理质量检测是一项重要而复杂的工作，需要依据产品质量要求和相关规定进行。

8.1 热处理质量的重要性

热处理是保证钢材和金属制品零部件内在质量的关键环节，因为热处理质量影响产品的使用性能、可靠性、安全性和使用寿命。除了钢材、钢坯的质量外，热处理常常是产品制造过程的最终环节，热处理质量检验不合格，就需要返工，若是废品，就前功尽弃，使从精炼、铸锻焊、机械加工、热处理等一系列工序所创造的价值付之东流，损失巨大。

热处理也是制造业中质量控制难度最大的工序，但要知难而进，不能因难度大而降低要求。要从钢材的生产、设备与控制、热处理工艺及管理、质量检测及评判等方方面面着手，采取严密、严格的手段和措施，控制热处理质量，树立“质量第一”的观念。

8.2 热处理质量检测

钢材和零部件热处理质量检测包括宏观组织检验、断口分析、金相组织分析及评定、电子显微分析、力学性能检测；内部缺陷无损检测、内应力测定、相分析、XRD检测等。

各种工件质量要求不同，规定检测项目不同，分别进行相关的质量检测，举例如下。

8.2.1 活塞销的质量检测及工艺改进

活塞销是汽车、拖拉机的零件，连接活塞和连杆，承受非对称性交变载荷和一定的冲击，表面受摩擦，损耗形式为表面磨损和疲劳断裂。

常用钢制活塞销的质量要求是满足一定的渗碳层深度，过共析层+共析层应为总层深的50%~75%。一定的表面、心部硬度，一般要求58~64HRC，硬度差≤3HRC。在活塞销两端20mm以内切取试样，观察渗碳层组织，为细针状回火马氏体，均匀分布少量碳化物颗粒，不允许存在网状碳化物和粗大碳化物。表面质量良好，无裂纹、麻点等缺陷。

常用钢制活塞销热处理缺陷有：渗碳层深度过大或不均匀，渗碳浓度过低等。

（1）渗碳层深度过大是由于渗碳炉炉气的碳势过高，强渗后扩散充分。改进方法是适当控制碳势。

（2）渗碳层不均匀是由于表面附有脏物，装炉不良。

（3）渗碳层浓度过低，炉气碳势低，装炉量过大。应当控制碳势，改进炉气循环，减少装炉量。

8.2.2 喷油嘴的质量检测及工艺改进

喷油嘴采用18Cr2Ni4W、27SiMnMoV等钢制造，经渗碳、淬火、回火、稳定化处理。喷油嘴形状复杂，要求精度高，需高耐磨性、尺寸稳定性。为了保证热处理质量，需要进行质量检测。

带状组织影响针阀体的质量，27SiMnMoV钢的带状组织如图8-1所示。这种钢材应当进行均质化退火，消除带状组织，或控制≤2级。

检测渗碳层深度和碳含量。图8-2所示为针阀体座面渗碳层及周围的组织，测得渗碳层的厚度为0.72mm，表层最高碳含量为0.89%。基体为回火托氏体组织，符合产品要求。但存在带状组织，黑色条带为碳含量较高，白色条带为碳含量较低。需要从钢材冶金质量入手，解决成分偏析，消除带状组织。需1250℃扩散退火30h。

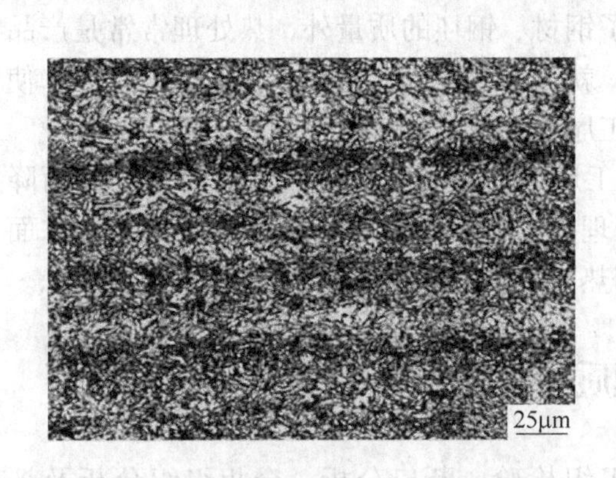

图8-1 27SiMnMoV钢的带状组织，LSCM

图8-2 针阀体座面渗碳层及周围的组织，LSCM

27SiMnMoV钢针阀体渗碳-淬火后，经XRD分析没有检测到残留奥氏体，因此其稳定化处理时，不需要进行冷处理，只进行240℃低温回火和时效160℃即可。

8.2.3 钻具的热处理质量检验及缺陷的防止

钻探机械钻具应用45、40Mn2、40Cr等钢制造，高频淬火前金相检验应为回火索氏体组织。调质处理后进行表面淬火，淬火组织为细小针状马氏体组织，表面硬度检测应为50HRC以上。

钻具热处理常见缺陷有：（1）淬硬层的硬度不均匀；（2）存在淬火裂纹。

为防止缺陷出现需要改进淬火机床，控制淬硬层深度，防止淬火温度过高，避免淬透。

8.2.4 液压零件的热处理质量检验

液压元件的零件热处理后需要按照规定进行一系列质量抽检[1]。

（1）硬度检验。退火、调质、淬火回火后均抽检硬度，渗碳等处理后按照工艺要求检测硬度。

（2）金相检验。轴承钢按照规定，检查球化级别，网状碳化物≤3 级为合格。结构钢正火后晶粒度≥5 级，为均匀的铁素体 + 片状珠光体组织。

（3）泵轴等零件调质后应为均匀的索氏体组织，不允许存在游离铁素体。

（4）淬火回火零件，轴承钢的马氏体为 1 ~ 3 级。高速钢淬火奥氏体晶粒度 9 ~ 10 级。

（5）渗碳、渗氮等处理后均按照规定检测渗层深度等项目。

此外，还要检查畸变、裂纹等。

8.2.5 大锻件的热处理质量检测

钢锭和钢坯锻轧后一般要进行去氢退火，去氢退火往往与软化退火或球化退火相结合，根据不同钢种需要检测白点、点偏、晶粒度、液析碳化物、带状碳化物、网状碳化物、球化级别等。不允许有白点。点状偏析一般不能超过 2 级。不允许存在混晶。带状碳化物不得超过 2 级。需要消除液析碳化物[2,3]。

（1）控制白点，消除液析碳化物、带状碳化物、校正混晶等需要按照第 1 章的工艺进行热处理。

（2）检测退火质量，为大锻件的最终热处理——淬火回火做好组织准备。图 8-3 所示为 H13 钢退火铁素体基体上分布的网状碳化物，这种网状碳化物降低钢的韧性，易导致淬火裂纹。需要重新热处理校正。

图 8-4 所示为 H13 钢大锻件淬火回火后的组织，为良好的回火托氏体组织。基体上分布着未溶碳化物颗粒，颗粒直径在 400 ~ 800nm 之间。该组织具有较高的冲击韧性。

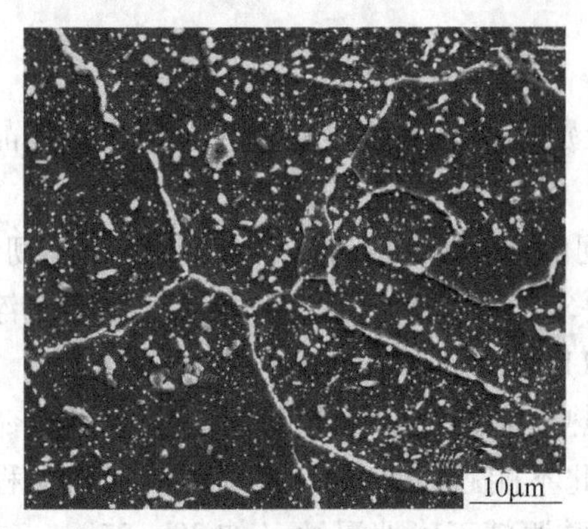

图 8-3 H13 钢退火铁素体基体上分布的网状碳化物，SEM

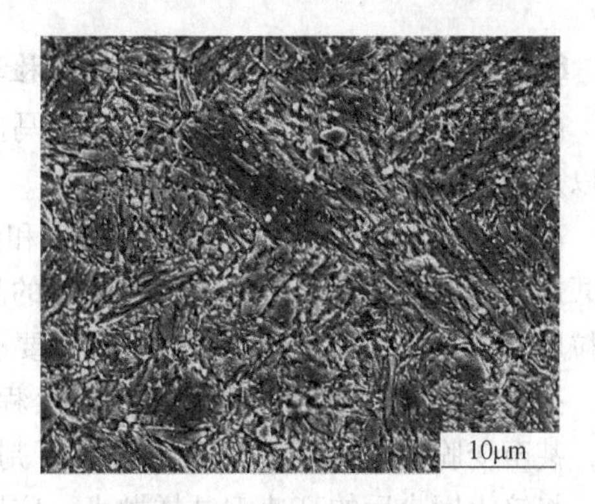

图 8-4 H13 钢大锻件淬火回火后的组织，SEM

8.2.6 热处理后的金相检验

钢件热处理后一般要进行金相检验，包括光学显微镜和电子显微镜观察，检查组织是否符合产品要求，组织不合格不能交货，或不能转入下一道工序。正确地观察识别金属组织是一项重要而难度较大的工作，需要熟悉固态相变原理，具有丰富的组织识别经验。

8.2.6.1 WB36（15MnNiMoCuNb）热电用钢管组织检验

WB36 钢管材要求热处理后得到贝氏体的回火产物——回火托氏体（现场也称贝氏体），允许有少量铁素体，不能存在索氏体组织，这种组织的识别较为困难，出现偏差会给生产带来损失。例如图 8-5 所示为该产品的金相检验结果。该钢往往存在带状组织，带状组织有富碳带和贫碳带，奥氏体化后由于其碳含量及合金元素含量不同，因此转变的组织形貌不同，回火后的组织具有不同的形貌。图 8-5a 所示为带状组织富碳区的组织形貌，为贝氏体回火产物，在铁素体基体上分布着大量碳化物，没有先共析铁素体。图 8-5b 所示为带状组织贫碳区的组织形貌，存在少量铁素体，碳化物颗粒较少。图 8-5a、b 所示均为贝氏体的回火产物，630℃回火后，仍然保存着贝氏体的条片状特征，没有发生再结晶，故应当称为回火托氏体[4]。

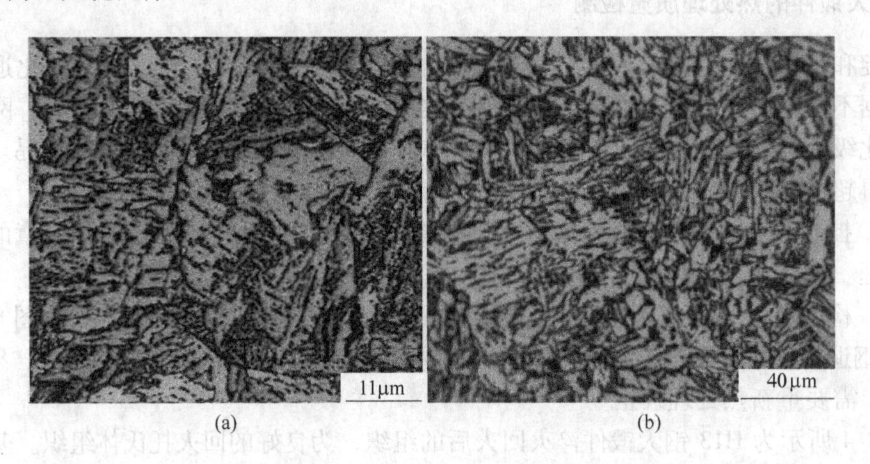

(a) (b)

图 8-5 WB36 钢的回火托氏体组织，LSCM

8.2.6.2 工具钢热处理后的组织检验

碳素工具钢、合金工具钢检验淬火马氏体的级别。高速钢需检验淬火态原奥氏体晶粒度以及回火的程度。

高速钢淬火晶粒度是淬火加热温度和保温时间的直接反映，直接关系到强度、韧性、耐磨性、红硬性和使用寿命。各种刃具的晶粒度要求稍有差别。如 Mo 系高速钢车刀淬火晶粒度要求 8.5 ~ 10.5 级；铣刀、铰刀要求 9.5 ~ 11 级；中心钻要求 10 ~ 11.5 级。

高速钢需检测淬火过热程度和回火程度。过热严重时，力学性能下降，使用寿命降低，甚至变脆，不能切削。严重过热要判废，因此不能超过允许的级别。检测回火程度时，将淬火回火后的高速钢试样抛光、应用4% 硝酸酒精正确地浸蚀（如 20 ~ 25℃，浸蚀时间≤3min），基体组织为黑褐色，回火不充分时，颜色变淡，根据回火程度级别图判断，1 级和 2 级为回火程度合格。

模具钢退火后进行硬度和球化检测，如 H13 钢锻后退火[5]，需要检测硬度，最好为 170 ~ 190HB；球化退火组织应当无网状碳化物、无液析碳化物、无带状组织，碳化物颗粒应当细小均匀分布，如图 8-6 所示。

8.2.7　热处理后的断口分析

为了检测工件热处理后的韧性，需要做冲击试验或零件失效断口分析，检查韧性优劣或断裂的原因。断口分析分为宏观断口分析和显微断口分析。按断裂性质分类有延性断裂、脆性断裂和延性-脆性断裂。按断裂路径分类，有穿晶断裂、沿晶断裂和混合断裂。断口的形貌有韧性断口、解理断口和疲劳断口。

显微断口分析应用最多的是扫描电子显微镜分析。扫描电镜是断口分析的有力工具，利用电子束在试样断口表面上扫描，获得电子图像信息，可直接观察较大试样，放大倍数可连续变化，可清晰地显示断口凹凸形貌，检测断裂原因，还可以分析微区化学成分、晶体取向等，其应用范围不断扩大（有关断口分析理论知识可参考相关书籍）。

H13 钢退火后的组织如图 8-6 所示，将其 1030℃ 加热后淬火，再经 530℃ 回火 2h，620℃ 回火 2h，将此热处理的试件加工成缺口冲击试样，检测到冲击功只有 5J，韧性较低。在扫描电镜下观察断口形貌，发现断口上存在密集的稀土氧化物，如图 8-7 所示，说明该钢冶金质量不佳。从断口形貌看为准解理脆性断口。

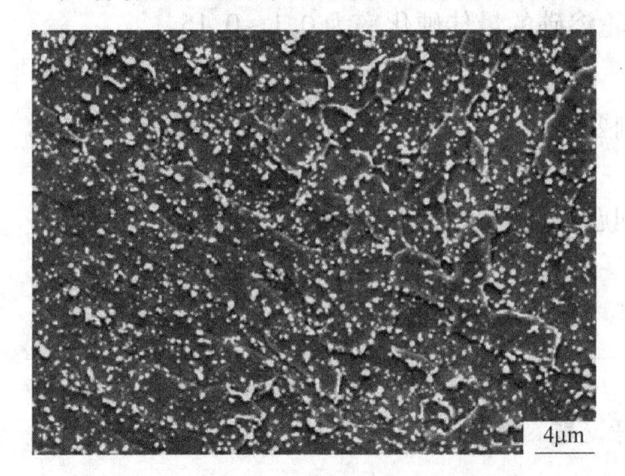

图 8-6　H13 钢退火组织，SEM

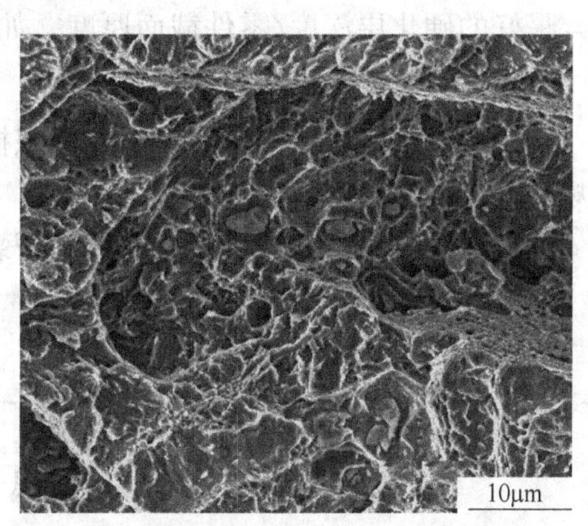

图 8-7　H13 钢调质后的断口形貌，SEM

8.3　零件设计时热处理质量的控制

8.3.1　材料选择

在产品设计中依据工件服役条件选择钢种是首先要考虑的。设计人员要了解相关材料的组织性能特点，选择最佳热处理工艺，如既要满足调质性能，又适用于渗氮处理，应选择 38CrMoAl 等钢种。在保证技术条件的前提下，尽量选择工序简化的材料，既达到产品性能要求，又可降低成本。所设计的零件形状复杂时，要考虑避免淬火开裂和变形，选择淬透性好的合金钢，并采用油淬[6]。

8.3.2　合理确定热处理技术要求

热处理技术要求是产品质量检验指标，如对硬度、变形量、强度、韧性、弯曲性能、硬化层深度等的要求。

8.3.2.1　硬度

硬度是工件热处理后的主要检验指标。通过所测的硬度值可以评估工件的性能和组织，且硬度检验快速而简单。

8.3.2.2　其他力学性能

许多工件在测定硬度后还要检验强度、塑性、韧性等，因为它是结构设计的依据，评定工件是否达到使用要求。工件的强度和韧性需合理配合，如模具，为使其具有高的耐磨性，而追求高硬度忽视韧性，则模具易于开裂，寿命不长。使用证明，组合件（如轴承的滚珠与套圈）达到最佳强度匹配时，寿命最长。表面强化的工件，硬化层深度一定时，心部应当具有适当的强度。

8.3.2.3　硬化层深度

注重耐磨性的工件，根据零件使用寿命、磨损速度来确定硬化层深度。硬化层深度过薄不耐磨损，过深会崩刃或剥落，工件使用寿命不长。

注重疲劳破坏的工件，依据心表强度、载荷、零件尺寸等确定硬化层深度。最佳硬化率＝最好的硬化层深度/零件截面厚度。如齿轮渗碳的最佳硬化率为 0.1～0.15。

8.3.2.4　金相组织的控制

金属组织结构决定其性能，因此组织控制要严格掌握。组织可按照国家标准或部颁标准规定进行评定。

此外，零件设计中还要考虑变形和开裂问题，此问题可参看第 6、7 两章。

思　考　题

8-1　简述热处理产品质量检测的重要性。质量检验有哪些项目？

8-2　简述 WB36（15MnNiMoCuNb）热电用钢管组织特征。为什么是回火托氏体？

8-3　简述 H13 钢锻后退火的组织特征。如何制定淬火-回火工艺？

参 考 文 献

[1]《热处理手册》编委会．热处理手册［M］．2 版．北京：机械工业出版社，1992（4）：380～400.

[2] 刘宗昌，等．固态相变原理新论［M］．北京：科学出版社，2015.

[3] 刘宗昌，李慧琴，冯佃臣，等．冶金厂热处理技术［M］．北京：冶金工业出版社，2010.

[4] 刘宗昌，计云萍，任慧平．珠光体、贝氏体、马氏体等概念的形成和发展［J］．金属热处理，2013，38（2）：15～20.

[5] 李挺，刘宗昌，吴福宝．H13 钢均质化和球化退火工艺的研究［J］．内蒙古科技大学学报，2012，30（30）：322～325.

[6] 刘宗昌．钢件的淬火开裂及防止方法［M］．2 版．北京：冶金工业出版社，2008.

附录　各类钢的相变临界点

钢种	钢　号	A_{c1}/℃	A_{r1}/℃	A_{c3}/℃	A_{r3}/℃	M_s/℃
碳素结构钢	08	732	680	874	854	480
	10	730	682	876	850	
	15	735	685	863	840	450
	20	735	680	855	865	
	25	735	680	840	824	380
	30	732	677	813	796	380
	35	720	680	800	774	350
	40	724	680	790	760	360
	45	724	682	780	751	350
	50	725	690	760	720	320
	55	727	690	774	755	290
	60	727	690	766	743	270
	65	727	696	752	730	265
	70	730	695	737	727	240
	75	725	740	690	727	230
	80	725	730	690	727	230
	85	723	690	737	695	220
	15Mn	735	685	863	840	
	16Mn	736	682	850	835	410
	20Mn	725	682	840	835	420
	25Mn	735	682	830	800	
	30Mn	734	675	812	796	355
	35Mn	730	680	800	770	—
	40Mn	726	689	790	768	—
	Y40Mn	731		807		280
	45Mn	726	689	770	768	
	50Mn	720	660	760	—	320
	60Mn	727	689	765	741	280
	65Mn	720	689	765	741	270
	70Mn	723	680	740		

续表

钢种	钢　号	A_{c1}/℃	A_{r1}/℃	A_{c3}/℃	A_{r3}/℃	M_s/℃
合金结构钢	10Mn2	720	613	830	710	—
	20Mn2	725	610	840	740	400
	30Mn2	700	627	815	727	380
	35Mn2	713	630	793	710	325
	40Mn2	713	627	766	704	340
	45Mn2	715	640	770	720	320
	44Mn2Si	730	—	810	—	285
	50Mn2	710	650	760	680	325
	08Mn2Si	735		905		300
	15Mn2SiCrMo	725		855		380
	20Cr	766	702	835	799	390
	30Cr	775	670	810	—	350
	35Cr	745	—	795	—	360
	40Cr	743	693	782	730	355
	45Cr	745	660	790	693	355
	50Cr	735	—	780	—	—
	60Cr	740	—	760	—	—
	38CrA	740	693	780	730	250
	45Cr3	780	—	820	—	330
	16CrSiNi	745		845		390
	30CrSiMo	780	—	860	—	350
	40CrSi2Ni2MoA	748		802		290
	35CrSi	755	715	830		340
	38CrSi	763	680	810	755	330
	40CrSi	760	—	815	—	325
	30Ni	690	—	810	—	365
	40Ni	715	—	770	—	330
	50Ni	725	—	755	—	320
	10Ni2	710	—	820	—	425
	12Ni3	685	—	810	—	450
	25Ni3	690	—	760	—	340
	30Ni3	670	—	750	—	310
	35Ni3	670	—	750	—	310
	40Ni3	665	—	740	—	310
	60Ni4	650	—	720	—	—
	10Ni5	615	—	775	—	—
	12Ni5	610	—	775	—	—

续表

钢种	钢　号	A_{c1}/℃	A_{r1}/℃	A_{c3}/℃	A_{r3}/℃	M_s/℃
合金结构钢	13Ni5	610	—	765	—	350
	15NiMo	725	650	800	750	330
	40Ni5	650	—	710	—	260
	50Ni5	650	—	—	—	240
	10Ni9	—	—	700	700	—
	20SiMn	732		840		
	27SiMn	750	—	880	750	355
	35SiMn	735	690	795	—	330
	42SiMn	740	645	800	715	330
	50SiMn	710	636	797	703	305
	42SiMnMoV	755		870		295
	20MnMo	730	—	845	—	380
	30MnMo	715	—	815	—	—
	38MnMo	720	—	820	—	—
	45MnMo	725	—	790	800	400
	15MnTi	734	615	865	779	390
	25Mn2V	724	620	839	710	365
	35Mn2V	715		770		320
	42Mn2V	725		770		310
	15MnVB	730	635	840	770	430
	20MnTiB	726	610	840	753	410
	20Mn2TiB	715	625	843	795	
	20MnVB	720	—	840	—	—
	25MnTiBRE	708	605	810	705	391
	45Mn2V	725		770		310
	09MnVRE	640	—	800	730	320
	14MnVTiRE	725	—	885	—	—
	45Mn2Si	760	—	815	—	290
	45MnSiV	735	642	805	718	295
	38CrSi	740	—	810	—	330
	40CrSi	760	—	815	—	325
	15MnNi	707		858		—
	15CrMn	750	—	845	—	400
	20CrMn	750	—	845	—	400
	40CrMn	740	—	775	—	350
	50CrMn	740	—	785	—	300
	35CrMn2	730	630	775	680	300

续表

钢种	钢　号	A_{c1}/℃	A_{r1}/℃	A_{c3}/℃	A_{r3}/℃	M_s/℃
合金结构钢	50CrMn2	730	—	760		290
	25CrMnV	735		820		420
	18CrMnTi	740	650	825	730	365
	20CrMnTi	745	665	830	730	424
	30CrMnTi	765	660	790	740	—
	40CrMnTi	765	640	820	680	310
	20CrMnSiA	755	690	840		—
	15CrMn2SiMoA	732	389	805	478	360
	14CrMnSiNi2Mo	724	607	805	690	364
	25CrMnSiA	760	680	880		305
	30CrMnSiA	760	670	830	705	352
	35CrMnSiA	775	700	830	755	330
	45CrMnSiA	790		880		295
	50CrMnSiMo	790		815		275
	40CrMnSiMoVA	780		830		288
	30CrMnSiNi2A	760		805～830		315
	15CrMo	720	—	880	—	—
	15CrV	755	—	870	—	435
	16Mo	735	610	875～900	830	420
	20Mo	726		845		420
	30Mo	724		825		390
	12CrMo	720	695	880	790	
	12Cr1Mo	790		900		380
	15CrMo	745	695	845	790	435
	20CrMo	755	—	840	—	380
	25CrMo	750	—	830		365
	30CrMo	757	693	807	763	345
	35CrMo	755	695	800	750	271
	38CrMo	760	—	780	—	320
	42CrMo	730	—	780	—	—
	45CrMo	730	—	800	—	310
	50CrMo	725	—	760	—	290
	38CrMoAl	800	—	940	—	290
	25Cr3Mo	770		835		360
	30Cr3MoA	765		810		335
	15CrMnMo	710	620	830	740	
	15CrMnMoVA	770	674	870	780	376

续表

钢种	钢 号	A_{c1}/℃	A_{r1}/℃	A_{c3}/℃	A_{r3}/℃	M_s/℃
合金结构钢	20CrMnMo	710	620	830	740	
	30CrMnMo	730	680	795		385
	30CrMnMoTiA	755		830		350
	30CrMnWMoNbV	720	515	825		355
	40CrMnMo	735		780		
	20Cr2Mn2MoA	761	655	825	735	310
	12Cr1MoV	774 ~ 803	761 ~ 787	882 ~ 914	830 ~ 895	400
	12CrMoV	790	774	900	865	
	17CrMo1V	783 ~ 803	741 ~ 785	885 ~ 922	811 ~ 838	
	20Cr1Mo1VNbB	827	793	909	862	
	25Cr3Mo	770	—	835	—	360
	20Cr3MoWV	820	690	930	790	330
	20CrMoWV	800		930		330
	24CrMoV	790	680	840	790	
	25Cr2MoV	770	690	840	780	340
	25Cr2Mo1VA	780	700	870	790	
	30Cr2MoV	781	711	833	747	330
	35CrMoVA	755	600	835		356
	35Cr1Mo2V	770		895		270
	38Cr2Mo2VA（超高强度钢）	780		850		320
	45CrMoV	750		830		320
	55CrMoV	755	680	790	715	265
	20CrV	766	704	840	782	435
	30CrV	765	—	820	—	355
	40CrV	765	—	840		340
	45CrV	735	—	780	—	315
	50CrV	752	688	780	746	270
	35CrW	750		810		370
	35Cr2V	760	—	820	—	310
	30CrAl	780	—	865	—	360
	12CrNi	715	670	830		
	20CrNi	720	680	800	790	410
	40CrNi	720	660	770	702	340
	50CrNi	735	680	755	—	300
	12CrNi2A	715	670	830	768	405
	12CrNi3A	735	671	850	763	405

续表

钢种	钢 号	A_{c1}/℃	A_{r1}/℃	A_{c3}/℃	A_{r3}/℃	M_s/℃
合金结构钢	20CrNi2	740	—	820	—	375
	20CrNi3	715	—	790	—	300
	30CrNi3	720	—	765	—	320
	37CrNi3	720	640	770	—	270
	20Cr2Ni2V	720	—	795	—	390
	12Cr2Ni4A	670	605	780	675	390
	18CrNi4A	705	570	780	670	360
	12Cr2Ni2	735	—	820	—	440
	15Cr2Ni2	730	—	790	—	450
	20Cr2Ni2	720	—	780	—	330
	12Cr2Ni4	670	—	780	—	400
	20Cr2Ni4	705	—	770	660	330
	35Cr2Ni4	685	—	760	—	265
	40Cr2Ni4	680	—	750	—	240
	18CrNiWA	695		800		310
	30CrNiWA	720		800		350
	30CrNi2WVA	706		785		320
	12CrNi4Mo	690		790		370
	12Cr2Ni3Mo	710		800		385
	16Cr2Ni3MoA	695		770		320
	18Cr2Ni4Mo	700		810		370
	20Cr2Ni4Mo	715		820		390
	18Cr2Ni4WA	695	350	810	400	310
	25Cr2Ni4WA	685	300	770		290
	35Cr2Ni4W	660		760		300
	30CrNi4MoA	700		740		325
	35CrNi4Mo	700		750		270
	35Cr2NiMo	730		780		320
	20CrNiMo	725		810		396
	30CrNiMo	730		775		340
	30Cr2Ni2Mo	740		780		350
	30CrNi2MoVA	725	650	780		275
	35CrNiMo	730		770		320
	35Cr2Ni2Mo	750		790		355
	40CrNiMoA	720	680	790		320
	45CrNiMoV	720	650	790		275
	27SiMn2Mo	745	—	820	—	340

续表

钢种	钢　号	A_{c1}/℃	A_{r1}/℃	A_{c3}/℃	A_{r3}/℃	M_s/℃
合金结构钢	30CrMnSi	760	670	830	705	365
	45CrMnSi	790	—	880	—	295
	65MnSiV	755	675	802	705	255
	45MnSiV	735	642	805	718	295
	40B	730	690	790	727	
	45B	725	690	770	720	280
	50BA	740	670	790	719	280
	60B	740		745		270
	15MnB	720		847		410
	20Mn2B	730	613	853	736	
	30Mn2B	726		786		
	40MnB	730	650	780	700	325
	40MnBRE	725		805		340
	45MnB	727	—	780	—	—
	60MnB	710	—	740	—	280
	20Mn2B	730	613	853	736	—
	40CrB	687	—	800	—	—
	40MnWB	736	630	800	695	320
	12MoVWBSiRE	835	804	940	880	
	14MnMoVBRE	757	700	900	773	
	12WMoVSiRE	835	804	940	880	380
	20MnMoB	740	690	850	750	
	40MnMoB	724	652	805	737	
	40CrMnB	729	676	785	740	—
	18CrMnMoB	740	—	840		—
	20SiMnVB	726	699	866	779	—
	22CrMnWMoTiB	744	450	862	513	267
	20CrMnMoVB	—	675	850	780	—
	25MnTiBRE	720	665	845	765	395
	30Mn2MoTiB	733	640	814	698	
	35CrMoV	784	—	820	—	356
	25Cr2MoVA	760	685	840	775	340
	25CrMnV	735	—	820	—	420
	15CrMn2SiMo	732	—	805	—	359
	20CrMnNiMo	710	—	830	—	410
	35CrMnMoWV	730		820	490	320
	40CrMnNiMo	390		780		290

续表

钢种	钢　号	A_{c1}/℃	A_{r1}/℃	A_{c3}/℃	A_{r3}/℃	M_s/℃
合金结构钢	17CrNi2Mo	690		810		
	30CrNi2Mo	695		785		350
	35CrNi2Mo	695		780		310
	40CrNi2Mo	680		775		300
	30CrNi2MoV	716	—	796	—	300
	30CrNi3MoV	740	—	790	—	320
	35CrNi3MoV	725		780		320
	30CrMnMoTiA	755		830		350
	32CrNi2MoTiA（防弹钢）	725		774		318
	30CrMn2MoNb	765	—	—	401	305
	35MnMoWV	740	—	—		290
	40CrMnSiMoNi	695		800		330
	35CrMn2MoNb	725	—	780	—	320
	35CrMnMoWV	730	—	820	490	320
	15SiMn3MoA	680	327	860	396	290
	15SiMn3MoWVA	685	345	830	415	360
	27Si2Mn2Mo	745		820		340
	30SiMn2MoVA	725	630	845	725	310
	32Si2Mn2MoA	727	620	891	774	315
	30Si2Mn2MoWV	739		798		310
	37SiMn2MoV	729	—	823		314
	37SiMn2MoWV	720	350	835	510	290
	20SiMn2MoV	727	640	877	816	330
	25SiMn2MoV	727	640	866	785	319
	35SiMn2MoV	735		780		306
	40SiMn2MoWV	722		836		290
	40CrMnNiMo	690	—	780	—	290
	30CrMnWMoNbV	720	（515）	825	—	355
	12WMoVSiRE	835	804	940	880	380
弹簧钢	55CrMnVA	750	686	787	745	275
	55SiMnMoV	745	610	815	690	280
	55SiMnMoVNb	730	610	765	660	292
	60SiMnMo	700	—	760	—	264
	60Si2Mo	740	—	790	—	260
	60Si2	775	—	830	—	300
	55Si2Mn	775	690	840		300

续表

钢种	钢 号	A_{c1}/℃	A_{r1}/℃	A_{c3}/℃	A_{r3}/℃	M_s/℃
弹簧钢	55Si2MnB	770	690	825	745	289
	55SiMnB	740	648	780	680	240
	60SiMnMo	700		760		264
	60Si2Mn	755	700	810	770	305
	70Si3MnA	780	700	810		290
	60Si2CrA	765	700	780		
	60Si2CrVA	770	710	780		
	65Si2MnWA	765	700	780		
	50CrV	740 ~ 752	688	788 ~ 810	746	300
	50CrMnV	720	—	770	—	290
	60CrMnMoA	700	655	805		255
	60CrMnSiVA	745		800		370
	60CrMnA	735		765		260
非调质钢	LF10MnSiTi	795	696	862		
	LF10Mn2VTiB	654	623	840	714	405
	LF20Mn2V	715		845		394
	F40MnV	746	667	796	755	
	F40MnVTi	728	632	815	694	405
	F45V	749	680	800	747	310
	YF40MnV	725	619	800	714	320
	YF45MnV	740		790		260
	GF30Mn2SiV	720	608	798	702	
	GF32Mn2SiV	720		798		343
	YF35MnV	715		800		350
	YF35MnVN	735	639	818	731	296
	YF35MnV	708		798		351
轴承钢	Cr4Mo4V	726	720	840	778	130
	Cr14Mo4V	875	745	925	800	
	GCr6	727	—	760	—	192
	GCr9	730	690	887	721	205
	GCr15	745	700	900	—	245
	GCr15SiMn	740	708	872	—	205
	G15SiMo	750	695	785		210
	G8Cr15	752	684	824	780	230
	GCrSiMoV	765	692	810		200
	G20Cr2Ni4	685	585	775	630	305
	G20CrMo	750	680	825	775	

续表

钢种	钢　号	A_{c1}/℃	A_{r1}/℃	A_{c3}/℃	A_{r3}/℃	M_s/℃
轴承钢	G55SiMoV	765	687	858	759	304
	G20CrNiMo	730	669	830	770	395
工具钢	Cr5Mo1V（A2）	785	705	835	750	180
	1Ni3Mn2MoCuAl	675	382	821	517	270
	2Cr3Mo2NiVSi	776	672	851		
	Y20CrNi3MnMoAl（P21）	740		780		290
	3Cr2MoWVNi	816		833		268
	3Cr2MnNiMo	715		770		280
	3Cr2Mo（P20）	770	640	825	760	335
	3Cr3Mo3VNb	825	734	920	810	355
	3Cr3Mo3W2V	840	786	922	836	373
	T8	730	700	740		245
	T10	730	700	800	—	175 ~ 210
	T9	730	—	—		190 ~ 230
	T11	730	—	—		170 ~ 195
	T12	735	—	—		190 ~ 200
	T13	720	700	740	—	90 ~ 190
	T10Mn2	710		850	—	125
	3Cr2W4V	820	—	—	—	310
	3Cr2W8V	820 ~ 925	—	—		420
	5CrMnMo	710	650	760	680	225
	5CrNiMo	710	680	770		215
	5CrNiW	730	—	820		205
	5CrMnMoV	730	—	735	—	—
	5SiMn	755	690	790		
	5SiMnMoV（S2）	764		788		300
	5CrMnSiMoV	710	650	760		215
	5CrNiMoV	720	660	790		270
	Cr2	745	700	900	—	240
	8Cr3	785	750	830	770	370
	8CrV	740	700	761		215
	9Cr1	740	—	—	—	230
	5CrNiMnMoVSCa	695	305	735	378	220
	5Cr2NiMoVSi	750	625	874	751	243
	5Cr4Mo2W2VSi	810	700	885	785	290
	5Cr4Mo2W5V	836	744	893	816	250

续表

钢种	钢 号	A_{c1}/℃	A_{r1}/℃	A_{c3}/℃	A_{r3}/℃	M_s/℃
工具钢	6CrNiMnMoVSi	705	580	740	605	174
	6Cr4Ni2Mo3WV	737	650	822		180
	6Cr4W3Ni2VNb	820		750		220
	9Cr2Mo	755		850	—	190
	9V	725	—	—	—	—
	VTi	740	670	760	680	250
	V	730	700	770	—	200
	9SiCr	770	730	870	—	170
	W2	740	710	820	—	—
	W1	740	710	820	—	—
	CrMnSi	730	700	930	—	—
	8MnSi	760	708	865	—	240
	9Mn2V	736	652	765	688	125
	CrW3	760	—	—	—	205
	CrW5	760	725	—	—	—
	9CrWMn	760	—	—	—	205
	MnCrWV	750	655	780		190
	SiMn	760	708	865	—	240
	CrWMn	750	710	940	—	245
	CrWV	815	625	—		180
	Cr5MoV	790	—	—	—	180
	Cr8Mo2SiV（DC53）	845	715	905		115
	Cr12	810	760	1200	—	180
	Cr12Mo	810	760	—	—	—
	Cr12MoV	830	—	855	—	185
	Cr12Mo1V1（D2）	810	750	875		190
	Cr12V	810		760		180
	60CrMnMo	700	655	805		
	4Cr5MoVSi（H11）	840～920	720	912	773	270
	4Cr5MoWVSi	835	740	920	825	290
	4Cr5MoV1Si（H13）	860	775	915	815	340
	4Cr5Mo2MnVSi	815		893		271
	4Cr5W2VSi	875	730	915	840	275
	CrMn	740	700	980	—	245
	4Cr3Mo3VSi（H10）	810	750	910		360
	4Cr3Mo3W2V	850	735	930	825	400
	4Cr3Mo3W4VTiNb	821	752	880	850	

续表

钢种	钢 号	A_{c1}/℃	A_{r1}/℃	A_{c3}/℃	A_{r3}/℃	M_s/℃
工具钢	4Cr4Mo2WVSi	830	670	910	750	255
	4Cr3Mo2MnVB	801	680	874	759	342
	4CrW2Si	780	735	840	770	315
	4CrMnSiMoV	792	660	655	770	290
	9Cr2	730	700	860	—	270
	3Cr2W4V	820	690	840	—	400
	5CrW2Si	775	—	860	—	295
	6CrW2Si	775	—	810	—	280
	Cr6WV	815	625	845	775	150
	9Mn2	720 ~ 750	650	—	680	—
	Cr4W2MoV	795	760	900	—	142
	6W6Mo5Cr4V	820	730	—	—	240
	Cr2Mn2WMoV	770	640	—	—	190
	4CrVSi	765	725	830	—	330
	5SiMnMoV	764	—	788	—	—
	SiMnMo	735	676	770	720	—
	SiMnWVNb	750		785		130
	7Cr4W3Mo2VNb	810 ~ 830	740 ~ 760	—	—	220
	7Cr7Mo2V2Si	856	720	915	806	105
	7CrSiMnMoV	776	694	834	732	211
	8Cr2MnMoWVS	770	660	820	718	185
高速工具钢	W9Cr4V2	820	740	870	780	200
	W3Mo2Cr4VSi	815		865		140
	W2Mo9Cr4V	827				195
	W9Mo3Cr4V	830		875		195
	W12Cr4V2	825 ~ 890	—	—	—	210
	W18Cr4V	810 ~ 860	726	865	753	150 ~ 200
	9W18Cr4V	810		845		135
	W18Cr4VCo5	830	—	—	—	185
	W10Cr4V4Co5	820	—	—	—	170
	W12Cr4V	825 ~ 890				210
	W12Mo3Cr4V3N	825 ~ 850	740 ~ 760			125
	W6Mo5Cr4V2	835	770	885	820	—
	W6Mo5Cr4V2Co5	836 ~ 877	739 ~ 753			220
	W6Mo5Cr4V2Al	845		924		120
	W10Mo4Cr4V3Al	830 ~ 860	—	890	—	115
	W8Mo5Cr4VCo3N	820				116

续表

钢种	钢　号	A_{c1}/℃	A_{r1}/℃	A_{c3}/℃	A_{r3}/℃	M_s/℃
	0Cr13	820	—	905	—	370
	1Cr13	825	700	850	820	340
	2Cr13	820	780	950	—	280
	2Cr13Ni2	706	—	780	—	320
	3Cr13	820	780	—	—	240
	3Cr13Si	830	—	—	—	270
	3Cr13Mo	840	750	890	780	
	4Cr13	820	780	1100	—	270
	Cr17	875	810	—	—	160
	1Cr17Ni2	727				143
不锈钢、耐热钢	4Cr10Si2Mo	850	—	750	—	—
	2Cr17	706		780		320
	4Cr9Si2	865	805	935	830	190
	1Cr10Co6MoVNb	760		815		360
	1Cr11Ni2W2MoV	735 ~ 785		885 ~ 920		279 ~ 345
	1Cr12Ni3Mo2V	715		815		305
	1Cr12Ni2WMoVNb	760		810		290
	1Cr12WMoV	820	670	890	760	
	9Cr18	830	810	—	—	—
	25Cr2MoV	760	680	840	770	—
	25Cr2Mo1VA	780	700	870	790	—
	4Cr3Si4	832	769	892	821	—
	4Cr10Si2Mo	850	700	950	845	—
	11Cr17	815	740	840	765	145
	P91	810				350 ~ 400
	P92	845		945		330 ~ 440
	WB36	725		870		420
超马氏体不锈钢	04Cr13Ni5Mo	680		715		105
	022Cr13Ni6MoNb	650		765		153
	022Cr12Ni8Cu2TiNb	550		760		82
	03Cr11Ni9Mo2TiAl	590		770		66
	015Cr12Ni10AlTi	530		765		98
	02Cr12Ni7MoAlCu	640		745		93
	008Cr12Ni6Mo3Ti	675		785		35
	015Cr12Ni5Mo2V（英钢联 12-5-2）	690		780		68

续表

钢种	钢 号	A_{c1}/℃	A_{r1}/℃	A_{c3}/℃	A_{r3}/℃	M_s/℃
超马氏体不锈钢	022Cr12Ni9Mo2Si	618		775		17
	02Cr12Ni9Mo4Cu2Ti（瑞典1RK91）	615		865		14
	015Cr12Ni7Mo3CuMn	645		720		98
	015Cr13Ni5Mo2Cu2（新日铁CRS）	690		735		30
	015Cr12Ni5Mo2V	690		780		68
	022Cr15Ni6Ti	630		735		86
	015Cr12Ni11MoTi	607		708		107
	03Cr14Ni4Co13Mo3Ti	610		770		42